河南省"十四五"普通高等教育规划教材

小学心理学

主　编　张海芹　田建伟
副主编　刘柏涛　任国防　王艳华
参　编　刘　芳　李小静

南京大学出版社

图书在版编目(CIP)数据

小学心理学 / 张海芹，田建伟主编. —— 南京：南京大学出版社，2022.1(2025.1重印)
ISBN 978-7-305-24715-6

Ⅰ. ①小… Ⅱ. ①张… ②田… Ⅲ. ①小学生－儿童心理学－高等学校－教材 Ⅳ. ①B844.1

中国版本图书馆 CIP 数据核字(2021)第 137494 号

出版发行	南京大学出版社
社　　址	南京市汉口路 22 号　　邮　编　210093
书　　名	**小学心理学** XIAOXUE XINLIXUE
主　　编	张海芹　田建伟
责任编辑	曹　森　　　　　编辑热线　025-83686756
照　　排	南京南琳图文制作有限公司
印　　刷	南京京新印刷有限公司
开　　本	787 mm×1092 mm　1/16　印张 14.5　字数 350 千
版　　次	2025 年 1 月第 1 版第 4 次印刷
ISBN	978-7-305-24715-6
定　　价	46.00 元

网址：http://www.njupco.com
官方微博：http://weibo.com/njupco
官方微信号：njupress
销售咨询热线：(025) 83594756

* 版权所有，侵权必究
* 凡购买南大版图书，如有印装质量问题，请与所购图书销售部门联系调换

编委会

编委会主任 刘济良（郑州师范学院）

总 主 编 陈冬花（郑州师范学院） 李跃进（郑州师范学院）

刘会强（河南财政金融学院） 李社亮（河南师范大学）

副总主编 段宝霞（河南师范大学） 李文田（信阳师范大学）

晋银峰（洛阳师范学院） 郭翠菊（安阳师范学院）

井祥贵（商丘师范学院） 丁新胜（南阳师范学院）

田学岭（周口师范学院） 侯宏业（郑州师范学院）

聂慧丽（焦作师范高等专科学校）

编　　委（以姓氏笔画为序）

丁青山　马福全　王　立　王　娜　王铭礼

王德才　王　璟　田建伟　冯建瑞　权玉萍

刘雨燕　闫　冉　李文田　肖国刚　吴　宏

宋光辉　张杨阳　张厚萍　张浩正　张海芹

张鸿军　周硕林　房艳梅　孟宪乐　赵丹妮

赵文霞　赵玉青　荆怀福　袁洪哲　贾海婷

徐艳伟　郭利强　郭　玲　黄宝权　黄思记

董建春　薛微微

# 序

　　为发展乡村教育,进一步优化农村学校教师资源配置,建立农村小学教师培养与补充的长效机制,依据《关于印发乡村教师支持计划(2015—2020年)的通知》(国办发〔2015〕43号)、《关于印发〈河南省农村小学全科教师培养工作实施方案〉(试行)的通知》(教师〔2015〕881号)等文件精神,河南省从2016年起,重点面向农村教学点,开始培养一批"下得去、留得住、教得好"的农村小学全科教师。

　　经过各高校几年的探索,为形成合力,不断提升教育质量,2020年起,由教育厅以及郑州师范学院牵头,各培养高校一起参与,申报了河南省"十四五"普通高等教育规划教材并成功立项,《小学心理学》便是此系列教材之一。

　　小学时期是儿童发展历程中的一个重要时期,是儿童开始学校生活的第一个阶段,是儿童学习掌握各种基本技能、掌握人类科学文化的最基本知识并为进一步学习打基础的时期。小学时期也是儿童个性发展的重要时期。通过学校教育,儿童逐渐建立起道德行为规范,逐步养成道德行为习惯,因此,这个时期同样是培养儿童良好道德品质的重要时期。"万丈高楼平地起",小学时期的学习对今后的发展有着非常重要的作用。

　　全书共分十二章,第一章介绍了小学心理学的研究对象、内容、任务和意义,并对小学心理学的研究方法进行了简要的论述;第二章介绍了小学生心理发展特征以及主要的心理发展理论;第三章介绍了小学生注意的发展与培养;第四章介绍了小学生感知觉的发展与培养;第五章介绍了小学生记忆的发展与培养;第六章介绍了小学生思维与想象能力的发展与培养;第七章介绍了小学生情绪、情感以及意志力的发展与培养;第八章介绍了小学生个性和社会性发展规律以及培养策略;第九章介绍了小学生个性心理特征以及培养策略;第十章介绍了小学生品德的发展规律及培养策略;第十一章介绍了小学生亲子关系、师生关系以及同伴关系的发展规律及培养策略;第十二章介绍了小学教师职业角色的特点、职业角色的形成阶段,明确小学教师应具备的专业素质。

　　本教材由安阳师范学院张海芹负责全书体系设计,拟定大纲。张海芹、田建伟负责全书的统稿、修改和定稿。具体执笔人如下:安阳师范学院田建伟(第四、八、十一章)、南阳师范学院刘柏涛(第一、六、九章)、安阳师范学院任国防(第二、十章)、安阳师范学院王艳华(第五、七、十二章)、周口师范学院刘芳(第三章)。

　　本教材在编写过程中,参阅了大量的已有研究成果,在此向作者表示诚挚的感谢。在引文出处方面,如有疏漏的地方,恳请作者予以反馈,以便在修订时补充。限于作者水平,书中难免有缺点或错误,真诚希望专家、同行及广大读者给予批评指正。

　　最后,感谢南京大学出版社,尤其是曹森同志为本书的编写及出版所给予的大力支持,才使得本教材有了现在的面貌,在此致以衷心的感谢!

目 录

第一章 绪论 ··· 1
   第一节 心理学概述 ··· 1
   第二节 心理的实质 ··· 7
   第三节 小学心理学的研究内容及意义 ··· 12

第二章 小学生的心理发展 ··· 17
   第一节 心理发展的概述 ·· 17
   第二节 小学生心理发展的总体特征 ·· 21
   第三节 小学生心理发展理论 ·· 23

第三章 小学生的注意 ··· 36
   第一节 注意的概述 ·· 36
   第二节 小学生的注意 ··· 41
   第三节 小学生的注意与教学 ·· 47

第四章 小学生的感知觉 ·· 54
   第一节 感知觉概述 ·· 54
   第二节 小学生感知觉的发展 ·· 70
   第三节 感知规律在教学中的应用 ·· 75

第五章 小学生的记忆 ··· 80
   第一节 记忆的概述 ·· 80
   第二节 遗忘 ··· 86
   第三节 小学生的记忆与教学 ·· 90

第六章 小学生的思维与想象 ··· 96
   第一节 思维与想象的概述 ··· 96
   第二节 小学生的思维与想象 ··· 106
   第三节 小学生思维、想象的培养与教学 ···································· 112

第七章 小学生的情绪情感与意志 ··· 117
   第一节 情绪情感的概述 ·· 117

　　第二节　小学生情绪情感发展与教学⋯⋯⋯⋯⋯⋯⋯⋯⋯⋯⋯⋯⋯⋯⋯⋯ 122
　　第三节　意志的概述⋯⋯⋯⋯⋯⋯⋯⋯⋯⋯⋯⋯⋯⋯⋯⋯⋯⋯⋯⋯⋯⋯ 128
　　第四节　小学生意志的发展与教学⋯⋯⋯⋯⋯⋯⋯⋯⋯⋯⋯⋯⋯⋯⋯⋯ 132

第八章　小学儿童个性和社会性发展⋯⋯⋯⋯⋯⋯⋯⋯⋯⋯⋯⋯⋯⋯⋯⋯ 136
　　第一节　个性心理概述⋯⋯⋯⋯⋯⋯⋯⋯⋯⋯⋯⋯⋯⋯⋯⋯⋯⋯⋯⋯⋯ 136
　　第二节　小学儿童的个性和社会性的发展⋯⋯⋯⋯⋯⋯⋯⋯⋯⋯⋯⋯⋯ 139
　　第三节　个体社会化与个体差异的教育⋯⋯⋯⋯⋯⋯⋯⋯⋯⋯⋯⋯⋯⋯ 144

第九章　小学生的个性心理⋯⋯⋯⋯⋯⋯⋯⋯⋯⋯⋯⋯⋯⋯⋯⋯⋯⋯⋯⋯ 151
　　第一节　小学生的个性倾向性⋯⋯⋯⋯⋯⋯⋯⋯⋯⋯⋯⋯⋯⋯⋯⋯⋯⋯ 151
　　第二节　小学生的能力⋯⋯⋯⋯⋯⋯⋯⋯⋯⋯⋯⋯⋯⋯⋯⋯⋯⋯⋯⋯⋯ 161
　　第三节　小学生的气质⋯⋯⋯⋯⋯⋯⋯⋯⋯⋯⋯⋯⋯⋯⋯⋯⋯⋯⋯⋯⋯ 167
　　第四节　小学生的性格⋯⋯⋯⋯⋯⋯⋯⋯⋯⋯⋯⋯⋯⋯⋯⋯⋯⋯⋯⋯⋯ 171

第十章　小学生的品德⋯⋯⋯⋯⋯⋯⋯⋯⋯⋯⋯⋯⋯⋯⋯⋯⋯⋯⋯⋯⋯⋯ 176
　　第一节　品德的概述⋯⋯⋯⋯⋯⋯⋯⋯⋯⋯⋯⋯⋯⋯⋯⋯⋯⋯⋯⋯⋯⋯ 176
　　第二节　小学生的品德发展⋯⋯⋯⋯⋯⋯⋯⋯⋯⋯⋯⋯⋯⋯⋯⋯⋯⋯⋯ 183
　　第三节　小学生的品德不良及转化⋯⋯⋯⋯⋯⋯⋯⋯⋯⋯⋯⋯⋯⋯⋯⋯ 186

第十一章　小学生的人际关系⋯⋯⋯⋯⋯⋯⋯⋯⋯⋯⋯⋯⋯⋯⋯⋯⋯⋯⋯ 191
　　第一节　亲子关系与小学生心理发展⋯⋯⋯⋯⋯⋯⋯⋯⋯⋯⋯⋯⋯⋯⋯ 191
　　第二节　师生关系与小学生心理发展⋯⋯⋯⋯⋯⋯⋯⋯⋯⋯⋯⋯⋯⋯⋯ 196
　　第三节　同伴关系与小学生心理发展⋯⋯⋯⋯⋯⋯⋯⋯⋯⋯⋯⋯⋯⋯⋯ 198

第十二章　小学教师心理⋯⋯⋯⋯⋯⋯⋯⋯⋯⋯⋯⋯⋯⋯⋯⋯⋯⋯⋯⋯⋯ 204
　　第一节　小学教师的职业角色⋯⋯⋯⋯⋯⋯⋯⋯⋯⋯⋯⋯⋯⋯⋯⋯⋯⋯ 204
　　第二节　小学教师的专业素质⋯⋯⋯⋯⋯⋯⋯⋯⋯⋯⋯⋯⋯⋯⋯⋯⋯⋯ 209
　　第三节　小学教师的专业成长与心理健康⋯⋯⋯⋯⋯⋯⋯⋯⋯⋯⋯⋯⋯ 216

参考文献⋯⋯⋯⋯⋯⋯⋯⋯⋯⋯⋯⋯⋯⋯⋯⋯⋯⋯⋯⋯⋯⋯⋯⋯⋯⋯⋯⋯ 223

微信扫一扫

✓课件申请
✓教学资源

教师服务入口

✓拓展阅读
✓加入学习交流圈

学生服务入口

第一章 绪 论

 内容提要

小学心理学是心理科学和小学教育相结合,运用心理学知识和规律去解释和预测小学阶段青少年心理发展成长规律的一门独立学科。主要包括小学生心理发展、学习心理、教学心理和小学生心理健康与心理辅导等方面内容的学科。随着社会发展,人们对儿童心理成长教育日益重视,人们迫切需要一门能够有效揭示小学生心理发展规律、学习规律和教学规律的,科学指导小学生学习与发展的学科。本章主要介绍小学心理学的研究对象、内容、任务和意义等内容,并对小学心理学的研究方法进行简要的论述。

> 小明,男,情绪波动大,与同学经常有摩擦,套用个别老师的话说就是"爱惹事""傻傻的"。在课堂上,他有时甚至与老师对着干,严重影响老师的课堂教学,多数任课老师都觉得他是一位"问题"学生。
> 如果你是他的班主任,你会怎么帮助他呢?

第一节 心理学概述

"心理学"已经成为一个越来越热门的词语,很多人都想知道别人心里在想些什么。那么,你了解什么是心理学吗?你知晓心理学是研究什么的吗?你知道心理学家都是做什么的吗?学习了心理学之后是不是就能够知道别人在想些什么呢?也许你读过弗洛伊德(S. Freud)的精神分析,便认为心理学家就是会催眠、能看透人的内心世界所思所想的心理医生;也许你看过一些成功励志方面的书籍,便认为心理学家就是发掘人的潜力、提高社会适应力的激励者;也许你学习过教育心理学,就认为心理学是帮助儿童提高学习效率的有效工具;也许你看过积极心理学,就认为它是有关人类幸福的一门学科。要准确地弄清这些问题,首先要从研究一般心理活动规律的"心理学"起步。在本章中,我们首先介绍心理学的研究对象与任务,接着探讨心理学的各个分支及其研究领

域,然后介绍心理学产生的历史和发展过程。

一、心理学的研究对象

我们生活在一个纷繁复杂的世界里。在人类周围存在着各种各样的现象,当我们在夏日的早晨醒来,会看到东方的晨曦,听到鸟儿婉转的啼叫,嗅到扑鼻的花草清香,感受阵阵微风。晨曦、鸟鸣、花香、微风以及日月山川、江河湖海、庄稼森林、热声光电等,这些属于自然现象,是自然科学的研究对象。你在电视中看到的一些国家炮火连天的战争场面、一些国家发生恐怖事件的混乱场景以及经济危机对物价的负面影响,诸如此类有关国家、民族、政党、军队、战争、冲突、家庭、人口、生产、生活、消费等的现象,均属于社会现象,是社会科学的研究对象。这些现象构成了人类生存无法回避的外部环境,不管你是否喜欢、是否愿意,都免不了受其影响。

然而,除了这些自然现象与社会现象以外,在世界上还存在着另一种现象——心理现象。动物之所以比植物高级,就在于动物有心理;人之所以成为万物之灵,就在于人的心理比动物的心理高级。倘若人类没有心理现象,也就无法感知自然现象和社会现象。人类生活的每一天,都要感知事物、记忆信息、思考问题、做出决策;人要对各种事物表达自己的态度,如支持还是反对,接受还是拒绝,在表达态度的同时,也能体验到各种各样的情感和情绪,如高兴或悲伤,喜爱或愤怒;人的活动总有一定的目的,为了达到目的,人类会组织和调节自己的行为,克服各种各样的困难,达到自己的某种目的;人还有独特的个性、需要、信念、动机和理想,例如某些愿望和理想可以被冠以"梦想",如"中国梦"。心理学便是研究这些纷纭复杂的心理行为现象的科学。

现代心理学把人的心理现象看成一个复杂的系统,可以从不同的角度对心理系统进行描述。大多数心理学家都采取把心理现象划分为心理过程、个性和心理状态三大范畴的分类方式。

(一) 心理过程

1. 认知过程

认知过程(cognitive process)是指人由表及里、由现象到本质地反映客观事物的特性与联系的心理活动。人的认知过程包括对客观事物的感觉、知觉、记忆、思维和想象等过程。人对客观事物的认识始于感觉和知觉。感觉(sensation)是人脑对作用于感觉器官的客观事物个别属性的反映,通过感觉我们了解到事物的个别特征,接收到客观事物的某些外部属性,比如物体的颜色、硬度、大小、气味等。知觉(perception)是人脑对直接作用于感觉器官的客观事物的整体属性的反映,例如对大海、鲜花、图画等事物的认识;知觉是在感觉的基础上形成的,但不是感觉的简单机械相加。

在知觉中,人的知识经验起着重要作用,人脑对事物的感知印象可以保留在头脑中,并在适当的时候再现出来,这就是记忆(memory)。在感觉、知觉的基础上,通过加工、改造、组织头脑中储存的事物映象而创造新形象的过程就是想象(imagination)。想象可以使我们超越直接感知的范围去认识事物。例如,我们可以通过《三国演义》中对刘备、曹操、关羽和张飞等的描述,在头脑中呈现人物的个性特点以及当时的景象。

2. 情绪过程

人在认识过程的基础上,会对人、对己、对事、对物抱有一定的态度(接受、拒绝等)并在内心产生相应的体验(高兴、不满意、愉悦、厌恶等),这种体验是和情绪密切相关的,称为情绪过程(emotional process)。每个人都有自己的情绪世界,而这个情绪世界就是由喜、怒、哀、惧以及道德感、美感、理智等多种情绪和情感过程构成的。

3. 意志过程

人自觉确定目的,有意识地组织、调节行为,并按主观意愿排除障碍和克服困难的心理过程叫作意志过程(willed process)。有时你面对错综复杂的情况,必须当机立断;有时你面对重重阻力,必须排难;有时你面对种种诱惑,必须竭力克制。

认知过程与情绪、意志过程之间相互联系、相互作用构成有机的心理活动过程。人的认知过程是人的情绪、情感和意志过程的基础,没有人的认知过程则既不会产生喜、怒、哀、惧的情绪,也不可能有自觉的、坚强的意志。情绪、情感和意志又反作用于认知过程,没有人的情绪活动的推动或缺乏坚强的意志,人的认知活动就不可能发展和深入。可见人的认知过程和意志过程中总是伴随着一定的情绪、情感活动,意志过程又总是以一定的认知活动为前提,而人的情绪、情感和意志活动又促进人的认知的发展。

(二) 个性

心理过程总是在具体个人身上进行的。由于受遗传、教育、职业活动和其他因素的影响,人的心理会有各自不同的特点。所谓"人心不同,各如其面",指的就是人的个性。个性(personality)是指一个人的整个心理面貌,它是个人心理活动的稳定的心理倾向和心理特征的总和。个性的心理结构主要包括个性倾向性和个性心理特征两个方面,个性倾向性(personality tendency)是一种内在的决定着人对事物的态度和行为的动力系统,主要包括需要(need)、兴趣(interest)、动机(motivation)、价值观(value judgement)和世界观(world outlook)。个性心理特征则主要包括能力、气质和性格。

(三) 心理状态

心理状态(psychological states)是心理活动在一段时间内出现的相对稳定的、持续的状态。它既具有心理过程的暂时性、可变性的特征,又具有个性的持久性、稳定性的特点。但心理状态不像心理过程那样短暂可变,也不像个性那样持久稳定。所以,心理状态是现实存在的,并可以被看作介于这二者之间的中间状态人的心理活动和行为,这些都是在一定的心理状态的基础上表现的。例如,一个人在一定时间里是积极向上的还是悲观失望的,是紧张的、激动的还是轻松的、冷静的。从这个意义上说,心理状态是心理活动和行为表现的心理背景。无论是学生学习、工人生产、士兵打仗、球员比赛等,其成效如何都与心理状态有关。我们要真正理解一个人的心理活动和行为表现,就必须了解他此时此刻的心理状态。

二、心理学的分支

1879 年,Wundt(冯特)在莱比锡大学创建了世界上第一个心理学实验室,使心理学从哲学、神学和医学等其他科学中分离出来,成为一门真正独立的科学。一百多年

来，心理学的理论学科和应用学科分支不断产生，形成了由近百门分支学科组成的心理学学科群。我们可以把这些分支学科大致划分为基础心理和应用心理两大领域。这里仅对若干分支学科进行简单介绍。

（一）基础心理学

1. 普通心理学（general psychology）

普通心理学研究心理学的基本理论，是阐述正常成年人的心理现象及一般规律的科学，是心理学中最基本、最重要的基础性研究。普通心理学研究的内容涉及人的心理活动过程发生、发展和个性心理形成、发展与变化的一般理论和规律，以及心理学研究的基本原则和具体的研究方法。随着科学心理学的发展，普通心理学中既包括已经定论、为科学实践所证实的心理学理论和规律，又包括具有重大影响的心理学学说和学派，以及处于科学发展前沿的新发现和新成果。

2. 发展心理学（developmental psychology）

发展心理学研究个体生命全过程中心理发展的规律以及如何促进心理发展的规律。发展心理学的研究课题，主要有两大类——个体心理发展的基本规律和心理发展的年龄特征。发展心理学可分为广义和狭义两类：广义的发展心理学是指探索人类心理发展的基本理论和心理发生、发展过程或阶段中的各种心理特点和规律；狭义的发展心理学是指儿童心理学，主要探讨儿童各个发展阶段的心理特点和儿童心理发展的过程和规律性。

3. 认知心理学（cognitive psychology）

认知心理学用信息加工的观点，研究认知过程的规律。所谓认知过程，是指人对知识予以接受、编码操作、提取和利用的过程。认知心理学力求通过揭示人如何获得和利用知识的机制来研究人类认识活动的规律性。

4. 实验心理学（experimental psychology）

实验心理学研究心理学领域内实验研究的原理、方法、技术、仪器装置和数据处理等问题。它是以实验的方法研究心理现象与心理规律的，强调实验条件的严格控制是它的显著特点。由于在心理学研究中采用了科学的实验方法，才有了对人的心理现象进行客观研究的手段，从对心理现象的一般推论进入到具体心理过程及其物质基础的分析研究，从而深入地揭示出各种心理活动的规律性。

（二）应用心理学

1. 临床心理学（clinical psychology）

临床心理学是运用心理学原理诊断及矫正心理异常的心理学分支。心理异常的行为表现包括情绪问题、行为怪异、犯罪倾向、智力迟钝、适应困难和人际关系紧张等。临床心理学家不同于精神病医生：前者主张以心理学原理和心理测量揭示心理方面的问题，以心理矫正技术与方法恢复正常的心理活动；后者是以医生的身份，运用医学知识和施以药物或手术等手段来治愈病人。对于受到心理问题困扰的人，则需要进行心理咨询。心理咨询主要是对来访者的心理问题给予矫正。它是运用心理学的原理与心理疏解技术，通过商谈等一系列程序，探讨来访者心理困扰的原因和行为问题的症结，寻找其摆脱困境的条件、途径和对策,使来访者改变原有认知结构、负面态度和行为模式,增强自信心,以达到对社会生活的良好适应。

2. **医学心理学**(medical psychology)

医学心理学是心理学与医学交叉产生的心理学分支,它主要研究心理因素在疾病的发生、发展、诊断、治疗以及预防中的作用。心理因素既是致病原因,又是治病的不可缺少的条件。因此,传统的生物医学模式已向现代的心理行为医学模式过渡,强调建立医生和病人之间的和谐、互相尊重、互相信任的良好关系。

3. **教育心理学**(educational psychology)

教育心理学研究学校教育过程中的各种心理现象及其发展变化的规律,着重揭示受教育者在学校教育的特定条件下形成道德品质、养成行为习惯、掌握知识技能、发展智慧和个性的一般规律及有效方法。

三、心理学研究的指导思想、基本原则和研究方法

心理学的研究既涉及理论问题又涉及操作问题,下面分三个方面加以阐明:

(一) 心理学研究的指导思想

心理学的研究是以辩证唯物主义与历史唯物主义观点作为指导思想。主要有两方面原因:一方面,心理学研究的对象是人的心理现象,人的心理现象不仅是十分复杂的,也是富于变化的,且存在着明显或微妙的个体差异性,尤其是人的心理是在社会生活中形成的,有着极强的社会制约性,只有坚持以辩证唯物主义与历史唯物主义观点作为指导思想,才能从动态与静态的结合上、普遍性与特殊性的结合上多样性与整体性的结合上、现象与本质的结合上揭示奥妙。另一方面,心理学是一门既古老又年轻的科学,理论流派与学术观点众多,各有所长,各有所短,以致各有正误,相互交叉,在研究方法与成果上也难免有不成熟、不规范之处,这就更需要运用正确的观点进行分析、鉴别和吸收。

(二) 心理学研究的基本原则

1. **客观性原则**

客观性原则是以实事求是的态度坚持客观标准,对任何心理现象必须按其本来面貌加以考察,必须在人的生活和活动中进行研究。要反对从主观臆想出发加以揣测,自始至终从客观实际出发,通过研究产生心理现象的原因来研究人的心理。

2. **系统性原则**

系统性原则是从系统论的观点出发,把各种心理现象放在整体性的、有等级结构的、动态的和相互联系的系统中加以研究,做到既对其进行多层次、多维度、多水平的系统分析,又对其进行动态的、综合的考察,反对片面、孤立、静止的研究倾向。

3. **发展性原则**

发展性原则即坚持发展的观点,这是辩证唯物主义心理学中的一个重要原则。唯物辩证法指出,世界上一切事物都处于不断变化和运动之中,心理活动及大脑也是不断变化、发展着的。在研究心理活动时,反对把心理现象看作是凝固的、静止的、孤立的。

如对学生心理来说不仅要注意到他们已经形成和确定了的心理特点,还要注意可能产生的新的心理品质,预测学生未来的发展。

4. 实践性原则

实践性原则一方面要求心理学研究实践中出现的心理问题,另一方面要求将心理学的研究成果应用于实践。心理学的研究成果只有与实践结合才能体现其价值。

5. 教育性原则

教育性原则强调研究学生心理的目的是为了更好地教育学生,其研究成果要为培养学生的全面素质服务,为提高教育、教学质量服务;要从有利于教育、有利于个体身心健康的角度来设计和实施研究,不能做出有损教育和个体身心健康的行为。对于大学师范生来说,还应注意研究方向上的教育取向,使心理学研究与教书育人的任务密切联系起来。

（三）心理学研究的基本方法

心理学的研究方法很多,常用的有观察法、实验法、调查法、测验法、个案法等。

1. 观察法

观察法是有目的、有计划地通过观察被试的外部表现来研究其心理活动的一种方法。在自然情境中,对人的心理进行直接观察称为自然观察法;在预先设置的情境中进行观察称为控制观察法。观察法比较简便易行,是运用最广的方法,尤其适合教师在教书育人过程中采用。教师可以通过长期观察学生的课堂活动课外活动、生活、劳动,逐步掌握学生的心理活动规律。这种方法的优点是由于观察过程一般不让被试知晓,从而有利于保证被试心理表现的自然性,因而获得的材料比较真实,但是,只能了解心理事实,不易对观察的材料做出比较精细的分析和判断,不能直接解释其发生的原因;另外,只能被动地等待心理现象的发生,而不能主动地控制。

要有效地运用观察法,首先,必须有明确的计划和目的,观察项目不宜过多。其次,应翔实、全面地做观察记录,并可利用现代化手段,如录音、摄影、录像等,以备反复观察分析之用。最后,可采用长期观察或定期观察的方式,对同一类行为进行多次重复观察。

2. 实验法

实验法是有目的地控制或创设一定的条件,以引起被试的某种心理现象,从而研究其心理活动规律的方法。实验法的特点在于研究者可以主动地选择时间、地点并严格地控制条件,以引起需要研究的心理现象。能依据目的,使心理现象重复发生,以便进行反复观察,积累材料,从而得出科学的结论。同时,研究者可以改变条件,并根据条件的变化和心理现象变化之间的关系,探索心理现象发生和发展的规律。实验法主要有自然实验法和实验室实验法两种形式。

自然实验法是在日常生活中,适当控制某些条件并结合日常工作,研究心理现象的方法。这一方法的实质是把实验研究和日常活动结合起来,一方面对条件有所控制,另一方面又适当放宽,使研究资料既能主动获得,可以探究其原因,又能减少人为干预,提高真实性,因此,这一方法受到广泛重视,尤其适合教师结合教书育人的实际进行教育心理研究。例如,对于教学内容和教育方法的改革实验研究即可运用此法。

实验室实验法是在专门的实验室内运用仪器,严格控制实验条件以研究心理活动或规律的方法。这一方法的实质就是在一系列严格控制的条件下探究自变量和反应变量之间的关系。它不仅能主动获取所需要的心理事实,并探究其发生的原因,而且获取的信息比较精确,但往往带有很大的人为性质。这种方法更适合于对心理学基础理论的研究。如对感觉、知觉、记忆、学习等心理现象的研究。

3. 调查法

调查法是以提出问题的形式搜集被试的各种有关材料来研究心理现象的一种方法。它具有适用性广、自然真实、简便易行、形式灵活多样等特点。此法虽以个人为调查对象,但其目的并非仅仅研究个人,而是借助个人的反应进而分析群体的心理倾向。调查法根据调查的方式可划分为问卷法、谈话法和作品分析法。问卷法是以书面形式搜集资料进行的调查,分表格式、问答式和量表式等。谈话法是以口头交谈形式搜集资料进行的调查。作品分析法是通过对被试活动的操作产品进行分析的方法,这些操作产品包括笔记、日记、作业、作文、试卷、实验报告、劳动或科技制作等。

调查法的优点是能够在较短的时间内获取大量的有关研究对象的第一手材料,既为分析问题提供依据,又能为进一步研究提供有益的线索和新的发现。但它在条件控制方面存在很大的局限性,尤其是涉及有明显社会评价意义的问卷,更易因修饰作用而失真。

4. 测验法

测验法又称心理测验,它是通过运用标准化的心理量表对被试的某些心理品质进行测定来研究心理现象的一种方法。心理测验最大的优点是能数量化地反映人的心理发展水平和特点,它不仅可以作为一种研究方法,使研究更趋精确、科学,而且还能为教学实践、人才选拔、职业指导、心理诊断和咨询提供客观资料。但测验法的有效性很大程度上取决于量表的可靠性,而许多量表尚在完善之中,因而对其结果不能视之绝对,同时它对主持者的要求也比较高,必须受过专门训练,解释结果要谨慎、全面,不可偏颇、妄断。

5. 个案法

个案法是综合运用各种方法,对个别被试在较长时间(一年、几年或更长时间)连续进行了解,以研究其心理发展变化的方法。它是一种连续的、追踪性的研究方法,广泛应用于学习困难或品德不良的学生、超常儿童、特殊才能学生的研究上。运用此法时,个案研究的对象要有典型性,资料搜集要全面,记录应及时,资料分析要科学,研究者与研究对象应建立良好的心理关系,必须持之以恒。

第二节 心理的实质

梁山伯与祝英台的故事最后两个人的灵魂化作蝴蝶一起快乐地生活在一起了。那么灵魂是在人体内真实的存在吗?灵魂会在人身体死亡之后魂归天际?中国古代人形容聪明人,总说聪明的人心眼很多,心脏能够决定人类的心理活动吗?哪些身体因素影响了人的心理发展,心理的生理基础究竟是什么?

古代,由于受到自然科学技术水平的限制,国内外的思想家都把心脏当作思想和精神的器官,把精神活动统统归结为心理活动。中国古代汉语中,与精神有关的字都有"心"这个偏旁,如意、愿、惑、憩、怒等,以及与思考有关的成语,如"用心良苦""苦心积虑""口诵心惟"等,这些都是和心的活动关联着的。

知识拓展

1848年9月13日,铁路监工盖吉遭遇了人身伤害事故。在一次意外的爆破中,一根3.7英寸长的铁杆刺穿了他的颅骨,可是他的意识还清醒。人们用卡车把他送回旅馆,他自己走上楼。随后的2~3周内,他濒于危亡;到10月中旬他却逐渐恢复。事实上,盖吉的身体伤害并不严重,仅左眼失明,左脸麻痹,运动和语言无恙;在心灵上,他却变了个人。他的医生对此有很清楚的解释:他的理性和动物性之间的平衡似乎已遭到破坏,他随时发作、放纵,还伴有无理和污秽的语言,这些都不是他过去的习惯。他不听朋友和伙伴的劝阻,特别是当这些劝阻与他的需求冲突时,他表现得很不耐烦。他随时异想天开地提出很多计划,瞬息间又依次否定,反复无常。他的心智和表现像个孩子。他受伤之前虽未受过良好的学校教育,但他具有平衡的心态,受到熟人的尊敬,大家认为他是个机灵、聪明的生意人,精力充沛,毅力不凡,努力实现自己的计划。就这些方面来说他已完全变了。他的朋友和熟人都说他"不是以前的盖吉了"。

盖吉的案例发生在科学家们着手研究脑功能与复杂行为之间的关系之时,为证明脑是心理过程的基础提供了较早的依据。

现代科学研究发现,脑是心理活动产生的来源器官,心理则是脑的机能表现[①]。正如肠胃是消化的器官,消化是肠胃的机能一样。人类是整个生物世界中一个很平凡的物种,人类的许多系统的解剖特征和功能远不如大多数动物。例如,比起狗的嗅觉、鹰的视觉,人只能自叹不如。人比猫的行走过程要笨拙很多。人跑起来远不如梅花鹿的速度,不如美洲狮有气势。到了水里,人往往是海豚救援的对象。直立的姿势导致高血压,腰酸背痛是人类常有的病症。但是,人类却成为地球上的"万物之灵"。这一优势的得益于人有一种特殊化的器官——人脑。

一、心理是脑的机能

心理现象的产生和发展是同生物世界大进化发展相联系的。生物世界出现动物以后,动物的神经系统和脑系统的产生与发展直接联系着心理活动的产生。植物阶段,生物只有感应性。随着腔肠动物出现,网状神经系统的产生,逐渐产生了未分化的感觉,有了心理的萌芽。直至链状神经系统的环节动物和节肢动物出现以后,动物界才开始有了心理现象的初级阶段——专门化的感觉。脊椎动物进化出现以后,管状神经系统和脑组织孕育出了知觉过程。两栖类动物开始出现大脑两半球,爬虫类则进一步发展

---

① 孙式武,于淑君.小学教育概论[M].济南:山东人民出版社,2014.

大脑皮层[①]。哺乳类动物阶段出现的大脑两半球和皮层快速发展,为具体思维的萌芽产生提供了物质基础。而灵长类动物成为动物脑组织发展的顶峰,它们已有六层大脑皮层,进而有了初级思维的能力。社会化的生活促使类人猿中进一步分化出人类群体,在社会环境影响下,在劳动过程中的人际互动的推动下,猿脑逐渐复杂丰富变成更大、更完善的人脑,从而产生了抽象思维,产生了人所特有的精神产品,有了独立的意识。

1. 人脑的结构

人脑结构包括高级神经中枢和低级神经中枢两部分构成,高级神经中枢专指大脑。大脑位于脑的顶部,由左右两个半球构成。

大脑的重量占整个脑重的80%,表面覆盖着3～4毫米厚的灰质层,叫大脑半球皮质,简称皮层。它在心理学研究上具有特别的重要性。皮层是控制整个机体活动的最高管理者和调节者。皮层表面凹凸不平,形成沟回,看上去很像核桃仁。灰质下面是白质,白质由脑细胞延伸出来的神经纤维组成。这些纤维上下左右纵横交错,相互联系,组成一个十分复杂的"有线通信网络"。大脑半球皮质可分为四个部分:额叶、顶叶、颞叶和枕叶(见图1-1)。

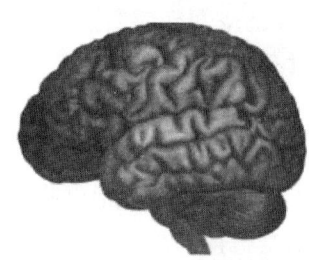

图1-1 大脑半球结构图

其中额叶是进化过程中新发展起来的部位,为四个脑叶中之最大者,约占大脑半球的三分之一。

低级神经中枢指大脑以下的中枢神经各部位,包括延脑、脑桥、间脑和小脑。低级神经中枢除了有传递和过滤神经信息(又称神经冲动)的功能外,还对维持生命的基本活动起着重要的作用,如维持心跳、血压,发生吞咽、咳嗽、喷嚏反射,平衡和协调身体运动,调节植物性神经活动等。同时,低级神经中枢还具备接收感觉信息、调节情绪和维持机体觉醒状态的功能。低级神经中枢的活动受高级神经中枢的控制脑和脊髓构成中枢神经系统,中枢神经系统向全身各部位发出的大量神经纤维则为外周神经系统。

外周神经系统与感觉器官及肌肉、骨髓、内脏、腺体等相联系,形成从中枢到外周又从外周到中枢的神经信息环路。神经信息在这个环路中以每小时360千米(即每秒100米)的速度迅速传递,一个信息不需0.1秒便可传遍全身。

2. 大脑的机能

认识大脑的机能比了解大脑的结构要困难得多。事实上,人们既不能从外部直接观察记忆的程序,又不能用手术刀打开头颅来记录思维过程。因而,心理学家把大脑比作一只"黑箱"。关于大脑机能的研究主要靠间接的办法。

(1) 大脑的机能与心理

大脑的主要机能是接受、分析、综合、储藏和发布各种信息。机体的所有感觉器官都把刺激信息由神经传入大脑,经过皮层的加工、整理,做出决策,然后发出信息,控制各器官和各系统的活动。各器官和各系统的活动状况又会通过信息环路报告给大脑,以便进一步调节。

[①] 何东亮,丁愉. 师范教育心理学[M]. 上海:上海交通大学出版社,1997.

大脑两半球各自管理着身体相对的那一半,即左半球主管身体的右半边,右半球主管身体的左半边。皮层上的四个叶在机能上也有分工。枕叶与视觉有关,颞叶与听觉有关,顶叶与躯体感觉有关,额叶在人的心理活动中具有特殊的作用,控制着人的有目的、有意识的行为。有研究表明,额叶受伤的病人无法解答算术应用题,智力下降,还会出现性格上的障碍,原本很温和的病人变得暴躁、粗野、不能自制。皮层各部位既分工又合作,在机能上相互联系,相互协调。

人的大脑机能具有不对称性,即心理机能在大脑左右两个半球表现出不同的优势。通常左半球的机能是阅读和计算,保障连贯的、分析性的逻辑思维;右半球运用形象信息,保证空间定向、音乐知觉,擅长对情绪、态度的理解。当然,大脑两半球的机能不对称性也是相对的,是一个人在交往过程中逐渐稳定下来的。

(2) 高级神经活动学说与心理

俄国生理学家巴甫洛夫创建的高级神经活动学说是揭示大脑机能最有影响的学说。所谓高级神经活动指的是大脑皮层的活动。神经系统最基本的活动方式是反射,反射是机体的神经系统对刺激做出规律性的应答活动。反射按起源分为两类:无条件反射和条件反射。

无条件反射是先天固有的、不变的反射,由低级神经中枢控制,如新生儿生来就会吸吮、食物进入口中会分泌唾液。

条件反射是后天形成的、易变的反射,是无条件反射与某种无关刺激多次结合后形成的反射。例如,在幼儿园中琴声通常与许多活动相结合,如起床、上课、吃饭、休息等。于是琴声对我们产生了信号的意义,变成了条件刺激物。不同曲调的琴声,便会引起不同的行动这就是条件反射。形成条件反射的信号有两大类:一类是具体信号,包括物理环境中各种视觉的、听觉的、触觉的、味觉的刺激物;另一类是抽象信号,如人类的语词。抽象信号是人的社会活动的产物。

按照巴甫洛夫的观点,条件反射是心理活动的生理基础。有关人脑中心理的东西与神经生理的东西之间的关系,仍是当代科学积极探索的一个重大课题。

知识拓展

脑组织发育水平跟个体心理的成长发展联系更加密切。研究证明,新生儿的大脑虽然在结构上已接近成人,但他们的大脑皮层还比较薄,沟回也比较浅,脑重也较轻,刚出生时仅390克,是成人脑重的1/3,到9个月,儿童的脑重已达660克,2~3岁的儿童,脑重已达900~1000克,7岁儿童脑重达1280克,到12岁已接近成人。与之相适应儿童心理的水平也是逐步提高的。据瑞士心理学家皮亚杰的研究,儿童心理的成长过程经过以下几阶段:(1) 从出生到2岁的感知运动阶段;(2) 从2岁到7岁的前运算阶段;(3) 从7岁到11、12岁的具体运算阶段;(4) 11、12岁以后已具有抽象思维能力,叫形式运算阶段[①]。

---

① 张潮,王敬国.心理学[M].沈阳:辽宁大学出版社,2013.

生理解剖学上的许多实验也多次证明了心理是脑的机能这一理论。例如,脑损伤的动物,无论是病变还是切除部分脑组织,都会出现某些正常行为的突变,甚至是功能的丧失。临床研究发现,人脑和心理活动也是密切联系,无论是外伤或者病变都会造成某些心理活动的失调。例如枕叶和视神经关联,枕叶损伤会使人致盲。而顶叶下端和颞叶枕叶邻近部位病变会造成阅读方面的功能性缺失。负责语言的布罗卡区一旦受伤,则不能理解和表达复杂的语言。此外,脑震荡也会造成心理活动失调。种种事实都再三证明了心理活动是大脑的一种机能,心理活动与大脑活动是密不可分的。

二、心理是对客观现实的反映

人脑是产生个体心理现象的器官①。但这只是一个必要条件,并不是充分条件,大脑不会自动地产生心理现象,人脑需要其他条件刺激才能产生心理活动。只有当外部世界中的客观现实作用于人的大脑后,人类才会产生心理活动和心理现象。客观现实是指在人的心理之外独立存在于世界上的一切事物,这些客观现实是人类赖以生存的环境和条件。人们根据环境的内在特征将这些环境划分为物质环境(如各种自然现象,包括宇宙星辰、山川河湖、日月更迭、飞禽走兽,同时也包括人类社会中出现的人造环境,如城镇乡村、道路交通、房屋住宅等)。第二类是非物质性的社会环境(如国家、民族、组织、家庭,多样的人际关系、社会道德规范、文化风俗习惯、民族传统等)。人脑在接收这些客观存在的事物及事物之间的关系刺激作用后,在大脑中对这些事物加以反映。没有这些对象也就不可能有人的心理的实际内容。例如,人们看到一棵具体的树才能在头脑中形成树的形象,产生树木的概念和知觉;人们通过口口相传知道"夸父逐日"的故事,才有了这个故事的记忆。即使小学生在美术课上画出一些现实生活中并不存在的图像;或讲出一些现实中没有的出现过的内容(例如,一个学生画了一只长了很多脑袋的小鸟,或讲出书包里长出汽车玩具的故事),这些都不是他们凭空虚构编造的,而是根据生活中经历的事物和记忆在头脑中进行加工之后反映出来的。因此,类似这样的想象仍然是现实的反映。

所以,客观现实包括物质环境和社会环境都是人类心理现象和活动的源泉。人脑是心理活动的显示器,不仅要有大脑这个反映器官,还要有客观现实这个心理的来源。其中,非物质的社会环境在个体社会化过程中产生巨大的影响,对人的心理活动的产生、发展都具有特别重要的作用。人的各种心理过程,乃至个性特点的形成和发展,都会受到所处社会环境带来的决定性影响。

当你站在一面镜子前面,镜子里便出现你的镜像,这就是反映。但这是一种最简单、最直接和被动的反映。那么心理的反映是不是也像人照镜子一样呢?

图1-2是一张双歧图,当人脑选择不同的知觉对象的时候就会看到不同的内容,既可能是一位满脸皱纹的老太

图1-2 少女与老妪

---

① 杜玫,詹丽峰.心理学[M].武汉:湖北科学技术出版社,2013.

太的侧面,也可能看到的是一位年轻少女的背面。在这个过程中,观察者自主选择感知的角度和认知对象,从而产生不同的认知结果。

心理虽然一方面反映客观现实的性质和特征;另一方面也反映个人对现实的态度,即心理是人脑对客观现实的主观的、能动的反映。

心理活动内容受到自身社会化程度的影响,小学生活动天地越广阔,接触的事物越丰富,心理活动的内容就会更丰富。由于小学生处于心理发展的快速成长阶段,他们自身的选择和辨别能力还不能提供足够支持他们成长,需要教学环境中的教师为小学生们提供良好的客观学习环境,这是保证小学生心理健康发展的重要条件。

第三节 小学心理学的研究内容及意义

一、小学心理学的研究内容

(一)小学心理学的研究对象

教学过程、学习过程和教学环境是小学阶段乃至整个学校教育阶段中的三个核心因素。"教学过程"即教师依据社会要求对学生开展教学活动,在教学中影响儿童的思维和心理成长,引导学生学习成长。"学习过程"指学生通过学校教育在教师影响下获得知识、技能以及心理方面的成长,能力素养、道德品质和个性特征同时得以发展成长。学生在整个学习过程中起中心作用,一切教学指导活动应围绕学生开展,学生对教学活动以及教师的认知结果及情感态度都会影响学习效果。而所有教学和学习活动总会受到学校情境和社会环境等方面因素的影响,"教学过程、学习过程和教学环境"三者构成了一个相互支撑的有机整体。学校环境中出现的一切问题、状况和发展水平,都会和这个整体息息相关,只有合理利用三因素所构成的整体以及三者间互动中的各种问题,学校的各项工作才能顺利前进①。

小学心理学就是一门研究学校教育情境中学(学生)、教(教师)、环境三者相互作用的各种心理现象与心理活动规律的科学②。小学阶段处于基础教育中的初级阶段,小学生在这个时间阶段逐步适应学校生活,建立学校学习的各种规范,逐步提升文化知识基础水平,并为将来的学习做好生活准备。

小学阶段的学习和教育过程中,教师和学生分别依据所在社会文化下的社会期望而扮演不同的社会角色,教师和学生分别承担着各自角色要求的社会责任和社会义务。基于学生的角度,小学生处于逐渐从学前教育阶段的松散教学活动过渡到正规学校基础教育的学习过程,不断提升自身适应学校生活的能力,从以游戏为主的学前生活向以学习为主的校园生活进行转变,逐渐适应小学教师的教学方法,发挥自身的学习积极性、主动性和创造性,从记忆知识到理解和内化知识、完成技能学习、锻炼思维能力提升

---

① 邹萍.小学心理学[M].长春:东北师范大学出版社,2013.
② 冯维.小学心理学教程[M].重庆:西南师范大学出版社,2014.

思维品质、养成良好的行为习惯、树立道德情操;小学阶段的教学活动应以学生为中心,依据这个年龄阶段的学生身心发展规律,选择合适的教学方法,通过合理的教学手段传道授业解惑。

为了达到促进学生身心同步发展的目标,教师在传授知识同时还需要言传身教,影响学生形成正确社会道德感和价值观。小学阶段教与学的互动过程中,教师和学生的内在心理活动会通过各种外在的言语和行为以及其他心理现象和心理活动表现出来。所以,小学阶段学校教育中出现的各种心理现象的主角是师生。同时,校园情景等环境因素也会影响各种心理现象的产生和结果。因此,小学心理学是研究小学生心理发展特点和学习与教育规律的科学。

(二)小学生的心理活动规律

1. 认知过程[①]

记忆方面,随着学校教育的影响,有意记忆逐渐代替无意记忆成为小学生主要的记忆方式,意义记忆所占比例不断提升,机械记忆所占比重不断下降,词语概念的抽象逻辑记忆发展速度也逐步超过形象记忆。

思维方面,随着抽象概念学习不断增多,小学生逐步从具体形象思维过渡到抽象逻辑思维,思维加工的过程不断丰富完善,能够更加精确和系统地掌握概念,在推理、判断和理解概念方面的能力也逐步提升,思维灵活性、创造性等方面的品质也有所提高。

言语方面,小学生能够逐渐掌握口头言语中语音、语调的细微差别,开始由口头语言逐渐进入书写言语发展时期。在校园教育和文化的影响下,小学生的词汇数量快速递增,越来越精确地理解词语含义,逐步趋于合理、完善地运用语法,更加连贯、生动和多样化地使用言语来表达自我。不仅在母语理解掌握方面取得了快速发展,外语学习也能够同步提高,这些现象都证明了小学生的言语发展潜力。

想象方面,小学生想象事物的有意性、目的性迅速增强,创造性想象发展迅速。随着学习内容和接触事物的增多,小学生想象的内容也逐渐丰富,想象的现实性也较学前阶段有了较大提高。高年级段学生针对自己的生活前景开始了出现初步的幻想。

2. 情绪情感

小学生情绪情感内容日益丰富,社会性情感如道德感、美感等比重逐渐增加,情绪控制能力和稳定性有所增强。就小学生高级情感的发展来看,他们的友谊感、责任感、集体主义情感和爱国主义情感等逐步形成;小学生的理智感不断发展,他们的好奇心、求知欲和学习热情等越来越稳定;小学生在教育活动中通过接触艺术作品而逐渐形成对具体内容和形象的观赏美感。

3. 意志过程

意志水平的提升主要表现在以下几方面:目的性方面,他们逐渐确立较为长远的行动目的,直接目的的影响减弱;自制力和独立性方面,行动盲目性、冲动性和易受暗示性减少,对个人行为的自我调节能力有了明显改善;果断性、坚持性方面,他们能够在采取

[①] 邹萍.小学心理学[M].长春:东北师范大学出版社,2013.

决定和克服困难方面表现出一定的能力和毅力。总体来说，小学生的意志力水平发展迅速，但总体水平不高，果断性和坚持性水平较弱。

4. 个性心理

个性倾向性方面，小学生在教学活动中学习任务增多、校园集体活动增多，这些内容都在帮助小学生逐渐提升自我评价的独立性、自我意识的批判性和自我评价的内容水平。个人学习兴趣和志向从直觉的、幻想性的、模糊而不稳定的方向逐渐向理性、分化而稳定的方向发展，逐步形成个人的世界观和价值观。

个性心理特征的发展方面，在课堂教学和课外活动的训练影响下小学生智力和特殊能力得到多样化发展，气质特点逐渐稳定，集体性、互助性、勤奋、友爱、坚毅、勇敢等优良性格在良好环境的影响下也在不断发展。

当然，在整个小学阶段，小学生的心理个性倾向性还处在尚未定型阶段，在学校教育和校园文化环境的影响下，他们的个性仍不断发展，持续改变。

在小学生心理发展过程中，校园环境和小学教师对学生施加的一切影响都能够成为刺激物，使学生的心理产生反应和活动。我国小学教育的目标是全面提升小学生身心素养，使其在德、智、体、美、劳等多个方面得到全面发展，而丰富多样的刺激可以使学生的心理活动纷繁复杂。为了配合教学活动，提升教学活动的针对性和质量水平，教师需要分析小学生学校学习过程中的心理活动，掌握心理活动规律。

（三）小学教师的心理问题

教育活动是以学生为中心、教师为引导的阶段性社会活动。教师作为教育活动中的引导者，有其独特的社会心理特征。因此，小学心理学不仅要研究学生的心理规律，也要研究教学情境中教师心理发展的特点，以及教师角色对教师认知、情感、态度等方面的影响。教师的个性特点和情绪特征在师生交往、知识传输等教育活动中对学生的个性养成和价值树立产生重要影响，表现在小学教育活动的各个阶段和方面。因此，有关师生关系互动的内容也是小学心理学研究的重要方面。

总之，小学心理学需要系统探讨校园情境中师生心理成长规律及其心理活动规律以及不同文化环境下参与教学活动的各个成员之间的联系。以上这些共同构成了小学心理学的研究对象。

二、学习小学心理学的意义

1. 有助于提高教育教学效果

小学心理学主要是针对教育工作者的实际需要而开设的一门课程。学习这门课程既可以了解儿童心理，也可以掌握学习心理、品德心理与教学心理，对教育工作者的实践活动有很重要的指导作用。运用教学规律进行教育活动，可以提高教学效果，增强教育职能。教学始终是教师的一项重要工作，提高教学质量也始终是每位教师的努力方向，更是学校教学改革的根本目标。而教学是师生双方共同参与的活动，是教育者对受教育者实施教育的基本途径，是科学性和艺术性相结合的工作，并不是仅仅掌握某一门学科知识就能胜任驾驭的。学习心理学可以帮助教师了解学生进行信息加工的一些主要心理过程、获取知识和发展能力的规律以及有关非智力因素的情况，帮助教师采用最佳的教学手段优化学生学习方法的各种因素,提高教学质量。

2. 有助于提高心理教育能力

关心儿童心理的健康发展,及时发现、处理儿童存在的心理问题,促进儿童心理的健康发展。同时也有助于运用心理学原理提高思想教育工作的效果。教师不仅要教好书,还要育好人。每一位教师不仅要掌握教书的高超技能也要具有育人的娴熟本领,使教书和育人这两方面的工作在学校教育的总体培养目标上获得和谐统一。当今时代育人除了要促进学生知识和能力的发展之外,更重要的是形成学生良好的思想品德、健康的心理和优良的个性,而这些问题都与心理学知识息息相关。只有通过学习心理学,明确思想品德形成的规律、遵循心理健康的规律和个性发展的规律,才能真正完成这些任务,才能提高育人的实效性。例如,只有懂得了学生良好品德的形成是培养知、情、意、行的过程,才能在德育工作中做到"晓之以理、动之以情、炼之以志、导之以行";只有掌握了个性的结构和形成规律、影响因素以及青少年发展中的相应特点,才能有针对性地塑造良好的个性;只有明确了青少年学生发展过程中的心理矛盾、心理障碍类型、促进心理健康的方法,才能有针对性地进行心理咨询与辅导,培养健康的心理。

3. 有助于小学教师专业化发展

教师是基础教育新课程改革取得成功的重要保证,如何提高教师专业发展的意识和能力,更有效地促进学生全面、健康、和谐地发展是教育面临的迫切问题。未来的教师不只是进行教书育人的工作,还要善于在自己的教书育人实践中不断探索、不断改革,积极进行教育科研工作。可以说,在教育理论的指导下,结合自身的教育实践,开展教育科研的能力,也是未来教师基本素质的重要组成部分。而在运用教育理论进行教育科研、教育改革的过程中,心理学占据十分重要的地位。自裴斯泰洛齐(J. H. Pestalozzi)、赫尔巴特(J. S. Herbart)等近代教育家都明确提出心理学在教育中广泛运用以来日益受到了人们的重视,以至于当代一些有影响的教育改革理论都是建立在和心理学理论有关基础之上的,例如苏联赞可夫在"教学与发展关系"的研究上,提出传授知识和开发智力并重的教学思想,最终形成的"新教学体系",就是吸收了心理学家维果斯基关于"最近发展区"的理论;美国布鲁纳(J. S. Bruner)的"结构课程论"就是受瑞士心理学家皮亚杰关于儿童认知结构理论的影响;保加利亚洛扎诺夫(G. Lozanov)的暗示教学法则是以无意识心理研究为主要理论依据的。因此,学习心理学原理和研究方法,坚实教育理论基础,能大大提高师范生今后开展教育科研的能力。

4. 有助于提高学校管理水平

教师不但是学生知识的传播者、优秀人格的塑造者、教育科研的实践者,而且是教育教学的管理者。可以说,在教育理论的指导下,结合自身的教育实践,科学地进行教育教学管理也是教师基本素质的重要组成部分,而在科学管理的过程中,心理学起着十分重要的作用。无论是班级的管理、课堂的管理,还是教师的管理等都需要心理学理论为指导。只有懂得班集体心理、课堂学习心理、教师心理,才能有效地进行管理。例如,要形成良好的班集体,就必须明确集体形成的心理过程,班集体的社会心理现象;要搞好课堂管理,就必须懂得创设良好课堂气氛的心理条件、维持课堂纪律的策略等。学好心理学,可以帮助教师明白上述问题。因此,学好心理学有助于运用心理学原理提高管理工作的水平。

5. 有助于提高教师的心理素质,促进自身的发展

提高教学质量,关键在于提高教师水平。不仅要提高教师所教学科的知识水平,还要提高教师的教育教学能力。其中,教师的心理素质最为重要,但又容易被忽视。例如,要教会学生如何思维,教师必须善于思维;不让学生死记硬背,教师必须善于记忆;在课堂上要管好学生,教师必须善于控制自己;要培养学生良好的品质,教师必须具备良好的师德。学好心理学,可以帮助师范生正确认识自己,加强自我修养,不断完善自我,使自己尽快成为一名合格的教师。如果说心理学对于将来从事教育青少年工作有多方面的意义的话,那么心理学对实现自我教育自我发展也具有同样有效的促进作用①。新课程改革倡导合作、探究的学习方式,提倡动态生成的教学过程。这就要求小学教师必须熟练掌握和运用小学心理学理论,以适应教师专业化发展的需要。

本章小结

本章属于小学心理学的基础理论部分,重点介绍了心理学的研究对象与任务,探讨了心理学的各个分支及其研究领域,最后介绍了心理学的指导思想、基本原则和研究方法。通过阐述心理的实质,帮助学生理解心理是人们对客观现实的反映,明晰小学心理学的研究对象、内容、方法,并能够在小学教育实践中灵活运用,以提高教育教学效果。

思考训练

1. 如何掌握心理学的研究对象及方法?
2. 为什么要学习小学心理学?
3. 如何理解心理是对客观现实的反应?
4. 案例分析:一位教师发现班级中有一个"淘气包"。班上组织集体活动时,他总是无视班级纪律,到处乱跑乱动,让人十分头疼。但是,一次音乐活动中,教师发现这个孩子节奏感非常强。在学习一段较难的按节奏谱拍手时,别人都没有拍对,唯独他拍得好。教师请他带小朋友拍,这时,他脸上表现出诧异的表情。当确认是请他时,他激动得站起来,甚至把椅子都踢翻了。他紧张地看看教师,见教师没有批评他的意思,于是走到教师身旁,认真地完成了任务。教师当众表扬了他,他高兴极了。从此,这个孩子像变了一个人,变得有自尊心,需要被肯定和信任。

看了这个案例你有什么想法?

---

① 姬建锋,贾玉霞.心理学[M].西安:陕西人民出版社,2017.

第二章
小学生的心理发展

 **内容提要**

本章你要理解什么是心理发展,掌握影响心理发展的因素和心理发展变化的特征,了解心理发展和教育的关系,掌握小学生身体发展、认知活动发展、社会性发展的特征。理解不同心理学流派的心理发展观及对教育的启示。能用所学的概念和理论来解释和解决小学生心理发展过程中遇到的问题。

乐乐是一位小学三年级学生。刚开始这个孩子给老师的第一印象还不错,是个长得很可爱的小男孩。但是时间一长,老师发现他浑身总是脏兮兮的,原本白白的小脸蛋整天黑乎乎的,身上总是散发着一股难闻味道。他兜里总是装着很多零花钱,上下学途中经常在商店逗留,买很多零食玩具带到学校。他平时很少说话,在班上几乎没有朋友,还经常受到其他同学的欺负。课堂上,他从不听讲,喜欢摆弄东西,小动作不断,一节课下来他的书桌里和周围的地面上总是乱糟糟的,扔满了垃圾;课下他从不写作业,考试时也经常不好好答卷,因此他成绩很差,总是班上倒数前三名。假如你是老师,遇到这样的学生你应该怎么办呢?

第一节 心理发展的概述

一、心理发展的含义

心理发展是指个体从出生、成熟、衰老直至死亡的整个生命进程中所发生的一系列比较相对规律、比较稳定的心理变化。并不是所有的心理变化都可以叫作发展。例如,由于疲劳和疾病等原因而引起的心理变化,就不能称为发展。

从本质上来说,心理发展是人对客观现实的反映活动扩大与改善的过程,它主要表

现在四个方面:

第一,反映活动从混沌未分化向分化、专门化发展,如小学低年级学生经常把"b"和"d"、"p"和"q"混淆,而高年级学生能轻易区分这些差别。

第二,反映活动从不随意性、被动性向随意性、主动性发展,如小学生学习时的注意逐渐由无意注意占优势过渡到有意注意占优势,学习动机也逐步由"要我学"向"我要学"转变。

第三,认识事物时从认识表面现象向认识事物的内部特征发展,如低年级小学生在对"鸟"进行下定义时主要依据"是否会飞"等表面特征,而高年级学生则依据"是否有羽毛、是否卵生"这些特征。

第四,对周围事物的态度从不稳定向稳定发展,例如低年级小学生的情绪、交友都非常易变,而高年级学生的情绪稳定性和友谊相对更加稳定。

总体上说心理发展过程中个体的认知、情绪、意志等心理功能都在逐步完善和稳定。

二、影响心理发展的因素

影响心理发展的因素异常复杂,大致可以分为遗传素质、环境和教育、主观能动性四个方面。

遗传素质是心理发展的生物前提和自然条件,良好的遗传素质是心理正常发展的物质基础。遗传会影响儿童智力的发展,绝大多数唐氏综合征患儿是由于先天基因缺陷引起的,有严重的智力障碍的同时身体健康也令人担忧。人的神经系统活动类型主要由遗传决定,而人的神经系统活动类型决定了人的气质类型,气质类型又影响其性格的形成和发展。因此生育检查无论是对于个人的生长发育还是家庭、社会的发展都非常重要。

环境和教育对儿童的心理发展起决定性作用,其中教育起着主导作用。遗传只规定了心理发展的可能性,而环境和教育则提供了心理发展的现实性。一粒种子再怎么优秀,如果没有适合的生长土壤和环境也无法长成参天大树。马克思说:"搬运工和哲学家之间的原始差别要比家犬和猎犬之间的差别小得多。他们之间的鸿沟是分工造成的。"我国古代著名的"孟母三迁"的故事也充分说明了环境和教育对心理发展的影响。

主观能动性是指人的主观意识和实践活动对于客观世界的能动作用,它有两方面的含义:一是人们能够认识客观世界;二是人们在认识的指导下能够改造客观世界。无论是遗传素质还是环境和教育因素都是影响心理发展的外因,个体的主观能动性才是内因,人不是消极地、被动地接受外部环境的影响,而是通过自身的活动去积极地、能动地反映外部环境。外因只有唤起、激发内因才能发挥作用,因此父母和教师对孩子的教育必须要以了解孩子的心理为前提。[①]

---

① 刘万伦.学前儿童发展心理学[M].上海:复旦大学出版社,2014.

三、心理发展的年龄特征与阶段性

心理发展的年龄特征是指在一定社会和教育条件下,在儿童发展的各个不同的年龄阶段中所形成的一般的(带有普遍性)、典型的(具有代表性)、本质的(特有的)心理特征[①]。人在一生中大致要经历九个年龄阶段:

① 乳儿期(0到1岁,出生第一个月叫新生儿期);
② 婴儿期(1到3岁);
③ 幼儿期(又叫学前期,3到6、7岁);
④ 童年期(又叫小学期或学龄初期,6、7岁到11、12岁);
⑤ 少年期(又称学龄中期或青春初期,11、12岁到14、15岁);
⑥ 青年初期(又称学龄晚期或青春晚期,14、15到17、18岁);
⑦ 成年初期(17、18到35岁,其中17、18到25岁为青年晚期);
⑧ 成年中期(又称中年期,35到55或60岁);
⑨ 成年晚期(又称老年期,55或60岁以后至死亡)。

上述九个阶段中的每个阶段都有相对独特的心理特征和行为特点,掌握这些特征是因材施教、因人施策的前提。

心理发展的年龄特征与年龄相关,但又不是完全由时间决定的,这些特征是从大量的个体心理特征中概括出来的一般趋势、典型趋势或本质趋势。在一定条件下,心理发展的年龄特征既是相对稳定的,同时又随着社会生活和教育条件等文化背景的改变而有一定程度的改变。年龄特征的稳定性是由于这些特征受到许多稳定因素的支配,例如人脑的结构和功能的发育是有一定过程的,语言的发展、求学、求职等生活事件和活动形式也有一定的时间性,这些决定了人类心理发展的稳定性。但另一方面,不同民族和国家的文化背景有差异,个体的生理、语言发展、人格的形成也有差异,这就造成了年龄特征的可变性,造成了因文化背景而引起的群体差异。

四、心理发展变化的特征

概括个体一生的心理发展趋势和规律,大致有以下几个特征:

1. 连续性和阶段性

儿童心理发展是量变与质变交替发生的过程,从而使儿童心理发展表现出既有连续性又有阶段性的特征。心理发展的连续性是指儿童的心理发展是一个持续不断的变化过程,当没有新特征出现时,它处于量变过程,当出现了新的特征或者新特征占优势时,心理发展就表现出质变,于是心理发展水平就达到了一个新阶段,从而表现出心理发展的阶段性。但需要注意的是质变不是突然发生的,是孕育在量变的基础上产生的,新特征也不是突然占据优势,而是逐渐发展到新阶段。

---

① 朱智贤.有关儿童心理年龄特征的几个问题[J].北京师范大学学报(社会科学),1962(01):3-12.

2. 方向性和顺序性

心理发展总是指向一定的方向并遵循确定的先后顺序。比如儿童生理系统成熟的顺序是：神经系统，运动系统，生殖系统；儿童动作的发展严格遵循着从上到下，从中心到外周的原则；儿童先会辨认上下，后会辨认前后；儿童语言的发展顺序是从前语言到单词句、双词句、句子和会话。儿童思维发展的顺序是：0～3岁主要是直观行动思维；3～6,7岁：主要是具体形象思维；6,7～11,12岁主要是形象抽象思维；11,12～14,15岁主要是以经验型为主的抽象逻辑思维；14,15～17,18岁主要是以理论型为主的抽象逻辑思维。这些顺序有先后，有方向，不可跳跃也不可逆转的。这些特征要求我们在对儿童进行教育、促进心理发展时要遵循心理发展的规律，因时制宜，不可拔苗助长。

3. 不平衡性

个体从出生到成熟表现出不平衡的发展变化模式，不同心理功能（认知、情绪、动机、意志等）在发展速度、起始时间、达到的成熟水平方面均存在差异，同一心理机能在不同时期也有不同的发展速率。如在各种心理功能的成熟时间上，感知成熟在先，思维成熟在后，情感和社会成熟更后。心理学家在这种心理发展的不平衡性的基础上提出了发展关键期或最佳期的概念。所谓发展关键期是指身体或心理的某一方面机能和能力最适宜形成的时期。在这一时期对个体某一方面的训练可以获得最佳成效。错过了关键期，训练的效果就会降低，甚至永远无法补偿。

4. 普遍性与差异性

人类心理发展的规律具有普遍性，与此同时，个体心理在发展的进程、内容、水平方面又千差万别。如在智力方面有人"少年早慧"，有人"大器晚成"，在处理人际交往方面，有人"少年老成"，有人"少不更事"。再如在掌握口头语言方面，虽然正常儿童最终都会熟练掌握母语，但在时间和质量上却会有显著的个体差异。①

五、心理发展与教育的关系

儿童的心理发展不是由环境和教育等外部因素机械决定的，也不是由遗传、个体能动性等内部因素孤立决定的，而是由外因和内因共同决定的。"狼孩"的故事说明心理功能不是随着身体的成长而自然而然产生的，即说明不单纯是内部因素的作用。"教育万能论"的破产也说明心理发展不仅仅是有良好的外部环境就能够成功的。小学生心理发展主要是在内因基础上和适当的外因条件来决定的。所以我们应当充分发挥教育工作的能动性，要从不同儿童的实际出发，选择适合儿童心理发展的积极条件和教育方法，激发他们新的需要，从而有节奏、循序渐进地引导儿童心理不断向前发展。要充分重视教育在学生心理发展中起主导作用，教育任务要适合心理发展水平，同时也要略高于心理发展水平。教育的目的就是要使小学生在领会知识、掌握知识的同时，挖掘心理潜力，促进心理发展。例如我们在让小学生记忆历史知识的同时，小学生的记忆力也就随之发展了，我们在让小学生看图作文的同时，小学生的观察力和语言能力也同时得到了锻炼，而在让小学生排除干扰、认真听讲的同时注意力也得到了提高。但教学内容和

---

① 林崇德.发展心理学[M].北京：人民教育出版社，2009.

方法的选择应适合学生原有的水平,不能太易也不能太难,要能引起学生的学习需要。①

第二节 小学生心理发展的总体特征

一、小学生心理发展的基础

心理的发展以身体发展为基础,特别是离不开大脑、高级神经系统的发展。在小学阶段,儿童的脑重继续增加,神经系统更加完善,身体其他器官以及身高、体重等也在学前期发展的基础上有了新的变化。

(一) 脑的发展

在所有生理系统的发展中,脑是优先发育的,新生儿的脑重是390克左右,已经达到成人脑重的25%,而新生儿的体重仅为成人的5%。出生后儿童的脑重量随着年龄增长而增长,增长的速度是先快后慢。到6、7岁时儿童的脑重接近成人水平,约1280克,达到成人脑重的90%,9岁时约1350克,12岁时约1400克。除了重量的变化外,脑皮层结构也越来越复杂,沟回变深,神经细胞突触数量和长度增加,脑细胞体积增大,神经纤维开始以不同的方向越来越多地深入到大脑皮层的六层结构当中,与此同时,神经纤维的髓鞘化逐渐完成,从而保证了神经兴奋能够沿一定的道路迅速传导。脑机能越来越完善,这也为小学生完成更复杂的学习任务奠定了物质基础。

(二) 身体的发育

由于年龄、性别的不同,小学生身体发育的增长速度不平衡。在小学低年级,男生的身高体重等各项指标均高于女生,但从小学中高年级起,即由于女生较早进入青春发育期时(女孩约在11～13岁,男孩约在13～15岁),女生的身高、体重、肩宽均超过男生。从整个小学阶段来看,儿童的生长发育比较平衡均匀,而从青春发育期开始后,生长速度便出现了明显上升的趋势。在心脏和血管的发育方面,由于小学生正处于长身体时期,新陈代谢快,血液循环需要量较大,因此心脏必须加速运动,才能使血循环加速进行。肺的发育方面,7岁时儿童的肺结构就已经发育完成。肺的变化,经过了两次飞跃,第一次在出生后第三个月,第二次在12岁前后,这一时期肺发育得又快又好。经常参加体育锻炼能够大大提高肺活量,增强肺的功能。在骨骼和肌肉的变化方面,小学生的骨骼比较柔软。骨骼硬化是一个逐渐完成的过程,要到身体发育完全成熟时骨骼才完成硬化。儿童在这一年龄阶段骨骼容易变形,成人要特别注意培养儿童正确的坐立姿势、学习姿势。小学生的肌肉也是逐步发达起来的,到14岁以后,肌肉变化加剧,且男女的差距也越来越明显,进而导致男女在运动能力上的差异开始明显表现出来②。

---

① 林崇德. 心理发展与教育的关系[J]. 世界教育信息,2007(05):1.
② 可参见,https://wenku.baidu.com/view/63da23c36137ee06eff918df.html.

二、小学生心理发展的内容特征

（一）小学生认知活动的发展特点

心理发展主要表现在认知能力、人格和社会性发展方面。小学生的认知发展是以学习知识为基础而展开的，从以具体形象思维为主要形式逐步过渡到以抽象逻辑为主要形式。

低年级小学生感知事物时往往比较笼统，只注意事物的表面现象和个别特征，时空特性的知觉也不完善，随着教学过程的深入，知觉的有意性和目的性明显发展。这个时期，无意注意仍起重要作用，但有意注意迅速发展，并逐渐在学习和其他活动中占主导地位。有意记忆逐渐成为主要的记忆方式，意义记忆逐渐超过机械记忆而在记忆活动中占主导地位。儿童的词汇量增加很快，对词义的理解越来越精确，言语表达更加连贯、生动。在教育的影响下，逐渐掌握了书面言语，学会了写字、阅读和写作。小学生通过学习人类积累的知识经验，逐渐掌握了越来越多的概念、定理、规律，这些概念、定理和规律促使他们进行积极思维，进而抽象逻辑思维随之逐渐发展起来。此处只是概括了小学生认知发展的主要特点，后面的章节会详细介绍认知发展的相关内容。

（二）小学生的人格和社会性发展特点

"人格"一词在生活中有多种含义，在道德上它指一个人的品德和操守，在法律上的它指享有法律地位的人，有文学上它指人物心理的独特性和典型性。在心理学上人格是构成一个人的思想，情感及行为的独特模式，这个独特模式包含了一个人区别于他人的，稳定而统一的心理品质，主要包括气质、性格、认知风格、自我意识等。人格特点的形成是先天因素和后天因素综合影响的结果，是各种影响因素的"合金"，遗传决定了人格发展的可能性，环境决定了人格发展的现实性，教育起到了关键作用，自我调控系统是人格发展的内部决定因素。人格一旦形成就具有独特性、稳定性、功能性和统合性①。小学生的人格尚不稳定，也未成形，具有很大的可塑性，因此老师和家长们一定要抓住时机，努力培养小学生的良好行为习惯。

社会性发展是指个体获得适应社会所需要的知识技能，内化社会价值规范，从生物个体成为一名合格的社会成员的过程。有学者认为人的社会性主要包括人的社会知觉和社会行为方式两个方面。通过社会知觉，人们觉察他人的想法，向他人表达行为的动机和目的；通过社会行为，人们掌握约定俗成的举止方式、道德观念，从而能够适应自己所生存的社会。社会性发展的内容包括自我意识的发展、社会认知的发展、社会行为的发展、社会适应能力的发展、社会情绪情感的发展及道德品质的发展。各个方面都有不同的发展特征，如在社会情绪情感的发展方面：小学儿童的情感内容不断丰富、情感的深刻性不断增加、情绪稳定性不断加强、情绪可控制性不断提高。再如在自我意识的发展方面：小学儿童自我意识的准确性不断提高、自我意识的成分不断扩展、自我意识稳定性不断加强。此处只是介绍小学生人格和社会性发展的概念和主要特点，后面的章

---

① 彭聃龄.普通心理学(第四版)[M].北京：北京师范大学出版社，2012.

节会对小学生社会性发展进行详细介绍。

三、小学生心理发展的特征

小学生的心理发展除了表现出心理发展的一般特征外，还有自己独有的特点，这是由小学生的脑和神经系统的发育规律决定的，也跟小学生的生活环境和学习要求等因素有关。

（一）迅速性

小学生心理发展是迅速的，尤其是智力和思维能力。小学生在入学以后，由于学习任务的增多和加重，日益复杂的学习实践活动对他们提出了各种各样的要求，这就促使他们的感知觉、记忆力、注意力、思维能力都迅速发展起来，例如思维形式开始以具体形象思维为主要形式逐步向以抽象逻辑思维为主要形式过渡，注意的稳定性和范围都不断地发展。

（二）协调性

比起初中阶段的"动荡性"，如初中生情绪方面的"急风骤雨"式表现，小学生心理发展的协调性也非常明显。小学生的言行、动机与行为比较一致，但随着年龄的递增和道德动机的发展，个体间言行一致和不一致的分化逐步增大。

（三）开放性

小学生的心理活动纯真、直率，非常容易将内心活动表露出来，具有较强的"开放性"。几乎所有的情绪和情感变化活动都"写"在脸上，容易变化且不善于掩饰和控制。因此在小学阶段，成人与儿童容易沟通，师生之间、亲子之间关系更为融洽。

（四）可塑性

如同小学生的身体发育一样，小学生的心理发展和变化也都具有较大的可塑性，小学生的性格、品德、人生观、世界观、行为习惯都尚未固化，容易培养也容易变化。所以小学阶段是培养个体良好的心理品质和行为习惯的好时机。

第三节　小学生心理发展理论

一、精神分析的心理发展观与教育

精神分析（psychoanalysis）是西方现代心理学的主要流派之一，创始人是弗洛伊德（Sigmund Freud，1856—1939）。在发展心理学方面最具代表性观点的是弗洛伊德和埃里克森的心理发展观[①]。

（一）弗洛伊德的心理发展理论

弗洛伊德是奥地利精神病医生和心理学家，其根据对病态人格的研究提出了人格

---

① 林崇德. 发展心理学[M]. 北京：人民教育出版社，1995.

及其发展理论。这种理论的核心思想是:存在于潜意识中的性本能是人心理发展的基本动力,它是决定个人和社会发展的永恒力量。

1. 弗洛伊德的人格结构理论

弗洛伊德认为人的心理结构或人格结构包括本我(id)、自我(ego)和超我(superego)三个层次和部分。最底层的是本我,包括性的内驱力和被压抑的习惯,是人心理中的无意识部分。本我遵守快乐原则,只追求快乐和满足,而不遵守社会现实中的原则,婴幼儿只有本我。随着教育和社会环境的影响,自我从本我慢慢发展出来,自我按照现实原则进行行动,要调节本我和现实的矛盾,自我不能脱离本我而存在,它的力量来自本我。弗洛伊德将本我与自我比喻为一个人骑马,马是本我,骑马人则是自我。超我是由自我分化出来的。它代表社会规范的内化和道德原则的要求。自我受本我力量的驱使,千方百计伺机满足本我的渴求;但受社会道德规范习俗的制约,慢慢内化为良心、道德观、价值观,以控制自身的行为和观念,这即是超我。三者的关系是:超我和本我处在直接的冲突中,超我总是阻止或延迟本我得到满足。自我则是本我和超我之间的调停者,它既要千方百计使本我获得满足,又要受超我的监督,遵循现实原则。弗洛伊德认为,以上三部分如果发展平衡,就会形成一个健全的人格,如果不平衡就展示出一种变态人格。

2. 弗洛伊德的心理发展阶段说

弗洛伊德认为人的精神活动的能量来源于本能,本能是推动个体行为的内在动力,其中最重要的本能是性本能,弗洛伊德是泛性论者,在他的眼里,性欲有着广义的含义,是指人们一切追求快乐的欲望,性本能冲动是人一切心理活动的内在动力,弗洛伊德称之为里必多(libido),当这种能量积聚到一定程度就会造成机体的紧张,机体就要寻求途径释放能量,从而产生行为。弗洛伊德将人的性心理发展划分为五个阶段:口唇期(0~1岁);肛门期(1~3岁);性器期(3~6岁);潜伏期(6~11岁);生殖期(11或13岁开始)。

(1) 口唇期

弗洛伊德认为里比多的发展是从嘴开始的。吮吸本能也能产生快感。弗洛伊德又将这口唇期分为两期:第一时期是0~6个月;第二时期是6~12个月。从出生到6个月,儿童的世界是"无对象的",他们仅仅是渴望通过口唇得到快乐、舒适的感觉,而没有认识到其他人对他是分离而存在的。约在6个月的时候,儿童开始发展关于他人的概念,特别是母亲作为一个分离而又必要的人,表现为当母亲离开的时候,他就产生焦虑不安。

弗洛伊德认为,每个人会经历口唇期的阶段,婴儿口唇活动若得到充分满足,成年后性格会乐观、开朗;若受到限制,成年后性格会悲观、退缩。

(2) 肛门期

1~3岁儿童的性兴趣集中到肛门区域。例如,大便产生肛门区域黏膜上的愉快感觉,幼儿或以排泄为快乐,或抹粪便或玩弄粪便而感到满足。

(3) 性器期

儿童在3~6岁进入性器期。弗洛伊德认为,儿童由3岁起,其性生活即类同于成人的性生活。所不同的是：① 因生殖器未成熟,以致没有稳固的组织性；② 倒错现象的存在；③ 整个冲动较为薄弱。这里弗洛伊德所说的 3 岁后的所谓"性生活"主要是指出现男孩的恋母情结转换期,女孩也会产生恋父情结。也就是说,在这一个阶段,儿童变得依恋于父母的异性一方。

(4) 潜伏期

儿童停止对异性的兴趣,团体活动中常常男女分开进行游戏,多以同性为伴,但性冲动并未消失,而是转向学习、体育、艺术等。因此,潜伏期是一个相当平静的时期。

(5) 生殖期

经过暂时的潜伏期,青春期的风暴就来到了,从年龄上讲,女孩约从 11 岁,男孩约从 13 岁开始进入生殖期(青春期)。按照弗洛伊德及其女儿安娜·弗洛伊德(Anna Freud)的观点,首先,生殖期个体最重要的任务是要从父母那里摆脱自己,同时,到了生殖期,容易产生性的冲动,也容易同成人产生抵触情绪。

(二) 埃里克森的发展观

埃里克森是美国精神分析医生,同时也是美国现代最有名望的精神分析理论家之一。与弗洛伊德不同,埃里克森认为,人格的发展包括有机体成熟、自我成长和社会关系三个不可分割的过程。其发展顺序按渐成的固定顺序(即有机体的成熟程度)分为八个阶段,每一阶段都存在着一种发展危机(developmental crisis)和发展任务。成功的解决发展危机有助于自我力量的增强和对环境的适应；不成功的解决则会削弱自我的力量,阻碍对环境的适应。埃里克森人格发展阶段如下。

第一阶段：婴儿期(0~1.5 岁)。本阶段发展任务为：满足生理上的需要,发展信任感,克服不信任感,体验希望的实现。如果母亲对婴儿给予爱抚和有规律的照料,婴儿将在生理需要的满足中,体验到身体的康宁、环境的舒适,从而感到安全,产生信任感；如果母亲的爱抚和照料有缺陷,婴儿将产生不信任感。埃里克森认为一定比率的不信任感有利于儿童躲避危险,但是信任感应当超过不信任感。这一原则也适用于其他阶段。

如果成功解决了本阶段的发展危机,儿童的人格中便形成了希望的品质,这种儿童敢于冒险,不怕挫折和失败,容易成为易于信赖和满足的人。如果危机不能成功解决,儿童的人格中便形成了恐惧的特质,这种儿童胆小懦弱,易成为不信任他人、苛刻无度的人。

第二阶段：儿童早期(1.5~3 岁)。本阶段的发展任务为：获得自主感,克服羞怯和疑虑,体验意志的实现。自主性意味着个人能按自己的意愿行事的能力。此时的儿童控制自己的大小便,反复使用"我""我的"等字眼,凡事想亲力亲为,表现出强烈自主的意愿。但是,成人(尤其是教养者)不可能允许儿童为所欲为,而是要按照社会的需要来要求他们。如果儿童受到过于严格的训练和不公正的对待,就会产生羞怯和疑虑。因此,明智的父母对儿童的态度应当掌握好分寸,既要给儿童足够的自主空间,又要在不伤害儿童自尊心的前提下给予其必要的节制。

本阶段危机的成功解决,将会在儿童的人格中形成良好的意志品质。埃里克森认为,所谓意志就是进行自由选择和自我抑制的不屈不挠的决心。如果不能成功解决危机,则形成自我怀疑的人格特征。顺利度过本阶段,对于个人今后对社会组织和社会理想的态度将产生重要的影响,有利于个人为未来的秩序和法制生活做好准备。

第三阶段:学前期或游戏期(3~6岁)。本阶段发展任务为:获得主动感,克服内疚感,体验目的的实现。埃里克森认为,顺利度过前两个阶段的儿童已认识到自己是人,在这一阶段中,他们面临的问题是他们能成为什么样的人。他们充满想象力,其行为也更具目的性和主动性。在日常生活和游戏中,他们积极地检验各种限制,确定什么是允许的,什么是不允许的;这一阶段的儿童表现出对性别差异特别的好奇心和求知欲。当儿童认识到他们的行为或计划是注定要遭到成人的禁止时,就产生了罪疚感,而后便以一种新的形式控制自己的思想和行为。这也就是弗洛伊德所说的超我的产生。

在本阶段中,如果父母鼓励儿童的主动性和想象力,他们便会发展较多的主动性和进取精神,获得"正视和追求有价值的目的的勇气"。如果儿童的想象力和创造性表现受到成人的嘲笑和挖苦,他们就会产生罪疚感,丧失自信心。

第四阶段:学龄期(6~12岁)。在本阶段中,儿童进入学校,学习文化知识和基本技能。在学习过程中,儿童一方面努力追求着自身的完善,产生了勤奋感;另一方面,儿童在努力追求的过程中伴随着一种害怕失败的自卑感。因此,勤奋感对自卑感便构成了本阶段的发展危机。本阶段相应的发展任务为:获得勤奋感,克服自卑感,体验能力的实现。

学业的成功、家长和教师的认可、同伴的接纳都可以使儿童产生勤奋感。勤奋感占优势的儿童在生活和学习中常常能体验到"灵巧和智慧在完成任务时的自如运用",即能力的实现。如果儿童的表现不能合乎家长和教师的期望、本身不被同伴接纳就会对自己感到失望,体验到自卑感或无能感。

第五阶段:青春期(12~18岁)。青少年因为生理的急剧变化,以及新的社会冲突和要求,而变得困扰和混乱。埃里克森强调青春期的主要任务是建立新的自我同一性,防止同一性混乱,体验忠实的实现。其发展危机是同一性与同一性混乱的矛盾。这里的同一性是一个内涵非常丰富的概念,主要是指一个人知道自己是怎样的一个人——包括过去的、现在的、将来的自己,了解自己的需要、理想和责任,清楚自己的社会角色,以及各方面的协调整合。

显而易见,同一性的建立是一个毕生发展的过程,然而同一性的发展在青春期出现了危机。如果青少年在本阶段未能建立自我同一性,就会产生同一性混乱或消极的同一性(获得自己所处的社会文化所不予认同的、令人反感的角色)。很多青少年往往痛苦地发现他们不能迅速准确地做出决断,无力持续承担义务,于是他们便进入了"合法延缓期",以缓冲他们强烈的内心冲突。在这期间,他们需要为日后的发展做充分的准备,比如接受高等教育或职业教育、服兵役、经历各种性质不同的社会工作等,这些都是青少年寻求同一性的方式。

第六阶段:成年早期(18~25岁)。本阶段发展任务是:获得亲密感,避免孤独感,体验爱情的实现。经历了第五阶段,青年男女需要在自我同一性的巩固基础上获得共享的同一性。埃里克森认为,只有建立起良好同一性的青年才能建立与异性伴侣的亲密关系。当两个人愿意共享和调节他们生活中的一切重要方面时,便获得了真正的亲密感。如果一个人未能确保自己的同一性,就会在与情人的交往中过分关注自己,不能忘我地关心对方,因而难以产生真正的感情共鸣,导致孤独感。

青年如果能成功解决本阶段的发展危机,那么就会形成爱的品质;如果青年不能成功解决本阶段的发展危机,就会导致婚姻危机。

第七阶段:成年中期(25~65岁)。在本阶段中,个体已经建立家庭,他们的兴趣开始扩展到下一代,而且他们也非常关心各自在工作和生活中的状态。在埃里克森看来,他们进入了繁殖对停滞的时期。此时,相应的发展任务便是:获得繁殖感,避免停滞感,体验关怀的实现。这里的"繁殖"是一个意义相当广泛的词,不仅指生儿育女,关怀、照料下一代,而且还指创造新事物和产生新思想。埃里克森更侧重于后者。有的人即使没有孩子,但是他们在其专业领域充分发挥自己的智慧和力量,最终有所作为,亦能获得繁殖感。

第八阶段:成年晚期(65岁以后)。这是人生的最后阶段,发展危机是自我整合对失望,发展任务为:获得完善感,避免失望和厌倦感,体验智慧的实现。随着时光流逝,老年人发生了一系列变化,如身体机能逐渐衰退,离开了工作岗位,社会角色的转变,收入减少,亲友、配偶的相继离去……因此,老年人需要做出一系列生理、心理和社会的重大调整,以适应这些变化。

埃里克森认为,拥有幸福生活,对自己持满意态度的人,当他们回首往事的时候,自我是整合的,体验到生活的美满和人生的完善,能以一种"超脱的态度对待生活和死亡",即智慧的实现。而那些在人生的旅途上留下太多遗憾和空白的人,则因无法重新选择生命而体验到深深的失望和厌倦。当老年人感到失望和厌倦时,应当面对现实,从另一角度去总结自己的人生,努力获得自我整合感。

表2-1 埃里克森的人格发展八个阶段及相应的发展危机和任务

人格发展阶段	年龄/岁	发展危机	发展任务
婴儿期	0~1.5	信任对不信任	发展信任感,克服不信任感,体验希望的实现
儿童早期	1.5~3	自主性对羞怯、疑虑	获得自主感,克服羞怯和疑虑,体验意志的实现
学前期	3~6	主动性对罪疚感	获得主动感,克服罪疚感,体验目的的实现
学龄期	6~12	勤奋感对自卑感	获得勤奋感,克自卑感,体验能力的实现
青春期	12~18	同一性对同一性混乱	建立自我同一性,防止同一性混乱,体验忠实的实现
成年早期	18~25	亲密感对孤独感	获得亲密感,避免孤独感,体验爱情的实现
成年中期	25~65	繁殖对停滞	获得繁殖感,避免停滞感,体验关怀的实现
成年晚期	65岁以后	自我整合对失望	获得完善感,避免失望和厌倦感,体验智慧的实现

二、行为主义的心理发展观与教育

行为主义是现代西方心理学的一个重要流派,它的兴起是对传统心理学的反叛。

行为主义者将行为界定为心理学的研究对象,把意识逐出心理学的研究范围;强调现实和客观研究,否认内省是心理学研究方法之一。行为主义作为心理学的一个理论体系,其本身也是不断发展的。华生(J. B. Watson)、斯金纳(B. F. Skinner)、班杜拉(A. Bandura)分别代表了行为主义发展的三个阶段①。

(一) 华生的经典行为主义

1913年,华生发表了《行为主义者所看到的心理学》一文,宣告行为主义心理学的诞生。1916年,华生开始对儿童心理进行研究,是把学习原则应用到发展领域的第一人。

1. 心理的本质

华生力图创立一种客观的心理学。他认为,心理的本质是行为,心理学的研究对象应该是可观察到的行为。所谓行为就是有机体应付环境的一切活动(包括思维活动),行为的基本单位是反应,包括习得的反应和非习得的反应。前者指一切习惯和条件反射;后者指习惯和条件反射之外的一切反应,比如呼吸、瞳孔收缩、神经系统的活动,以及婴儿期的抓握、吸吮等等。前者是在后者的基础上发生发展的。

华生否认遗传在人的毕生发展中的作用,认为对儿童行为的塑造起决定性作用的是环境和教育。华生也承认人有与生俱来的构造上的差异,但是他同时声明构造上的遗传并不能证明机能上的遗传。比如,一个篮球健将的儿子可能遗传了父亲的身高,但不能证明他继承了父亲的运动能力,这个儿子今后或许能够成为一名篮球健将,但这主要是由于环境的影响和后天的训练。华生曾言"给我一打健康的婴儿,以及适合我培育他们的环境,就能把他们训练成任何我想要的样子,让他们成为医生、律师、艺术家、企业家,甚至乞丐、小偷。"这个观点运用到教育领域就是所谓的"教育万能论"。

2. 儿童心理发展观

华生的心理发展观受到著名生理学家巴甫洛夫对动物学习研究的启发。巴甫洛夫成功地通过训练让狗学会在听到送食铃声响时就开始流涎,他发现了"经典条件反射"。华生把条件反射从生理学引入心理学,并以之为他的理论基石。他把凡是能引发个体反应的因素都称为刺激。华生断言,一切心理学问题及其解决,都可以纳入刺激和反应的规范之中。一切行为的发生和变化都可以用 S(刺激)—R(反应)这一公式来解释。最基本的 S—R 的联结就是"反射"。任何行为归根结底是一个或多个反射的有机组合。通过刺激可以预测反应,通过反应可推测刺激。那么,想要儿童习得预期的行为,只需控制刺激,以产生相应的反应,并使之习惯化,这样就能达到塑造行为的目的。所以,发展是儿童行为模式和习惯的逐渐建立和复杂化的过程,因而不会表现出阶段性。

华生认为,无论多复杂的行为,都可以通过条件反射而建立,换句话说,就是可以通过学习来预测和控制行为。学习的结果就是形成了一种习惯。华生眼里的习惯,就是一系列有规则、有秩序的条件反射。视觉、听觉、嗅觉、触觉等在习惯形成的过程中有重要的作用,但随着习惯的习得和巩固,它们的作用越来越不重要。因为前一动作能作为动觉刺激引发下一动作。

---

① 李红.幼儿心理学[M].北京:人民教育出版社,2007.

(二) 斯金纳的操作行为主义

由于行为主义者否认机体内部心理过程的作用，片面强调环境的作用，所以受到了批评，于是新行为主义学派就发展起来。新行为主义开始注意到心理内部过程的中介，提出 S—O—R 的公式，认为人类行为的一般模式是 S—O—R 模式，即"刺激—个体生理、心理—反应"。斯金纳是新行为主义的杰出代表，他根据自己的研究，提出了操作性条件作用说。

1. 儿童行为的强化控制理论

斯金纳认为，强化是塑造行为的基础。儿童偶然做了某个动作而得到了教育者的强化，这个动作后来出现的概率就会大于没有受到强化的动作。强化的次数增多或强度增大，概率也随之增大，这就导致了人的操作行为的建立。如果一个动作发生后，未能得到及时的强化，那么强化的作用就不明显，甚至没有任何作用。如果在行为发展的过程中，儿童行为得不到强化，行为就会消退。所以对于儿童的不良行为，如无理取闹和长时间啼哭，可以在这些行为发生时不予强化，使之消退。对于儿童好的行为，就应该给予强化，使之得以巩固。

强化分为积极强化和消极强化。所谓积极强化，是由于一个刺激的加入而增强了一个操作性行为发生的概率作用。所谓消极强化，是由于一个刺激的排除而加强了某一操作性行为发生的概率作用。无论是积极强化还是消极强化，其结果都是增强反应的概率。在实际的教育中，常常运用多种强化的方式。如一个不爱洗手的儿童，每次都用各种借口逃避洗手。对于这一不良行为的矫正，既要运用积极强化，又要运用消极强化。当儿童一旦洗手，立即予以表扬，并允许给他看卡通片，这属于积极强化；如果儿童坚持不洗手，就不准他看卡通片，这属于消极强化。两种强化的目标都是为了促使儿童养成讲卫生的习惯。

需要指出的是，消极强化作用不同于惩罚。消极强化是为了增强行为，激励行为，而惩罚是为了企图消除行为，两者目的不同。

总之，在斯金纳看来，只要了解强化效应和操纵好强化技术，就能控制行为反应，塑造出一个教育者所期望的儿童的行为。

2. 儿童行为的实际控制

第一，育婴箱的作用。当斯金纳的第一个孩子出生时，他决定做一个新的经过改进的摇篮，这就是斯金纳的育婴箱，它的原理就是基于操作性条件反射。他在实验箱里长大的女儿后来就成为一名很有名气的画家。于是，斯金纳把它详细介绍给了美国的《妇女家庭》杂志，他的研究工作第一次普遍受到大众的注意和赞扬。在《育婴箱》(Baby in Box)(1945)这篇论文中，他描述到：光线可以直接透过宽大的玻璃窗照射到箱内，箱内干燥；自动调温，无菌、无毒、隔音；里面活动范围大，除尿布外无多余衣布，幼儿可以在里面睡觉、游戏；箱壁安全，挂有玩具等刺激物；不必担心着凉和湿疹一类的疾病。这种设计的思想是要尽可能避免外界一切不良刺激，创造适宜儿童发展的行为环境，养育身心健康的儿童。

第二，行为塑造和矫正。斯金纳认为，人的大多数行为都是操作性的，任何习得行为都与及时强化有关。因此可以利用强化手段来塑造儿童的行为。但是操作性行为的习得需要一个过程,在这个过程中,教育者应当对儿童采取积极的、有步骤的强化,以培养儿童良好的行为习惯。

对于异常的人,斯金纳也按照强化理论,采取行为矫正法。很多时候,行为的塑造和矫正过程是合二为一的。在矫正不良行为时,塑造良好行为;采用积极强化的同时,采用消极强化,甚至惩罚。

第三,程序教学。斯金纳将他的强化控制理论运用于教学,采用了机器教学或程序教学的方法。就是将学习的内容编制成一套程序,逐步提供给儿童。儿童答对了,给予反馈,告诉儿童答对了,答错了,则重新进行练习。斯金纳主张,在程序教学中应把握好三个原则:小步子前进;主动参与;及时反馈。

(三) 班杜拉的社会认知理论

与之前的行为主义理论相比,他的社会学习理论强调了认知因素在社会学习中的作用,因此班杜拉把自己的理论称为社会认知理论。

1. 社会认知理论

班杜拉不同意社会学习是"由刺激—反应的联结所形成的"行为主义观点,也不同意是"社会学习由人的内部认知过程所决定的"认知理论观点,而是对两种理论进行综合,试图从外在条件、内在认知因素两方面来解释人类社会学习。班杜拉认为,通过自己的行为反应结果所进行的学习将是非常吃力的。而人类的大量行为都是通过对榜样(或示范者)的观察而习得的,这种学习就是观察学习或模仿学习。简言之,就是指人通过观察他人(榜样)的行为及其结果而习得新行为的过程。

在观察学习过程中,学习者可以不直接做出反应,也不需要亲自体验强化,只要通过观察榜样在一定环境中的行为,以及榜样所接受的一定的强化,就能完成学习。也就是说,学习者是以榜样所接受的强化为强化的。班杜拉把这种强化对学习者的影响称作"替代强化"。例如,儿童看到同伴因讲礼貌而受到表扬时,就会增强产生同样行为的倾向;当他看到同伴因骂人而受到惩罚时,就会抑制骂人的冲动。

班杜拉把强化分为直接强化、替代强化和自我强化。直接强化是观察者的行为直接受到外部因素的干预。例如,幼儿园小朋友做一件好事,老师就给他一朵小红花,激励小朋友做好事的动机。替代强化是观察者自己本身没有受到强化,在观察学习的过程中,他看到榜样的行为受到强化。这种强化也会影响观察者行为的倾向。例如,幼儿看到榜样攻击行为受到奖励时,就倾向于模仿这类行为;当看到榜样攻击行为受到惩罚时,就抑制这种行为的发生。自我强化是观察者根据自己设立的标准来评价自己的行为,从而对榜样示范和行为发挥自我调整的作用。

2. 观察学习的过程

班杜拉认为,新行为的习得过程是一个复杂的认知过程,包括注意、保持、运动复现和动机作用四个具体过程。注意过程就是人们观察榜样的整个过程,是观察学习过程的开始,它涉及观察者对榜样的注意、认知和区别其反应的特征。要模仿一个榜样,首先要注意这个榜样的行为,所以,注意过程在观察学习中是很重要的,它影响观察学习的发生和内容,也影响观察学习的效果。保持过程指观察者若要成功地模仿榜样的行为,就必须在头脑中保持先前观察到的信息。这些信息可以是视觉表象,也可以是言语符号。视觉表象指观察到的事物没在眼前时,头脑中保持的对该事物的映象。5岁以下的儿童主要依靠视觉表象来保持观察到的行为。当观察榜样动作的同时加以言语提示,会大大提高儿童的模仿效果,比如一边练太极拳,一边说动作要领。运动复现过程指在观察、保持了榜样行为之后,儿童接下来就需要把头脑中保持的信息转化为具体的行为,在现实生活或游戏中表现出来。要复现行为,必须拥有复现行为的能力。比如,一个人能记住乔丹某次精彩扣篮的全部细节,但仍然无法将动作复现出来。除非他具有和乔丹相当的篮球运动能力才有可能。对行为的复现往往不是一次到位的,最初的尝试可能遭到失败。经过反复练习和不断调整,儿童对行为或动作的把握会越来越准确。动机作用过程就是诱发观察者将获得的榜样的新行为表现出来的过程。人们获得了榜样的新行为,但不一定马上就表现出来,就能操作。人们是否将获得的榜样的新行为表现出来,这主要取决于强化引起的动机作用。

3. 观察学习在社会化过程中的应用

社会化过程就是儿童在与社会交互作用中学习社会规范,以社会规范行事,成为社会认可的成员的过程。在社会学习中,社会引导成员用社会认可的方法去活动。班杜拉十分特别重视社会学习在儿童社会化过程中的作用。

(1) 攻击性

班杜拉曾做过一个著名的实验:以66名幼儿园儿童作为被试,把他们分成三组,令他们观看示范者对一个玩具娃娃表现出的攻击行为。① 奖赏组:另一个人对示范者的攻击行为给予赞扬。② 惩罚组:另一个人对示范者的攻击行为给予谴责。③ 无强化组:只有示范者表现攻击行为。然后让三组儿童在同样情境中玩10分钟。实验者通过单向玻璃观察和记录儿童的行为表现,发现奖赏组的儿童和无强化组的儿童攻击行为要远远高于惩罚组儿童。这可以看出榜样在没有强化的情况下,自动模仿反应仍然有较高的水平。

然后,告诉儿童如果他们模仿示范者行为就会得到奖赏,再记录他们的表现,结果发现三组攻击行为差不多。说明模仿反应的获得是不受示范者是否受到强化影响的。惩罚组儿童在没有诱因的情况下,没有表现出攻击行为,而在有诱因情况下表现出攻击行为。这说明惩罚组儿童已通过观察学习而获得攻击行为,只是没有表现出来;替代惩罚(即刚才观察到的惩罚)只是阻止了新行为的操作,而并没有阻止新行为的习得。攻击行为的表现与否及何时表现,决定于儿童对行为后果的预期,认识过程起了重要作用。

(2) 亲社会行为

亲社会行为具体是指分享、合作、帮助等利他行为。班杜拉认为,采用训练、斥责等方法对儿童的亲社会行为几乎没有效果。强制命令或许能一时奏效,但效果难以持久。只有正面的榜样示范才对促进儿童亲社会行为的习得和表现有持久且有力的作用。

此外,班杜拉还研究了性别作用和自我强化。班杜拉认为男孩和女孩的性别角色的获得,也是通过社会化过程的学习,特别是模仿作用获得的。研究发现,儿童倾向于模仿和自己性别相同的成人的行为。

三、皮亚杰的心理发展观与教育

皮亚杰是瑞士著名心理学家,日内瓦学派的最重要创始人之一。

皮亚杰称自己的理论框架为"发生认识论",因为他的主要兴趣在于"认识是怎样形成和发展"。具体说来,就是研究人类认识(认知、智力、思维、心理)的发展和结构。皮亚杰认为,认知发展是生物发展的扩展,其中,智力发展控制着情绪、社会性以及道德发展①。

(一)心理发展的实质和过程

最初作为一个生物学家,皮亚杰对机体如何适应环境很感兴趣。他认为智力是人类特有的适应环境的方式。机体对环境的适应反应在行为上,行为被图式控制。图式是一种心理结构,是一系列知觉、观念和行为在心理上的表征。个体使用图式表征世界和决定行为。皮亚杰假设,婴儿生来就具有某些图式,他将其命名为"反射"。对于其他动物,反射一生都控制其行为,然而对于人类,只有婴儿才利用反射来适应环境。这些反射很快就被建构的图式所取代,当图式变得更加复杂(即能支配更复杂的行为)的时候,就可以称之为结构。当一个人的认知结构变得复杂的时候,这些结构就有层次地组织起来,构成主体的整个认知结构体系。

皮亚杰认为认知发展是个体在和环境的交互作用中,认知结构不断形成和更新的结果。新的认知结构的建构要通过三个不同的心理过程:同化(assimilation)、顺应(accommodation)和平衡(equilibration)。

同化和顺应是两种互补的过程。同化指把环境因素纳入机体已有的图式或认知结构之中,以加强和丰富主体的动作。顺应指改变主体已有的图式或认知结构以适应客观变化。一个婴儿通过吸吮小奶瓶,发展了一种吸吮图式。当他试图吸吮大奶瓶的时候,就运用了这种吸吮图式,这就是同化。一个婴儿需要从吃奶改为吃饭,这就需要改变原来的图式以适应环境,这就是顺应。通过同化和顺应,个体对外部世界的觉察就转化为主观的认知结构。事实上,同化和顺应是同时发生的,尽管它们其中之一可能一时占主要地位,但它们是密不可分、相辅相成的。

皮亚杰认为平衡并不是一种固定的状态,而是一个持续地调节行为的动态过程。平衡状态是平衡过程的结果,同时又是下一平衡过程的起点。从认知功能的角度讲,平衡就是使个体在心理上维持稳定的发展。平衡除了通过同化和顺应达到对环境的适应外,还包括认知结构内部各个子系统间的平衡,以及主体的总体知识和部分知识之间的平衡,即总体的知识不断分化到部分中去,部分的知识不断整合到总体中来。

总之,儿童心理发展的实质,就是机体在和环境不断的交互作用中,对环境的适应过程,也就是不断打破旧平衡,建立新平衡的过程。

(二)影响心理发展的因素

1. 成熟

成熟主要指大脑和神经系统的发育程度。皮亚杰认为,儿童某些行为的出现有赖

---

① 车文博.西方心理学史[M].长沙:湖南教育出版社,2017.

于一定的身体结构或神经系统。但儿童能否承担某些任务,还要通过一定的练习。

2. 经验

在环境中获得的经验是影响心理发展的又一重要因素,因为新的认知结构就是在与环境的交互中形成的。皮亚杰把经验分为具体经验(物理经验)和抽象经验(即逻辑数学经验)。儿童通过摆弄现实中的物品,从而获得具体经验。皮亚杰认为,具体经验是思维发展的基础。具体经验是重要的,但不能决定心理的发展。

3. 社会环境

儿童不仅需要从环境中获取经验,还需要进行社会交往。社会生活、文化教育、语言同样会加速或阻碍认知发展,关键在于给予儿童检验和讨论他们的信仰和观念的机会。教育者不但要帮助儿童获得具体经验和抽象经验,还要向儿童灌输社会规则和社会价值观,为儿童创造社会交往的条件。集体讨论对于儿童的认知发展是至关紧要的。

不管儿童生活在什么样的社会环境中,甚至是没有语言的聋哑儿童,到了七岁左右也会出现具体运算的逻辑思维。因此,皮亚杰认为,环境、教育对儿童心理发展并不起决定作用,它只能促进或延缓儿童心理发展而已。

4. 平衡

平衡是心理发展中最重要的因素,是不断成熟的内部组织和外部环境的相互作用,是协调其他三种因素的必要因素。

(三) 认知发展的阶段

皮亚杰把儿童的思维发展过程划分为如下四个阶段:

表 2-2 儿童思维发展的阶段

阶段	年龄/岁	特征
感知运动阶段	0~2	智力表现在外部动作上,即对可看见、可触摸、可感觉的事物的探索
前运算阶段	2~6 或 7	能使用符号,语言的运用日趋成熟,记忆和想象蓬勃发展。思维方式以自我中心为主,不合逻辑
具体运算阶段	6 或 7~11 或 12	自我中心式的思维方式逐渐减少,开始用数字、空间、类别、规则重新构建世界,针对具体物体可以运用逻辑运算
形式运算阶段	11 或 12~15	思维逐步抽象化。能合乎逻辑地使用与抽象概念相关的符号,进行假设、归纳、推理,并形成观点

需要注意的是,第一,上表是对人类认知发展过程的过度单纯化表示,表中的年龄也只是近似值。第二,发展是一个渐进的过程,儿童并不是在某一时刻忽然就从前一阶段跃入下一阶段。第三,每一阶段都在为下一阶段做准备,上一阶段中包含着下一阶段的萌芽,但是两个阶段的思维模式有质的区别。第四,由于儿童所在的环境、接受的教育的不同,以及个体差异,发展的阶段可能提前或滞后,但是,发展阶段的顺序不会改变。

四、维果茨基的心理发展观与教育

维果茨基是苏联著名心理学家,儿童心理学的开创者。他和列昂节夫、鲁利亚创立了"社会—文化历史学派",又称"维列鲁"学派。尽管维果茨基英年早逝,但他在发展心理学领域先驱式的工作,深远地影响了苏联的学校教育,并得到全世界的认同①。

(一)心理发展的实质

维果茨基将心理机能分为两种——低级心理机能和高级心理机能。低级心理机能指感觉、知觉、不随意注意、形象记忆、情绪、动作思维等,这些都是生物进化的结果。高级心理机能是指观察(有目的的感知过程)、随意注意、逻辑记忆、抽象思维、高级情感等,这些都是人类历史发展的结果。

维果茨基认为,心理的发展是指一个人的心理(从出生到成年)在环境与教育影响下,在低级心理机能的基础上,逐渐向高级心理机能的转化过程。

维果茨基在《高级心理机能的发展》一书中提出了"两种工具"的观点。一种是人与自然交往中所使用的工具,即物质工具;一种是人与人交往中所使用的工具,即心理工具(人类语言和符号)。物质工具使人脱离了动物世界,心理工具充当着人心理发展的中介,使人的心理机能从低级上升到高级。因此,儿童心理发展不再受生物规律所制约,而受社会规律所制约。

维果茨基明确提出,社会交互作用对人的认知发展起着重要作用。心理的发展起源于人与人之间的相互关系。儿童在与成人的交往过程中掌握了心理工具(人类语言和符号),从而在低级心理机能的基础上形成了高级心理机能。各种心理机能之间的重新整合,又引起儿童心理新的质变。换句话说,高级心理机能就是人的社会活动和交往形式不断内化的结果。

由于人从出生到死亡都处于一定的社会历史文化背景中,不断与社会发生交互作用,所以在维果茨基看来,心理的发展贯穿着人的一生。这个过程如此复杂,以至于不能简单地用发展阶段来描述。

(二)教学与发展

1. 最近发展区

所谓最近发展区是指儿童的现有发展水平和在成人的指导下或与有较高能力的同伴的合作中所能达到的水平之间的差异。换句话说,就是儿童能在成人的指导下或同伴的合作中完成独自无法完成的任务。最近发展区将儿童的已知领域和能知领域联系起来,有效的教学就发生在最近发展区。

最近发展区是一个动态的概念。儿童某一阶段的最近发展区可能成为下一阶段的现实发展水平,而下一阶段又有新的最近发展区。儿童今天需要别人的指导或合作中完成的事情,将来某一时间就可能会独自解决。

2. 教学应当走在发展前面

这是维果茨基关于教学和发展关系的核心论断。这里的教学并非专指课堂教学,而是指广义的教学,指能获得知识、技能的一切教学活动。维果茨基是第一个明确提出教学在儿童心理发展中发挥主导作用的人。他认为,童年期的教学只有走在发展前面,

---

① 高文,徐斌艳,吴刚.建构主义教育研究[M].北京:教育科学出版社,2008.

能对发展加以引导,才是好的教学。童年期教学最重要特征便是教学不断地创造着最近发展区,引导并推动儿童一系列内部的发展过程。如果离开教学,发展是根本不可能实现的。

3. 最佳学习期限

维果茨基认为,任何教学都存在最佳的时期。或早或晚的偏离,对儿童的智力发展将会产生不良影响。在最佳学习期内,实施相应的教学,才会对儿童的认知发展有更大的效果。维果茨基强调教育的主导作用,强调儿童心理发展对教学的依赖关系,对我们有重要的指导作用。

本章小结

本章重点介绍了小学生身心发展的主要特点,需要了解个体身心发展的阶段性特征,尤其是小学生的身体、认知以及社会性发展特征。同时,需要掌握心理发展的主要理论,包括精神分析学派中弗洛伊德以及埃里克森的相关理论;行为主义流派中华生、斯金纳以及班杜拉的心理发展观;皮亚杰的心理发展观以及维果斯基的心理发展观。通过准确把握小学生心理发展的基本规律,促进教师的教育教学水平。

思考训练

1. 什么是心理发展?心理发展主要表现在哪四个方面?
2. 心理发展变化的特征有哪些?
3. 如何理解心理发展与教育之间的关系?
4. 简要概括小学生身体、认知和社会性发展的主要特点。
5. 心理发展理论主要有哪些?主要观点是什么?
6. 谈谈各心理发展理论对教育的启示。

第三章
小学生的注意

 **内容提要**

俄国著名教育家乌申斯基说过:"注意是通向心灵的唯一门户。"当个体没有注意时,就会对事物"视而不见,听而不闻"。注意对心理活动起着积极的维持和组织作用,使人能及时地集中自己的心理活动,清晰地反映客观事物,更好地适应环境,并改造环境。注意也能使人的感受性提高、知觉清晰、思维敏捷,从而使行动准确及时。在生活中,家长和教师都认为培养儿童的注意力是非常重要的。那么,到底什么是注意?小学生注意发展的特点是什么?如何运用注意的规律有效教学?这是本章我们要探讨的问题。

小刚和小红是同桌。在上数学课的时候,小红认真地听着老师的每一句话,看着黑板上的每一道题,不时地在笔记本上记录。而小刚呢,一听到窗外有鸟叫声,就情不自禁地想看看这鸟长得什么样;一听外面有人大喊大叫,他就想知道发生什么事了;还不时地用手摸一下衣服兜里的乒乓球,想着一下课就马上去抢占乒乓球台。突然,他看见窗外飞进来一只小蜜蜂,在老师头顶舞来舞去的,可有意思了,他不由地笑出了声。老师看见了,要他站起来回答问题。这下他可傻了,老师讲什么他一点也没听进去,低着头,红着脸,紧张得不知所措。老师然后要同桌的小红回答同一个问题。小红干净利落地回答了老师的提问。老师满意地笑了,然后对小刚说:"你可得好好向小红学习啊。"小刚惭愧地坐下了。小刚为什么回答不出老师的提问,小红为什么能回答老师的提问?小刚应该向小红学习什么?从这个故事中,你懂得了什么道理?

第一节 注意的概述

一、注意的概念

注意是心理活动对一定对象的指向与集中。在某一时刻,我们一般只能清晰地感知有限的对象,而对周围的其他事物只有模糊的感知,或者不感知。如果我们试图同时感知所有的刺激,结果什么也看不清、听不清,特别是当刺激特别多而复杂时会更加明显。"耳不能两听而聪,目不能两视而明"讲的就是注意现象。

注意具有指向性与集中性的特点。注意的指向性说明人的心理活动具有选择性。这种选择性不仅表现为选取某种活动和对象,而且表现在心理活动对这些活动和对象的比较长久的保持。注意的集中性不仅指离开一切与活动对象无关的东西,而且也是对干扰刺激的抑制,以保证注意的对象能得到比较鲜明和清晰地反映。通常我们是使心理活动或心理能量指向并集中在选择特定的对象上,而其他的活动则受到抑制。比如,儿童在看动画片时,妈妈叫他也听不见,说明注意力高度集中在电视上,听觉受到了抑制。

注意和意识关系十分密切,我们常常用注意来描述意识、解释意识,在现代认知心理学领域很多人没能对这两个概念加以区分,在现实生活中也经常如此。比如我们说"我没注意到你进来了"和"我没意识到你进来了"是一个意思。

注意当然依赖一定的唤醒水平,唤醒水平同样也是意识水平的指标,但是过高的唤醒水平反而会导致注意狭窄。

二、注意的功能

(一) 选择功能

注意使心理活动有选择地指向符合自己需要的或与当前的活动一致的事物,并将它与各种无关的信息区别开来,否则纷繁复杂的客观刺激全部同时进入我们的意识,或者将我们头脑中原有的表象全部同时呈现出来,那我们的心理活动将是一片混乱,任何活动都不可能顺利地进行了。例如:一个人在电影院看电影,他的心理活动选择了舞台上演员的台词、动作、表情、服饰等,而忽视了电影院的观众。相对前者来说看得清、记得牢,而对于后者来说他的印象就比较模糊,甚至在看完了电影,还不知道边上的观众是一个什么样的人。

(二) 维持功能

注意使心理活动指向和集中于特定对象,而且还能使这种状态稳定一段时间,对对象的活动和变化也会自动跟踪,使对象持续地保持在心理活动的中心。例如,外科大夫为了抢救病人的生命,可连续数小时站在手术台前,集中精力做手术,根本感受不到疲劳与饥饿,但病人得救后,大夫会立刻意识到已经疲倦到极点,甚至不能再支撑自己的身体,必须马上卧床休息。这是注意的维持功能在起作用。

(三) 调节和控制功能

注意使人清楚而及时地觉察事物的变化,从而调节自己的心理和行动以适应这种变化。有意注意可以控制活动向着一定的目标和方向进行。在学习和工作中,注意集中时,错误就少,效率也高;注意分散时,则容易出现事故和错误。注意还使人能够随时发现自己行动的错误,并对自己的心理行为及时调整,对错误及时纠正。例如,汽车司机随时注意交通情况,根据实际情况,随时改变行车的速度和方向,以保持行车安全。注意的监督作用表现为能随时发现自己行动的错误,并对自己的心理、行为及时进行调整,对错误及时纠正。

三、注意的外部表现

人们在注意的时候,常常伴随着特定的生理变化和外部表现,我们可以以此判定或测量注意。

(一)感官的趋向活动

当注意某一事物时,一般要调整感官,适应其需要。当注意听一个声音时,把耳朵转向声音的方向,侧耳倾听;当注意看一个物体时,把视线对着该物体,举目凝视;当注意思考某一问题时,眼睛呆滞,紧缩双眉,凝神沉思。

(二)无关运动的停止

无关运动的停止是紧张注意的一种特征。当人注意紧张时,外部动作常常表现为静止状态,一切多余动作都会停止下来。比如学生听课听得入神时,会身体微微前倾一动也不动地望着老师,高度注意时往往托住下颚、凝视远望。

(三)呼吸的变化

注意集中时,呼吸变得轻微而缓慢,吸得短而呼得长,甚至会暂时停止呼吸,"屏息静气"。这时人的血液循环和心跳也会发生一定的变化。

掌握注意的外部特征,对教育工作者具有重要意义。有经验的教师能够根据学生注意的外部特征,如听课时伸长脖子、眉开眼笑、侧耳静听,说明注意听讲或听懂了;若学生听课时皱起眉头,则表明没听懂。通过这些外部特征,可以了解学生上课时注意集中的情况,判断学生对教材的理解程度,从而改进教学方法,使教学过程顺利进行。当然,注意的外部特征和注意的实际情况有时不一致,有经验的教师不只从学生的外部表现,而且也根据其他方面来考察学生的注意。只有这样才能做出正确的判断,才不会被某些现象所迷惑。

四、注意与心理过程的关系

注意不是独立的心理过程,不能孤立地存在,它总是参与到感知、记忆、思维、想象、情绪情感等心理过程之中,并以心理过程的反映内容为自己的指向对象。我们常说:"注意汽车""注意老师的话",只是把"看"和"听"的省略罢了。

注意没有自己单独的反映内容,人在清醒时,总是把注意指向某一事物,这个事物实为心理过程的反映内容。平时说"没有注意"或"不注意"并非指心理活动进行时什么也不关注,而是说注意没有指向当前应该指向的事物,而指向了其他无关的事物。

注意是心理过程得以顺利进行的必要条件,并伴随心理过程的始终,同时使心理活动处于积极状态并且有方向性。任何心理过程的开端,总是表现为注意指向这一心理过程所反映的事物。在心理过程开始之后,注意并不消失,它保证某种心理活动有选择地指向和集中,并对活动进行调节与监督,直至达到活动目的为止。有经验的教师都知道,当学生注意力集中时,就能清晰、完整、深刻地感知教材内容、思考问题,对其他事物就很少觉察或根本觉察不到,此时可以为有成效的学习创造最佳条件。

五、注意的种类

依照注意发生时是否有目的、是否需要意志努力,分为无意注意、有意注意和有意后注意。

(一) 无意注意

1. 无意注意的内涵

无意注意又称不随意注意,是一种没有预定目的、不需要意志努力的注意。例如,同学们正在认真听讲,突然一声门响,教室的后门被人打开,同学们不由自主回头看了一眼,这就是无意注意。

2. 引起无意注意的原因

(1) 刺激物本身的特点

无意注意是一种没有预定目的、也不需要付出意志努力自然而然地发生的注意。由于它不受人的意识调节和控制,所以无意注意又叫不随意注意。例如,正在上课时突然有位迟到的小学生喊"报告",其他学生就会不由自主地把目光投向这位同学,这就是无意注意。

① 刺激物的强度。任何强烈的刺激,例如,强烈的光线,巨大的声响,浓郁的气味,剧烈的震动,都会引起人的无意注意。在一定的范围内,刺激物的强度越大,越容易引起人的无意注意。对无意注意起决定作用的是刺激物的相对强度,即这个刺激物与同时出现的其他刺激物在强度上的相互关系。一个强烈的刺激物如果在其他强烈刺激物构成的背景上出现,就可能不会引起人们的注意,这是因为相对强度小。例如,在强烈的噪音背景上,即使大声说话也不会引起人们的注意。相反,一个不甚强烈的刺激物,如果在没有其他刺激物的背景上出现,则可能引起人们的注意,这是由于相对强度大。例如,在寂静的教室里,一位学生不小心碰掉了一本书,它所发出的声音就能引起同学们的注意。

② 刺激物的新异性。新异性是指刺激物在内容和形式上具有不同寻常的特性。一般来说,新颖奇特的刺激物容易引起注意,而司空见惯、千篇一律、单调重复的事物则不易引起人们的注意。如果我们的教室里来一位金发碧眼、高鼻梁、白皮肤的外国学生,就容易引起学生的注意。另外司空见惯的事物以不同寻常的形式出现时也会引起人的无意注意。如一个平时穿着朴素的女生,今天忽然穿了一件亮丽的衣服,就很容易引起同学们的关注。

③ 刺激物之间的对比关系。刺激物之间在形状、颜色、大小、强弱、持续时间等方面存在的差异越显著、对比越鲜明,越容易引起无意注意。例如,"万绿丛中一点红""鹤立鸡群"等都容易引起人们的无意注意。

④ 刺激物的运动变化。在相对静止的背景上,运动变化的刺激物容易引起注意,如忽明忽暗的光线、忽高忽低的声音、抑扬顿挫的语调等,都容易引起无意注意。而在运动变化的背景上,相对静止的刺激物容易引起人的注意。如在电影画面不停地活动中,有一个短暂的突然停顿,就会引起人的注意。

(2) 引起无意注意的主观状态

① 需求和兴趣。凡是能满足人的需要和兴趣的事物,都易成为无意注意的对象。例如,进到玩具店,芭比娃娃可能会引起小学女生的注意,小学男同学总是更多地注意玩具枪或奥特曼模型。

② 情绪状态。凡能激起某种情绪的刺激物都容易引起人们的注意。一个人心情愉快的时候,平常不太容易注意的事物,这时也很容易引起他的注意;当一个人过于疲惫时,平常感兴趣的事物,这时也不会引起他的注意。

③ 知识经验。人们已有的知识经验与引起无意注意的关系密切。新异刺激物固然能引起人们无意注意,但如果人对它一无所知,即使一时能引起注意,也会很快消失。如果小学生对刺激物有一些了解,但又不十分了解,为了求得进一步的认识,就能引起长时间的注意。

(二) 有意注意

1. 有意注意的内涵

有意注意也叫随意注意,是一种自觉的、有预定目、需要一定的努力的注意,表现为个体要积极主动地去学习知识或完成某种任务。有意注意是在无意注意的基础上发展起来的,是人所特有的一种心理现象。

2. 引起和保持有意注意的条件

(1) 明确活动目的与任务

有意注意是由目的、任务来引起的,目的越明确、越具体,对要完成任务理解越深刻,就越能引起和保持有意注意。

(2) 合理组织有关活动

在明确目的任务的前提下,多合理地组织能引起注意的活动,有利于有意注意的维持。如多提出需要思维活动参与的问题,尽可能地把智力活动与动手操作密切结合起来等,这些将有助于维持学生持久的注意。

(3) 激发间接兴趣

对活动的意义和最后获得的结果产生的间接兴趣,是引起和保持有意注意的重要条件之一。例如,学习外语往往使人感到单调、枯燥,但当学生认识到掌握外语后,可以为自己今后的考学或毕业打下好基础,就对学习外语产生间接兴趣。

(4) 用意志力排除各种干扰

有意注意是与排除干扰相联系的。干扰可能是外部的刺激物,如声音和光线等;也可能是自己身体的状态,如上午最后一节课有机体的饥饿、疲倦会引起学生的分心。为此,我们要设法采取一定措施排除这些干扰,创造良好的工作或学习环境外,更重要的是用坚强的意志同干扰抗争。

(三) 有意后注意

有意后注意是指有自觉的目的,但无须意志努力就能维持的注意。简单地说,有意后注意既有随意注意的目的又有无意注意无须意志努力的优点。有意后注意服从当前的活动目的与任务,又能节省心理活动的能量,因而对完成长期、持续的任务特别有利。

有意后注意是个人的心理活动对有意义、有价值的事物的指向和集中,它是在有意注意的基础上发展起来的。例如,开始从事某项生疏的、不感兴趣的工作时,人们往往需要通过一定的意志努力才能把自己的注意保持在这项工作上。经过一段时间后,他们对这项工作熟悉了,并发生了兴趣,就可以不需要意志努力而继续保持注意。这时,有意注意就发展成有意后注意,如熟练地读课文、熟练地骑自行车等活动中的注意都是有意后注意。

无意注意、有意注意和有意后注意在实践活动中紧密联系、协同进行。有意注意可以发展为有意后注意,而无意注意在一定条件下也可以转化为有意注意。例如,开始时人们偶然为某种活动所吸引而去从事这种活动,后来通过实践认识到它的重要意义,便自觉地、有目的地去从事这种活动,并克服一定的困难,坚持对活动的注意,这时无意注意就转化成了有意注意。

第二节 小学生的注意

一、小学生注意有意性的发展

人们根据产生和维持注意有无预定的目的及是否需要意志努力,将注意分为无意注意(不随意注意)和有意注意(随意注意)。无意注意指没有预定目的,也不需要意志努力的注意。有意注意是指有预定目的,在必要时还需要一定的意志努力的注意。小学生注意的有意性发展表现在以下三个方面:

(一)无意注意占优势逐渐发展到有意注意占主导地位

在个体发展中,无意注意的发生先于有意注意。小学低年级学生的注意,在很大程度上会被教学的直观性、形象性和教师创设的教学环境所吸引。当然也很容易被生动或新异的刺激影响,而不由自主地思想"开小差",分散注意,摆弄一些玩具,做小动作等。随着年龄的增长,大脑机能的不断成熟,以及教学的要求和教师的训练,如为了一定目的、任务,组织一些游戏,尤其是参与一些竞赛性作业或劳动,学生就要不断有意识地调节、控制自己的行动,学生有意注意逐步发展起来,到了四、五年级,学生有意注意基本占主导地位。例如,阴国恩、沈德立①等通过小学生估计某一对象的正确率,对学生有意注意和无意注意发展水平进行研究。结果发现,二年级学生有意注意比无意注意水平低。这表明小学生有意注意还处于发展初期。到了小学五年级,无意注意正确率只有22%,有意注意正确率则达到56%,有意注意估计正确率显著高于无意注意。有意注意,是通过内部言语实现对自身各种心理活动的调节和控制。从个体发展史来看,初生婴儿只有无意注意。以后,在社会交往中随着对言语的掌握和使用,有意注意也发展起来。

---

① 阴国恩,沈德立.中国儿童注意的发展[J].天津师范大学学报,1989(5).

总的说来,儿童有意注意的发展经历了三个阶段:① 通过成人的言语指令而进行的有意注意。如成人要求儿童干这个、干那个,上课注视教师的讲解和表情,观察教具和动植物的颜色、形状等。这时,儿童的注意已有了初步的有意性了。② 儿童通过自己的出声的言语活动,以自言自语的形式来调节和控制自己的各种心理活动。③ 通过内化过程,小学高年级学生可以用内部言语指令来调节和控制自己的各种心理活动,这是有意注意发展的高级阶段,当然和成人比还有一定的距离。

(二) 注意的有意性由被动到主动

小学低年级儿童的心理活动缺乏自觉性和自控性,因而自己不会主动确立目的,需要教师或成人给他们提出目的,并不断提醒和避免注意中止或分散。随着儿童心理活动目的性、有意性、自控性的逐渐增强,小学高年级儿童逐渐能确立目的,并根据一定的目的独立地组织自己的注意,不需要别人的督促。

(三) 小学生注意有明显的情绪色彩

小学生由于神经系统活动的内抑制发展的局限,一个兴奋中心的形成往往波及其他部位(相应器官、面部、手脚乃至全身),使之配合活动,所以注意表现出明显的情绪色彩。如上课时听得认真,可能注视教师或紧皱眉头;如果听得高兴,就会眉开眼笑,甚至手舞足蹈。这样,教师可以及时掌握教学中学生的反应和动态,判断学生的注意状态,进一步调整教学方法,更好地组织教学。

二、小学生注意品质的发展

(一) 注意的范围

1. 注意范围的含义

注意的范围又称注意的广度,是指在同一时间内,人所能清晰把握注意对象的数量多少。知觉的对象越多,注意的范围越广;知觉的对象越少,注意的范围越小。

研究注意范围,一般利用速视器来进行实验。在实验中,以 1/10 秒的时间向被试呈现刺激时,眼睛只能注视一次,在这段时间内,意识所能把握对象的数量就是注意的范围。根据实验,成人对黑色圆点的注意广度平均是 8 个左右,对于不相关字母的注意广度约为 4～5 个。

2. 影响注意范围的因素

(1) 知觉对象的特点

注意对象越相似,越集中,排列越有规律,越能构成相互联系的整体,注意的范围就越大。哈密顿曾做过这样的实验,他在地上撒了一把石弹子,发现被试很不容易立刻看到六个以上,但是,如果把石弹子两个、三个或者五个一堆,能掌握的堆数与单个的数目一样多,因为人会把一堆看成一个单位。心理学家还研究表明,颜色相同的字母要比颜色不同的字母的注意范围要大些;对排列成一行的字母要比分散在各个角落上的字母的注意数目要多些;对大小相同的字母,要比对大小不同的字母注意的数量要大得多,对组成词的字母所注意的范围,要比对孤立的字母所能注意的范围大得多。

（2）人的活动任务和知识经验

活动任务越简单，注意的范围就越大；活动任务越复杂，则注意范围就越小。例如，一个人在感知外文字母的时候，要求他尽可能多地说出字母，或者要求他说出字母的颜色，或者要求他辨别字母的对错，或者以上三种任务同时提出来，每种任务下他所能注意到的字母数量是不相同的。

注意的范围还与个人的知识经验有关。一个人在某一方面的知识经验愈丰富，就越善于把所感知的对象组成一个整体来认识，因而他在这一方面的注意范围也就越广阔，反之则越狭窄。精通外文的人，读外文书，注意范围就大，外文水平差的人注意范围就小。如果看中文，我们的注意范围就要比不熟悉中文的外国人大得多。

注意范围的扩大，可提高学习和工作效率。在学习中，注意范围大，阅读速度就快，所谓"一目十行"就是指在同样的时间内输入大脑的信息更多。因而，训练扩大学生的注意范围，是使他们较多、较快地获得知识的必要条件。

教学工作也要求教师有比较大的注意范围。一般来说，学生有一种共同心理，希望能够得到教师对自己的注意。教师对学生饱含期望和亲切的注意，可以沟通师生间感情的联系，能够激发学生积极向上的愿望，成为鼓舞学生努力学习的力量。较大的注意范围，还能够使教师及时地更多地获得学生对教学的反馈信息。因此，教师无论在课堂上或是在其他场合，应当有意识地设法扩大自己对更多学生的注意。

3. 小学生的注意范围

小学生的注意广度相对较小，随着年龄增长、知识经验的丰富而逐渐扩大。研究表明，小学生对散状排列图点的视觉注意广度，比横向排列图点的视觉注意广度大；对分组图点的视觉注意广度比散状图点的要大，其原因是分组图点中被感知的对象排列组合得有规律，相互之间能成为有机联系的整体，注意的范围就越大，反之注意范围就越小。这表明，学习材料的适当组织有利于小学生注意广度的提高。因此，教师在教学中，为提高小学生的注意广度，要板书规整，讲课条理清晰，语句抑扬顿挫，并善于把散乱的知识有规律地呈现给学生。注意广度的扩大，能提高小学生的学习效率。所谓一目十行，就是建立在较大注意广度的基础之上的①。

（二）注意的稳定性

1. 注意稳定性的含义

注意的稳定性又叫注意的持久性，是指人的心理活动持久地保持在一定事物或活动上的特性。这是注意在时间上的特征。注意集中的持续时间愈长，注意的稳定性愈高。

注意的稳定性并不意味着它总是指向于同一个不变的对象，而是说行动所接触的对象和行动本身可以变化，但活动的总方向保持不变。例如，学生做作业时，看参考书、写字、演算等，这些活动都服从于完成作业这一总任务，仍表现为注意的稳定性。

在集中注意感知某一事物时，很难长时间地保持不变。如把一只手表，放在离被试一定距离，使其刚刚能够听到表的滴答声。即使是十分专心地听，也会感到时而听到时

---

① 伍新春. 儿童发展与教育心理学［M］. 北京：高等教育出版社，2004.

而听不到,或者感到表的声音时强时弱。注意的这种周期性变化现象,称为注意的起伏现象。注意的起伏现象是不能直接控制的感受性所发生的周期性变化。

一般说来,1～5秒内的注意起伏,不影响完成复杂而有趣的活动。但研究也证明,经过15～20分钟的注意起伏,将导致注意不由自主地离开客体。根据这一特点,要保持学生稳定的注意,教师上课时,每隔10～15分钟应使学生转换活动方式,把一些实际动作夹杂在学生的听知觉和视知觉的活动中。

知识拓展

百米竞赛预备信号与起跑信号的时间差

注意的起伏时间平均为8～12秒。如果在百米竞赛的预备信号之后,相隔时间太长时间才发出起跑信号,那么由于运动员注意的起伏就可能使成绩明显受到影响。一般来说,百米竞赛预备信号与起跑信号之间的时间差为2秒～3秒,这样,注意起伏的不良后果可以消除。

与注意的稳定性相反的一种现象是注意的分散即分心,是指心理活动没有完全保持在当时所应该指向和集中的对象上。注意的分散是由无关刺激物的干扰或由单调刺激物所引起,是与注意稳定性相反的一种注意状态,对完成当前的活动任务具有消极的影响作用。我们应该增强抗干扰能力,避免分心的产生。

2. 保持注意稳定性的条件

(1) 注意对象的特点

一般来说,注意对象的内容丰富、复杂多变,注意可在一定范围内运动着,注意就较稳定和持久。而内容贫乏、单调而静止的对象,就不易稳定注意。例如,只看一个静止的字,难以维持注意;看内容丰富多变的小说,注意就能长时间保持。

(2) 活动的组织安排

活动多样化,并且不同的活动交替进行,以及不断出现新内容,提出新问题,可较长时间地保持注意的稳定。如看地图,如果只看一个点就不能持久,如果沿河流或铁路线所经城市不断前进,就能较持久地稳定注意。要使注意持久,就不能只是单纯地看或听,要动动手,实际操作一番。即把注意和外部的实际活动结合起来。

(3) 人自身的特点

一个意志坚强、善于控制自己的人,就能与干扰做斗争,保持稳定的注意。一个人处于头痛、失眠或过度疲劳等不正常状态时,就不易保持长久而稳定的注意。另外,人对事物的积极态度,对目的任务的明确认识,对活动意义的深刻理解,是否有浓厚的兴趣和高度的责任心,也是影响注意稳定性的条件。

保持稳定的注意在实践中具有重要意义,许多工作都需要有高度稳定的注意,即使短时间的注意分散,也会严重影响工作质量。养成稳定注意的习惯对学生学习有重要的意义,可以保障学生为达到一定的目标而持之以恒地努力。

3. 小学生的注意稳定性

小学生注意的稳定性随年龄增长而提高,其发展的速度超过幼儿期和中学阶段。这与小学生心理活动的有意性迅速发展有关。研究表明,7~10岁的小学生一般情况下能持续集中注意20分钟左右,10~12岁的学生约为25分钟,12岁以上的学生可以达到30分钟。当然,这个时间也不是绝对的,而且发展中还存在着男女差异。有人研究发现,在入学初期女生的注意稳定性成绩比男生要好①。

影响小学生注意稳定性的因素多种多样。一是概念的难易程度。低年级小学生很难将注意力稳定在难以理解的概念上,形象直观的事物比抽象的概念、定理等内容更能吸引他们的注意。这就要求教师在教学内容的编排上进行科学的安排。二是活动形式的丰富程度。丰富多彩、生动有趣的活动是很受小学生欢迎的,儿童维持注意稳定性的时间会更长一些。三是学习内容的新颖程度。我们经常会发现,小学生对于自然、科普、地理等内容表现得非常期待。

在维持注意稳定性的过程中,要避免出现注意的分散现象,即注意离开了当前应当注意的对象,而被无关的事物所吸引。例如,正在上课的教室,突然飞进一只小鸟,学生的注意就分散了,他们的注意离开了教学活动,而被小鸟所吸引。因此,作为教师要有意识地增强小学生的抗干扰能力。

(三) 注意的分配

1. 注意分配的含义

注意的分配是指人在同时进行两种或多种活动时,能够把注意指向不同的对象,或指在从事某种活动时,同时把心理活动指向两种或几种不同的动作上的特征。

在日常生活和活动中,经常要求人同时注意更多的事物,把注意分配到不同的对象上,所谓"眼观六路""耳听八方"就是形容这种状况的。谁能够把注意同时分配到较多方面,谁就能把握更多的事物,顺利地完成复杂的工作。例如,教师上课时边讲课、边板书、边观察学生的反应;学生听课时边听、边记、边思考、边注视教师和黑板。这都需要很好地分配注意力。

2. 影响注意分配的条件

(1) 人对活动的熟练程度

在同时进行的多种活动中,如果其中只有一种是不熟悉的,需要集中注意观察它或思考它,而其余动作已成为熟练的动作,达到了自动化或半自动化的程度,不需要更多的注意参与也能完成时,就可以实现注意的分配。如果工作的各方面都是生疏的,那么,注意的分配就困难。例如,初登讲台的教师,往往由于怕讲不好,情绪紧张,只注意自己的讲述。虽然看着学生却不能理会学生是否在注意听讲。教学经验丰富的教师,熟悉教材,从容不迫,能在讲课时,注意到学生的反应以及整个课堂活动。

(2) 活动间的关系

为了更好地分配注意,同时进行的几种活动,通过练习建立起一定的联系,使这些

---

① 彭小虎,王国锋,朱丹.儿童发展与教育心理学[M].上海:华东师范大学出版社,2014.

活动之间形成统一的动作系统,协调一致甚至达到自动化的程度,那么它们同时进行就容易成功。如果要进行几种毫不相关的活动,则注意的分配是很困难的。例如,汽车驾驶员经过专门训练,形成了一定的动作系统,已不需要特别的意志努力就可以把注意分配到行车、会车、转弯、绕过障碍物及注意路面情况上。而一个人边弹琴边唱歌,如果弹的和唱的不是同一首歌,注意就很难进行分配。

(3) 活动的性质

注意的分配与活动性质有密切关系。如果同时进行的活动属于动作技能,则注意的分配比较容易。如果同时进行的是两种智力活动,注意的分配就比较困难,即使这两种活动能同时进行,其中一项或两项活动也会受到影响。有一个实验,要求被试依靠脚腕的转动,用右脚按顺时针或逆时针(只能选用一种方式)方向划圆,同时在一张纸上连续笔算三位数的加减题,题目不重复,这两项活动进行得越快越好。结果发现:被试不能两者兼顾,很难实现注意的分配。

注意的分配能力是在实践活动中锻炼出来的,而且几乎所有的实践活动又都要求较高的注意分配能力,另一方面也必须有意识地通过各种活动指导学生形成必要的熟练动作,使他们善于分配注意,能够把注意集中在主要的学习任务上,同时又能够照顾到次要的方面。

3. 小学生的注意分配能力

小学生的注意分配能力在比较平缓地发展着,小学一年级学生由于对学习活动的不熟悉,明显地表现出不善于分配注意的现象,如让他们边抄写算术题,边思考解题方法,会感觉很困难。随着学习活动的深入和知识技能的发展,到中高年级以后,他们在同一时间可以把注意分配到几个对象上,例如小学生对书写熟练了,才能把注意同时分配到听讲、抄写或思考上。但整个小学阶段,小学生注意分配能力的发展是比较缓慢的。

(四) 注意的转移

1. 注意转移的含义

注意的转移是根据新的活动目的和任务,主动地把注意从一个对象转移到另一个对象上去的特征。如上完一节语文课后,主动把注意转移到下一节数学课。

注意的转移与注意的分散有着本质的区别。注意的转移是根据新任务的需要,主动地把注意转移到新的对象上,使一种活动合理地代替另一种活动,是一个人注意灵活性的表现。注意的分散是由于受到无关刺激的干扰,使自己的注意离开了需要注意的对象,而不自觉地转移到无关活动上。

注意的转移有一个过程,这正是开始做一件事情时觉得有些困难的原因,故"万事开头难"。开始时,注意力还没有完全集中在新的活动上,效率就不高。例如,写文章时,起初总觉得很难下笔。写好开头后,注意完全转移并集中在这方面上,写作的效率也会提高。

2. 影响注意转移的因素

(1) 原来活动的吸引力

原来的活动如果是自己感兴趣的,就会有极大的吸引力,那么注意的转移就困难。

因为活动的吸引力大,人的注意强度高,难转移。反之,原来的活动吸引力小,注意的转移就容易。

(2) 新活动的特点

如果引起注意转移的新活动意义重大,符合人的需要和兴趣,那么即使先前的活动吸引力很强,也能顺利地实现注意的转移;反之,对于新活动的意义理解肤浅,或不符合人的兴趣,那么即使先前活动的吸引力不强,也不能顺利地实现注意的转移。

(3) 人的神经系统活动的灵活性

神经系统活动灵活性强的人,就能在必要的情况下顺利地把自己的注意从这一对象转移到另一对象上;神经系统活动灵活性差的人,就不能很快地实现注意的转移。

对于学生来说,具有注意转移的能力是非常重要的。一个学生每天要学习几门不同的课程,还要完成其他活动,这就要求有灵活注意转移的能力。教师在培养学生注意转移能力时,首先,要注意教学内容的系统性和连贯性。可以利用复习提问的方式或自问自答的方式,由旧课自然地引入新课,学生的注意也就顺利地随着转移了。其次,要教育学生加强学习的计划性。要求他们按照计划,迅速地转移注意力,以免浪费时间,提高学习效率。

总之,人们在注意的品质上存在着个体差异。注意品质的综合表现就构成了各具特色的注意能力。一个人的工作效率如何,不仅取决于是否具有某种注意的品质,而且还取决于能否根据活动的性质把各种注意品质有机地结合起来。

3. 小学生注意转移能力

学前期儿童的注意转移能力较差,年龄越小,注意转移越慢。此后随着语言能力、活动目的性的提高而发展。小学低年级儿童注意转移能力还不强。小学中高年级之后,学生的注意转移能力逐渐地发展起来,林镜秋(1996)等人研究了小学生注意转移能力发展的情况,结果表明,小学生注意转移的综合反应时间随年龄的增长而呈下降趋势。五年级学生注意转移时的综合反应时间比二年级学生平均少了 2.17 秒,差异非常显著。这种差异表明五年级学生注意转移的速度比二年级学生明显变快[①]。

小学儿童注意转移的快慢和难易,主要取决于对先后两种注意对象的兴趣。如果对原来的对象感兴趣,而对后来的注意对象不感兴趣,就会"依依不舍",注意的转移就比较困难;如果对后来的注意对象更感兴趣,注意转移就比较容易。例如:由课间游戏转入课堂学习比较难,由课堂学习转入课间游戏就比较容易。

第三节 小学生的注意与教学

一、正确运用无意注意规律组织教学

小学生在学习过程中所产生的无意注意有消极与积极之分。为此,教师应努力利

---

① 林镜秋.大中小学生注意转移的实验研究[J].天津师大学报,1996(6).

用无意注意规律组织教学,充分发挥无意注意的积极作用,排除其消极影响,使学生精神振奋、情趣盎然地进行学习,提高教学效率。

(一)教学环境要美化优化,保持学生稳定的注意

要保持小学生的注意,必须控制与消除引起注意分散的有关因素。优美的教学环境是避免产生消极无意注意的重要因素。因此教室要尽量远离一些喧闹的场所,如马路、闹市、操场等,在条件允许时要与音乐教室分开。教室里的空气要新鲜,光线要充足,布置要简朴、整洁,不要有过多的装饰和张贴。教师的服装要朴素大方,绝不穿奇装异服和留怪发,不要浓妆艳抹,佩戴过多的饰物,不然自己就成为引起学生消极无意注意的刺激物。教师的语言要清晰、生动、幽默、规范,防止带口头禅。直观教具的展现要适时适当,及时收取,否则也会出现不好的效果。比如,过早地把直观教具展现出来,会分散小学生的注意力,使他们不去注意教师讲授的内容,而在真正需要使用教具时,这些教具又失去了新颖性。

(二)教学内容要丰富新颖,以吸引学生的注意

在认识事物过程中,和已有的知识经验相联系的新事物才使人感兴趣,容易引起无意注意。因此,教学内容过深、过难,超过学生的知识基础和承受能力,纵然教师讲得津津有味,学生也只能兴趣索然;反之,教学内容过浅、过易,缺乏新颖性,学生一学就会,必然感到单调乏味,同样兴趣不佳。可见,富有逻辑性、新颖性、科学性、系统性的教学内容,有利于调动学生的积极性,使他们对教学内容抱有浓厚的兴趣和积极的求知态度。正确反映客观规律的科学知识本身就是很生动的,只要教师能够正确地将它表达出来,并能有步骤地引导学生去理解它,就可以让学生对教学内容产生浓厚而深刻的兴趣,从而把全部精神贯注在听讲和钻研上。所以,教师的讲授内容必须丰富、新颖,必须在学生已有知识基础的上循序渐进,逐步深入,把新材料和已有知识联系起来,才容易引起学生的注意。实际教学中,有的教师怕学生听不懂,不厌其烦地重复,讲的尽是学生已熟知的东西;有的教师讲授的内容超出学生所能接受的水平,与学生已有的知识经验没有任何联系,这些做法都无法使学生的注意保持在教学内容上。

(三)教学方法要灵活多样,吸引学生稳定的注意

研究证明,单调、呆板的教学方法会使学生失去学习兴趣;生动、灵活的教学方法则可以使学生集中注意力。运用启发式教学既可以使学生动脑,又可以使学生动手,还可以激发他们探求未知的兴趣,对学生的注意起到极好的组织作用。所以,教师要不断向学生提出一些难易适中的问题。充分利用直观手段,引导学生通过对具体事物或现象的感知来理解所学知识,把抽象的理论变得具体、鲜明,使学生学得生动、活泼,并能激发他们的求知欲。

(四)教学语言要生动形象,保持持久的注意

教师的教学语言要准确简洁、生动形象、通俗易懂、富有感染力。讲课声音的强度不应过小,应该使全教室的学生都能听到;重点地方讲慢一点,或重复一下或提高声音,或停顿一下;语调不能平铺直叙,声音不要大小一样,语气和声调要有抑扬顿挫,不能毫无变化地讲下去。因为单调刺激,会使人昏昏欲睡。板书要整齐,字体要工整,还要形

成鲜明的对比。这样易激发学生的兴趣,保持无意注意。

利用无意注意规律,可以有效地提高教学的艺术性,引起积极的无意注意,我们应该在这方面多下功夫。同时也必须反对那些教学上庸俗的趣味主义。有些教师为了引起学生的注意,把大量无关的资料和故事插入教学中,这种做法所引起的是消极的无意注意,使学生的注意指向并集中到了不应当指向的对象上,破坏了教学内容的思想性、科学性和系统性,实际上只会降低教学的效果。

二、善于组织和运用学生的有意注意

有意注意是受人的意识调节和支配的,例如,当我们正津津有味地阅读小说时,上课时间到了,为了更好地完成学习任务,就努力把自己的心理活动从小说内容转向并集中到老师所讲授的内容上,从而提高学习效果。

(一) 明确学习的目的

对活动目的、任务的重要意义认识得越清楚,理解得越深刻,完成任务的愿望就越强烈,那么,为完成这项任务所必需的一切活动和有关事物也就越能引起人们的有意注意。例如,学生的学习目的越明确,就越能在学习活动中集中和保持注意。

学习是一种自觉的、有目的、以一定方式组织起来的活动。活动的目的制约着注意的指向性。教育学生明确学习目的,激发学习的自觉性,始终是教学中需要解决的首要问题。学生对学习目的意义认识得越清楚、越深刻,就越能引起和保持有意注意。教师可以通过各种教育、教学活动,培养学生学习的目的性、自觉性。例如,在开始讲授一门新课时说明这门课程的目的、任务和意义;在一个新单元开始时明确提出需要解决的问题;在教材内容比较难懂的地方预先说明问题的复杂性和重要性,所有这些都旨在激发学生的学习自觉性。

(二) 激发学习动机

要让小学生体验到自身学习的成功,以此来激发他们的学习动机。这是使他们把注意力集中在学习上的最有效的手段。教师要充分肯定学生主动回答问题的积极性;批改作业时要尽量挖掘学生优点,评分宜从宽;对于他们的不足之处,要正面引导。如对每次作业应用红笔做出肯定的标志,如用"√"或"优"等;定期展示班级学生的学习成果,对每个小学生的进步予以及时的肯定和精神奖励等。当学生看到自己学习被肯定,便会获得成功的喜悦,从而不断地培养对学习的兴趣,更加努力地注意学习活动。

(三) 形成良好的注意习惯

心理学的研究表明,学生注意力涣散是影响学生学习成绩的重要心理因素。小学生由于好奇、好动等特点,易造成注意力不集中,既影响学习效果,又影响个人情绪,造成不必要的烦恼、不安。学习成绩不良的小学生大多伴随着注意力不能集中的心理、行为问题,导致思维不深入,观察力不细致,记忆不精确,学习成绩不理想。因此,小学生形成良好的注意习惯非常重要。

苏联心理学家普拉托诺夫说:"要想使自己成为一个注意力很强的人,最好的方法是,无论干什么事不能漫不经心。"培养自己注意力的可靠途径就是训练自己能在各式各样的环境条件下都专心学习或工作。一旦确定了要干的事,你就有计划有目的集中注意力去干好要干的事,不受其他刺激的影响和干扰。

三、两种注意交互转化的规律及应用

(一)两种注意的交互转化

无意注意与有意注意是两种不同性质的注意。无意注意的发展水平较低,是没有预定目的、被动的、自然而然地被新异刺激所引起的注意;有意注意的发展水平较高,是有预定目的的、主动的、必要时需要一定意志努力来维持的注意。但是在社会实践中,两种注意不能截然分开,它们可以不断地相互转化。无意注意可以转化为有意注意,例如,一个人偶然被某种活动吸引而去从事这种活动,后来通过活动认识到它的重要意义,就自觉、主动地去进行这种活动,并在遇到困难时主动去克服它,这时无意注意就转化为有意注意。反之,有意注意也可以转化为无意注意。当人们从事了开始并不感兴趣的活动时,往往需要做出一定的意志努力。然而经过一段时间以后,随着困难的克服、活动的深化和对活动的逐渐熟悉,便产生了直接兴趣,从事这种活动就可以不再需要意志努力了。这时有意注意就转化成了无意注意。更准确地说是转化成了有意后注意。

需要指出,由有意注意转化而来的无意注意与前面分析过的无意注意有本质的区别。它具有自觉的目的性,从这一特点上看它与有意注意相同。但它又不需要特别的意志努力,这与无意注意相似。也就是说,它兼有无意注意和有意注意的优点。心理学家把这种有自觉目的,但无须意志努力的注意叫作有意后注意。因为有意后注意既有目的,又不耗费多大的精力,因而,它常常是有效的创造性智力活动的必要条件,也是学生从事学习活动所应有的注意状态。

在实际生活中,人们要达到某种目的或完成某项任务,都需要无意注意和有意注意的参与,并且两者的不断交互转化是注意在活动中的正常状态。任何一项有意义的活动,单凭无意注意是难以完成的。因为,很少有整个活动过程都是有兴趣而不遇障碍的,一旦遇到枯燥乏味或困难的情况,注意就会分散,使活动无法进行下去。所以,必须要有有意注意的参与。而只凭有意注意,活动也难以坚持长久。因为过多地用意志努力来维持注意,会造成巨大的紧张,使人很快地发生疲倦而分散注意,不能实现预期的目的,所以,又必须有无意注意的参与。

(二)巧妙地利用两种注意交互转化的规律组织教学

实践证明,只利用无意注意或有意注意是不能完成教学任务的。因此,教学活动中必须把两种注意有机地结合起来。一方面要使学生在理解学习目的意义的基础上依靠有意注意来学习,另一方面也要使学生对学习产生兴趣,利用无意注意来组织教学。并要善于引导学生运用两种注意相互转化的规律来安排学习。

在一堂课中,教师应对两种注意做巧妙安排使之自然地相互交替。一般说来,上课之初,学生的注意还停留在课前感兴趣的活动上,需要通过组织教学引起学生的有意注意。教师通过检查提问,可以使学生集中注意。接着通过生动活泼、灵活多样的教学,

使学生对新内容发生兴趣,引起无意注意。另一方面要运用由浅入深、由具体到抽象的教学方法,减少学生学习中的困难,使学生顺利接受新内容,使有意注意进一步发展为有意后注意。下课之前,学生的注意最易涣散,所以在概括本节知识或布置作业时,要向学生提出明确而具体的要求,来引起他们的有意注意。在学生学习遇到困难和外来干扰时,教师需及时鼓励学生克服困难,消除畏难情绪,对学习活动保持注意。总之,在教学过程中,使有意注意与无意注意有节奏地交替,可使学生有张有弛,既能始终把注意指向学习活动,又不会引起过分紧张与疲劳,从而顺利有效地完成学习任务。

四、注意缺陷(多动障碍的诊断与治疗)

(一)注意缺陷与多动障碍内含

注意缺陷/多动障碍(Attention deficit/hyperactivity disorder,简称 ADHD)是一种起始于儿童时期的以注意力不集中、多动和冲动为特征的慢性神经发育障碍,可严重影响儿童的学业水平和社交功能。ADHD 患病率普遍较高,在全球范围内儿童和青少年患病率约为 5.29%,在中国儿童和青少年的患病率约为 5.6%,其中男性患病率为 7.7%,女童患病率为 3.4%。患有 ADHD 的青少年在成年后面临着更多关于精神健康和社会心理功能方面的问题,如焦虑、抑郁、物质滥用、学业成绩不佳、人际关系紧张、工作能力下降①。

(二)注意缺陷与多动障碍的诊断标准

注意缺陷与多动障碍的诊断标准目前多采用 DSM-IV 关于 ADHD 的诊断标准:要求满足 A—E。

A. 症状标准:

(1)注意缺陷症状:符合下述注意缺陷症状中至少 6 项,持续至少 6 个月,达到适应不良的程度,并与发育水平不相称:① 在学习、工作或其他活动中,常常不注意细节,容易出现粗心所致的错误;② 在学习或游戏活动时,常常难以保持注意力;③ 与他说话时,常常心不在焉,似听非听;④ 往往不能按照指示完成作业、日常家务或工作(不是由于对抗行为或未能理解所致);⑤ 常常难以完成有条理的任务或其他活动;⑥ 不喜欢、不愿意从事那些需要精力持久的事情(如作业或家务),常常设法逃避;⑦ 常常丢失学习、活动所必需的东西(如:玩具、课本、铅笔、书或工具等);⑧ 很容易受外界刺激而分心;⑨ 在日常活动中常常丢三忘四。

(2)多动/冲动症状:符合下述多动/冲动症状中至少 6 项,持续至少 6 个月,达到适应不良的程度,并与发育水平不相称:① 常常手脚动个不停,或在座位上扭来扭去;② 在教室或其他要求坐好的场合,常常擅自离开座位;③ 常常在不适当的场合过分地奔来奔去或爬上爬下(青少年或成人可能只有坐立不安的主观感受);④ 往往不能安静地游戏或参加业余活动;⑤ 常常一刻不停地活动,好像有个机器在驱动他;⑥ 常常话

---

① 张琴琴,何玉琼. 注意缺陷/多动障碍非药物治疗的研究进展[J]. 国际精神病学杂志,2020(3).

多;⑦ 常常别人问话未完即抢着回答;⑧ 在活动中常常不能耐心地排队等待轮换上场;⑨ 常常打断或干扰他人(如别人讲话时插嘴或干扰其他儿童游戏)。

  B. 病程标准:某些造成损害的症状出现在 7 岁前。

  C. 某些症状造成的损害至少在两种环境(例如学校和家里)出现。

  D. 严重程度标准:在社交、学业或职业功能上具有临床意义损害的明显证据。

  E. 排除标准:症状不是出现在广泛发育障碍、精神分裂症或其他精神病性障碍的病程中,亦不能用其他精神障碍(例如心境障碍、焦虑障碍、分离障碍或人格障碍)来解释。

(三)注意缺陷与多动障碍的治疗

注意缺陷与多动障碍的病因、表现及诊断很复杂,当然治疗时也需要综合治疗。合理选择最佳治疗方法和是非常必要的。目前注意缺陷与多动障碍的治疗方法主要有药物治疗、心理行为治疗、家庭治疗、脑电生物反馈治疗等,其中药物治疗是首选。研究认为,对于注意缺陷与多动障碍的治疗而言,药物治疗为主,同时合并心理行为治疗、家庭治疗或脑电生物反馈治疗是最好的策略①。

1. 药物治疗

药物治疗包括中枢兴奋剂、抗抑郁药、抗高血压药和去甲肾上腺素再摄取抑制剂。从中医的角度来看,儿童肾阴不足,虚火上升,烦躁不安,故有发育期的阴常不足,阳常有余,可引发儿童多动症。因此,滋阴补肾健脑才是治疗儿童多动症的关键,中药药物也很多,但是,缺乏科学的方法验证其疗效。

2. 心理社会性干预性治疗

包括行为治疗、学习辅导、家庭治疗和医护配合等方法。多数治疗方法都须要专业人员完成,下面以家庭治疗为例。

家庭治疗:从系统论观点分析,孩子作为家庭系统中的一员,孩子出了问题,反映出家庭中的问题如亲子关系不正常、家庭教育不科学等。同时,家里有多动症患儿,也常常会导致大人之间的关系紧张。因此,在采取积极的防治措施时,必要时其他的家庭成员也要接受咨询。接受咨询可以使父母学会理解、同情对方,能够相互学习、相互安慰。家庭治疗的目的在于:① 协调和改善家庭成员间关系,尤其是亲子关系;② 给父母必要的指导,使他们了解该障碍,正确地看待患儿的症状,有效地避免与孩子之间的矛盾和冲突,和谐地与孩子相处和交流,掌握行为矫正的方法,并用适当的方法对患儿进行行为方面的矫正。

3. 父母培训

通过培训,教给父母如何管理子女行为的方法。给家长解释注意缺陷与多动障碍的儿童产生对抗行为的原因,指导如何关注、表扬儿童,如何纠正儿童的不良行为。使父母能更加理解患儿的需要,更好地对其行为做出适当反馈。父母培训可创造一种长期、持续、有利康复的环境,使儿童能减少的对抗行为,逐渐展示他们具有良好行为的能力。

---

① 郑毅.儿童注意缺陷多动障碍防治指南[M].北京:北京大学出版社,2007.

4. 社会能力训练

包括社会技能、认知技能和躯体技能训练。帮助 ADHD 儿童学会实用社会技巧：正确对待他人、解决好人际关系、相互学习、接受奖励或批评、处理挫折和恼怒等的方法。该方式对注意缺陷与多动障碍的远期疗效较好。

本章小结

本章按照注意产生的规律及小学生注意规律与教学的关系两条主线，在讲解注意的概念、功能、外部表现的基础上，重点阐述了小学生注意发展的特点和小学生品质的培养及其注意规律与教学的关系。简单阐述了注意缺陷/多动障碍的诊断与治疗。学习时可从注意的分类入手，分析每个注意类型不同的特质，牢记小学生注意发展的特点，并能运用其中的概念、规律、原理来更好地组织课堂教学。

思考训练

1. 什么是注意？注意有哪些功能？
2. 一个人的注意高度集中时，会有哪些外部表现？
3. 什么是无意注意？引起无意注意的原因是什么？
4. 什么是有意注意？引起和保持有意注意的原因有哪些？
5. 多动症儿童与活泼爱动儿童的主要区别是什么？
6. 注意的品质表现在哪些方面？小学生注意品质发展的特点是什么？
7. 案例分析：今天是陈老师第一次上公开课，她穿着漂亮艳丽的新衣服提前来到教室，用早已准备好的彩色粉笔把黑板边缘装饰得格外醒目。开始上课了，陈老师显得镇定自如，她先宣布了期中考试的成绩，并鼓励大家再接再厉。在正式讲课中，陈老师言语平静、流畅，由于准备的内容十分丰富，她便加快了速度，对讲课的内容也不予重复。正当陈老师专心致志地讲课时，偶然发现有个别学生在开小差，她立刻点名批评，制止了这种不良行为，然后继续上课。一节课很快过去了，陈老师从容地走出了教室。请用注意规律与教学的关系分析陈老师的哪些做法是错误的？为什么？

第四章
小学生的感知觉

 内容提要

感知觉是人类认识活动的开端,是一切心理活动的基础,没有感知觉就没有人的心理。通过本章学习,需要了解感知觉的概念、种类以及特点,掌握小学生视觉、听觉、空间知觉、时间知觉以及运动知觉等感知觉发展规律,能够根据小学生感知觉的特点进行教育教学。掌握小学生观察力的发展特点,能够针对不同个体进行有效培养。

让感知觉伴随你认识世界!

青山绿水入你眼帘时,你是否感受到了轻松和舒畅;空灵的天籁之音传入耳中时,你的心是否也随韵律起舞;美食入口时,你的舌头一定会享受到一种快感吧;香气扑鼻时,你的内心是否会无比喜悦。这就是感知觉。如果缺少了这些感知觉,人生会是什么样子呢?

第一节 感知觉概述

一、感觉

人类认识世界是从感觉开始的。感觉提供了内外环境的信息,保持着机体与环境的信息平衡。

(一)概念

感觉是刺激物作用于感觉器官,经过神经系统的信息加工所产生的对该刺激物个别属性的反映。

在日常生活中,外界的许多刺激物作用于我们的各种感觉器官,经过神经系统的信息加工在我们的头脑里就产生了各种各样的感觉。我们看到某种颜色、听到某种声音、闻到某种香味、感受到一定的温度等。同时，感觉也反映机体内部的刺激。我们觉察到自身的姿势和运动，感受到内部器官的工作状况——舒适、疼痛、饥渴等。不论是对外部刺激的反映或是对内部刺激的反映，感觉是对刺激给予感觉器官的直接感受，是对刺激物个别属性的反映。

人对刺激物个别属性的反映，对刺激给予感觉器官的直接感受，通常总是与其过去经验联系在一起的。例如，当我们看到某种颜色时，我们就知道"这是白纸的白颜色""这是红旗的红色"；当我们用手接触某个物体时，会说："这是又硬又冷的东西""这是一块玻璃"。这些回答都说明在我们的日常生活中单纯的感觉是不存在的（除非是新生儿或在特殊的条件下）。感觉信息一经感觉器官传达到脑，知觉也随之产生了。

虽然感觉是一种最简单的心理现象，但它在人的心理活动中却起着十分重要的作用。只有通过感觉，我们才能分辨事物的各种属性，感知它的声音、颜色、软硬、重量、温度、气味、滋味等。只有通过感觉，我们才能了解自身的运动、姿势以及内部器官的工作情况。一切较高级、较复杂的心理现象，如知觉、思维、情绪、意志等，都是在感觉的基础上产生的。感觉是我们认识客观世界的第一步，是我们关于世界一切知识的最初源泉。人只有通过感觉，才有可能逐步认识不依赖于他而存在的客观世界。"不通过感觉，我们就不能知道实物的任何形式，也不能知道运动的任何形式。"

知识拓展

19世纪中叶，德国生理学家缪勒（J. P. Miller）提出了"神经特殊能量"一说。他认为，每种感觉神经都具有特殊的能量，即各种感觉神经的性质互不相同，每种感觉神经只能产生一种感觉，而不能产生另外的感觉。例如，光、电、机械刺激作用于眼睛，都产生视觉。声波、机械刺激作用于耳朵，都产生听觉。缪勒根据不同刺激作用于同一感觉神经产生相同的感觉，同一刺激作用于不同的感觉神经产生不同的感觉这一事实得出结论：感觉的性质不决定于外界物体的性质，而决定于感觉神经的特殊能量，即人的任何一种感觉器官在接受任何刺激物作用时都释放出一种该感觉器官所特有的能量，"我们感官认识的直接对象只是在神经内引起而被神经自身或感觉中枢认为是感觉的特种状态"。换句话说，人所直接感知的不是客观事物的属性，而是人的感觉神经自身的状态，客观事物是不可知的。这就否定了感觉是客观世界的映象，过分夸大了感觉对感觉器官的依赖性，把感觉同客观事物相分离。因此，缪勒片面地根据生理学上的事实就得出的"神经特殊能量"学说的结论是不科学的。

（二）感觉的种类

可以根据各种不同的标准对感觉进行分类。对感觉进行分类研究，目的是探讨各种感觉的一般规律。

根据感觉刺激是来自有机体外部还是内部以及它所作用的感官的性质，可把各种感觉分为两大类：外部感觉和内部感觉。外部感觉接受机体外的刺激，反映外界事物的个别属性，属于外部感觉的有：视觉、听觉、嗅觉、味觉、皮肤感觉。内部感觉接受机体内的刺激,反映身体的位置、运动和内脏器官的不同状态。属于内部感觉的有:肌肉运动感觉、平衡感觉、内脏感觉等。

学习资料

环境太静使人早死

英国广播公司会计部的工作人员最近频频向老板抱怨,说他们的办公室太安静,让人感到寂寞。

老板请来一位音响师通过监测发现,会计部大厅内的噪声水平仅20分贝,完全可以用"沉寂"二字来形容。

为此,音响师建议在大厅内不断播放专门录制的生活背景音响,包括聊天、打电话,甚至偶尔发出的笑声。

数天的实践证明,音响师的这一招果然十分有效。

心理学家称,人们长期在过于宁静的环境中工作会感染落叶综合征。而声音可激发起人们的不同感情。负面心理通过优美声乐可以转化为正面生理效应。

有些人尤其是老年人长期生活在极其安静的环境中,没有人与之聊天、谈心,也听不到富有生活气息的声音,时间长了就会变得性情孤僻,对周围的一切漠不关心,从而丧失对生活的信心,健康状况日趋下降,甚至过早离开人世。

声响蕴含的情感极其丰富,有病需要声响,无病也需声响。特别是那些处于亚健康状态、工作特别紧张而又没有时间休息的人们,通过音响效果松弛调整,使人的大脑深度放松,将会产生意想不到的效果。

(三)感觉的特点

1. 感受性与感觉阈限

感觉是由刺激物直接作用于感官所引起的,但要产生感觉,除了感官必须接受适宜刺激之外,还需要这种适宜刺激处于一定的强度范围。也就是说,即使是适宜刺激物直接刺激感官,但当它强度不在此范围时,也不会产生相应的感觉。不同的人对刺激的感觉能力是不同的,而同一个人对不同刺激的感觉能力也是有差异的。个体对适宜刺激感觉的灵敏程度,即感觉能力,称为感受性。感受性是指感觉器官对适宜刺激的感觉能力。

感受性的高低用感觉阈限的大小来度量。感觉阈限就是能引起感觉的刺激量。感觉阈限值越小,感觉能力越强,感受性越高;反之,感觉阈限值越大,感觉能力越弱,感受性越低。感受性与感觉阈限成反比。

(1)绝对感受性与绝对感觉阈限

绝对感受性指的是刚刚能觉察出最小刺激量的能力。绝对感受性的高低用绝对感觉阈限来度量,绝对感觉阈限指的是刚刚能引起感觉的最小刺激量,即达不到这个最小刺激量的刺激就不会引起感觉。绝对感受性与绝对感觉阈限成反比关系:绝对感觉阈限越大,绝对感受性越低。二者关系可用下列公式表示:

$$E=1/R$$

式中,E 表示绝对感受性;R 表示绝对感觉阈限。

一般来说,人类的感觉极为灵敏。根据心理学的有关研究,人类重要感觉的绝对阈限的近似值如表 4-1 所示。

表 4-1　人类重要感觉的绝对阈限

感觉类别	绝对阈限
视觉	眼睛在黑夜中能看到 48 千米外的一点烛光
听觉	安静房间内能听到 6 米外的手表的嘀嗒声
味觉	能辨出两加仑水中一勺糖的甜味
嗅觉	能闻到散布于 3 居室一滴香水的气味
触觉	能感受到一片蜜蜂翅膀从 1 厘米高处落在面颊上

(2) 差别感受性与差别感觉阈限

差别感受性是指刚能觉察出两个同类刺激物之间最小差异量的能力。差别感受性的高低用差别感觉阈限来度量,差别感觉阈限指的是刚刚能引起差别感觉的两个同类刺激物之间的最小差别量。两个同类刺激物达不到这个最小差别量则不会产生感觉上的变化。差别感受性和差别感觉阈限成反比关系:差别感觉阈限越小,差别感受性越高;反之,差别感觉阈限越大,差别感受性越低。

1834 年,德国生理学家韦伯测量了包括触觉、视觉听觉在内的多种感觉的差别阈限,发现原来刺激强度越大,被试察觉出差异所必需的刺激强度的变化也就越大,差别感觉阈限是原来刺激强度(或标准刺激强度)的一个恒定的分数,这个分数称为韦伯分数,用公式表示为:

$$K = \triangle I / I$$

式中,I 是标准刺激(原来刺激)的强度,$\triangle I$ 是标准刺激条件下的差别阈限;K 为一个常数。对于不同感觉来说,K 的数值不同。根据韦伯分数的大小可以判断某种感觉的灵敏程度,韦伯分数越小,感觉越灵敏;反之则越迟钝。注意,韦伯定律只适用于中等强度的刺激,过弱或过强刺激的韦伯分数都会发生改变,而不是一个常数。

表 4-2　人类各种感觉通道的韦伯比例

感觉通道	韦伯比例
音高/2000 Hz	1/333
重压觉/400 g	1/77
视明度/100 光子	1/62
举重/300 g	1/52
响度/100 dB,1000 Hz	1/11
橡胶气味/200 嗅单位	1/10
皮肤压觉/5 g/mm²	1/7
咸味道/3 mol/L(3 摩尔/升)	1/5

2. 感受性的发展变化

(1) 适应

适应现象表现在几乎所有的感觉中,但是在各种感觉中适应的表现和速度是不同的。视觉的适应可分为对暗适应和对光适应。从明亮的阳光下进入已灭灯的电影院时,开始什么也看不清楚,隔了若干时间之后,我们就不是眼前一片漆黑,而能分辨出物体的轮廓来了。这种现象叫对暗适应。对暗适应是环境刺激由强向弱过渡时,由于一系列相同的弱光刺激,导致对后续的弱光刺激感受性的不断提高:开始的5～7分钟时,感受性提高得很快,经过一小时后,相对感受性可提高20万倍。当人从黑暗的电影院走到阳光下,开始感到阳光耀眼,什么都看不清楚,只要稍过几秒钟,就能清楚地看到周围事物了。这种现象叫对光适应,也叫明适应。对光适应是环境刺激由弱向强过渡时,由于一系列的强光刺激,导致对后续的强光刺激感受性的迅速降低。对暗适应产生的原因是由于视杆细胞的视紫红质被分解,突然进入暗处尚未恢复,所以不能立即看清物体。到暗处后需要等待一段时间来恢复,即视紫红质的合成增多,含量逐渐增加,对弱光刺激的感受性逐渐提高,这样就能逐渐看清物体。反之,由暗处初到强光下,感光物质大量分解,对强光刺激的感受性很高。神经细胞受到过强的刺激,所以只感到眼前一片光亮,甚至引起疼痛,睁不开眼,同样看不清物体。经过片刻,感光物质被分解了一部分之后,对强光的感受性迅速降低,从而能看清物体了。在适应过程中,除视网膜的感光细胞发生变化外,还有中枢机制参与。实验表明,在对暗适应的情况下,短时间给被试者的一只眼睛以亮光,结果另一只眼睛的感受性也受影响。

与视觉的适应比较,听觉的适应就很不明显。有人认为,一般的声音作用之后,听觉感受性有短时间的降低,并认为听觉的适应具有选择性;即在一定频率的声音作用下,只降低对该频率(包括邻近频率的声音)的感受性,而不降低对其他频率声音的感受性。但也有人认为,即使是一个普通强度的声音的持续作用,也没有听觉的适应现象。如果用较强的连续的声音,像工厂高音调的机器声,持续作用于人,那确实会引起听觉感受性降低的适应现象,甚至出现听觉感受性的明显丧失。

触压觉的适应很明显。我们安静地坐着时,几乎觉察不到衣服的接触和压力。经常看到有些老年人把眼镜移到自己的额头上却到处寻找他的眼镜。实验证明,只要经过三秒钟左右,触压觉的感受性就下降到约为原始值的25%。温度觉的适应也很明显。例如,我们在游泳池游泳的时候,开始觉得水是冷的,经过三四分钟后,就不再觉得水冷了。相反,我们在热水中洗澡的时候,开初觉得水很热,但经过三四分钟后,就觉得澡盆中的水不那样热了。但是,对于特别冷或特别热的刺激,则很难适应或完全不能适应。痛觉的适应是很难发生的,即使有也极为微弱。只要注意集中到痛处,你马上就会感到疼痛。正因为痛觉很难适应,它才成为伤害性刺激的信号而具有生物学的意义。

"入芝兰之室,久而不闻其香;入鲍鱼之肆,久而不闻其臭。"这是嗅觉的适应。嗅觉的适应速度,以刺激的性质为转移。一般的气味经过1～2分钟即可适应,强烈的气味则要经过10多分钟,特别强烈的气味(带有痛刺激的气味),令人厌恶,难以适应甚至完全不能适应。嗅觉的适应带有选择性,即对某种气味适应后,并不影响对其他气味的感受性。厨师由于连续地品尝到后面做出来的菜愈来愈咸,这是味觉的适应现象。

适应能力是有机体在长期进化过程中形成的。它对于我们感知外界事物、调节自己的行为,具有积极的意义。在夜晚的星光下和白天的阳光下,亮度相差达百万倍,如果没有适应能力,人就不能在不断变化的环境中精细地感知外界事物,正确地调节自己的行动。研究适应现象对生产实践也有重要意义。例如,在交通运输业中,夜晚驾驶室的照明与外界亮度的差异的处理,就应考虑视觉的适应问题。

(2) 感觉的对比

对比是同一感受器接受不同的刺激而使感受性发生变化的现象。这是同一感受器中不同刺激效应相互影响的表现。对比分两类:同时对比和先后对比。几个刺激物同时作用于同一感受器会产生同时对比现象。这在视觉中表现得很明显。例如,把一个灰色小方块放在白色的背景上,看起来小方块就显得暗些;把相同的一个灰色小方块放在黑色的背景上,看起来小方块就显得明亮些,同时在相互连接的边界附近,对比就特别明显。如果把一个灰色的小方块放在绿色的背景上,看起来小方块显得带红色;把相同的灰色小方块放在红色的背景上,看起来小方块显得带绿色。彩色对比在背景的影响下,向着背景色的补色方面变化,同时在两色的交界附近,对比也特别明显。刺激物先后作用于同一感受器会产生先后对比现象。例如,吃了糖之后,紧接着就吃砂糖橘,觉得砂糖橘很酸;吃了苦药之后,接着喝口白开水也觉得有点甜味。凝视红色物体之后,再看白色物体,就会出现青绿色的后象等。

(3) 感觉的相互作用

在一定的条件下,各种不同的感觉都可能发生相互影响。其他感觉能使视觉发生某种变化。例如,在噪声听觉(飞机发动机的噪声)影响下,黄昏视觉的感受性降低到受刺激前20%。在噪声听觉影响下,对暗适应的眼睛对绿蓝色光感受性增高,对红橙色光感受性降低。轻微的肌肉工作、凉水擦脸,可以使黄昏视觉的感受性提高。此外,嗅觉、味觉、痛觉也会对视觉感受性产生一定的影响。

其他感觉能使听觉发生某种变化。最突出的事例是,断续的闪光能使声音的响度(如音叉音)产生起伏变化,产生声音的"脉动"感觉。

味觉、嗅觉、平衡觉等都会受其他感觉的影响而发生其种变化。食物的颜色、温度会影响味觉。摇动的视觉形象会影响平衡觉,使人晕眩。

虽然,不同感觉相互影响的规律尚未探明,但一般的趋向似乎是对一个感受器的微弱刺激能提高其他感受器的感受性,而强烈的刺激则会降低其他感受器的感受性。

(4) 联觉

当某种感官受到刺激时出现另一种感官的感觉和表象,这种现象称为联觉。一种感觉兼有另一种感觉的印象,时而近似于感觉,时而近似于表象,好像是与直接感觉一起产生的,但不是由人们自己随意想象出来。

例如,有的人看见黄色会产生甜的感觉,有的人看见绿色会产生酸的感觉。铁钦纳(Tichener)曾报道过,在某些人中,酸味会引起头皮发痒的触觉等。

联觉不是个别人的幻想,看来似乎有某种普遍性、例如,我们经常听到人们说,"甜蜜的噪音""沉重的乐曲""明快的曲调""尖酸的气味"。这些联觉现象是由于我们在日常生活中各种感觉现象经常自然而然有机地联系在一起的缘故。

（5）感觉补偿

感觉的补偿是指某种感觉系统的机能丧失后而由其他感觉系统的机能来弥补。例如，盲人失去了视觉机能，能学会通过声音来辨别附近的建筑物、地形等，通过触摸觉来阅读盲文。聋哑人能"以目代耳"，学会看话甚至学会"讲话"等。

随着科学技术的进步，不同感觉相互补偿有了更大的可能性。例如，有一种"阅读仪"能把印刷文字的视觉形象转换成低频的触觉信号，盲人用手握着这个仪器在书页上移动，能以每分钟80个字的速度阅读；有一种"电眼"能把外界物象转换成作用于盲人的皮肤信号，能使盲人在房间里自由行走、取东西等。

各种感觉之所以能相互补偿是由于各种刺激的能量是可以转换的，例如，视觉丢失，但光能可以转化为电能或机械能，这样视觉信息就可以由其他正常的感官来加以接收。各种感觉系统的机能都能通过练习得到提高。这样，一种（或几种）感觉机能的丧失，就有可能由其他经常得到练习的、感受性提高了的感觉系统来加以弥补。

学习资料

感觉剥夺实验

1954年，美国做了一项实验。该实验以每天20美元的报酬（在当时是很高的金额）雇用了一批学生作为被测者。

实验内容是这样的：为了制造出极端的孤独状态，实验者将学生关在有防音装置的小房间里，让他们戴上半透明的保护镜以尽量减少视觉刺激。接着，又让他们戴上木棉手套，并在其袖口处套了一个长长的圆筒。为了限制各种触觉刺激，又在其头部垫上了一个气泡胶枕。除了进餐和排泄的时间以外，实验者要求学生24小时都躺在床上。可以说，这样就营造出了一个所有感觉都被剥夺的状态。

结果，尽管报酬很高，却几乎没有人能在这项孤独实验中忍耐三天以上。最初的八个小时好歹还能撑住，之后学生就吹起了口哨或者自言自语，有点烦躁不安了。在这种状态下，即使实验结束后让他做一些简单的事情他也会频频出错，精神也集中不起来了。

据说，实验后得需要3天以上的时间才能回到原来的正常状态。

实验持续数日后，人会产生一些幻觉。例如看见大堆花栗鼠行进或者听到有音乐等。到第4天时，学生会出现双手发抖，不能笔直走路，应答速度迟缓，以及对疼痛敏感等症状。

通过这个实验我们明白了一点：人的身心要想正常工作就需要不断地从外界获得新的

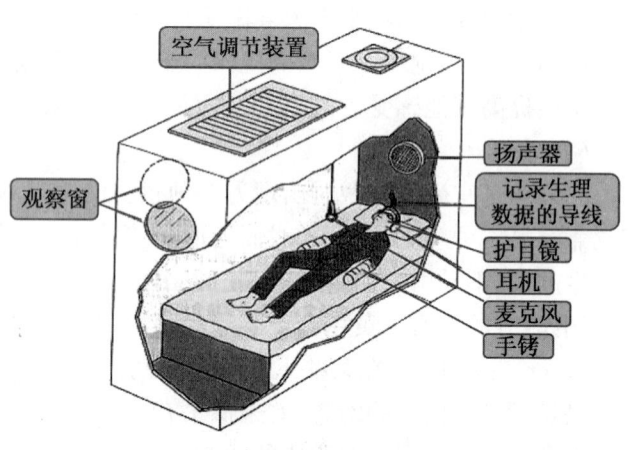

图4-1 感觉剥夺实验

刺激。可以说，雷达测量员和长途车司机都处于轻微的感觉剥夺状态。正因为如此，他们有时就会看见实际上不存在的东西，从而引发事故。

宇航员在训练过程中，其中有一项是忍受孤独训练，请问人在剥夺感觉的情况下，人最多能忍受几天？

3天。

足球表面的皮子通常情况下是黑白相间，这是为什么呢？

在绿色草皮上，顺着阳光看，白色看得最清楚。逆着阳光看时，黑色看得最清楚。

大夫的手术服为什么是绿色的？

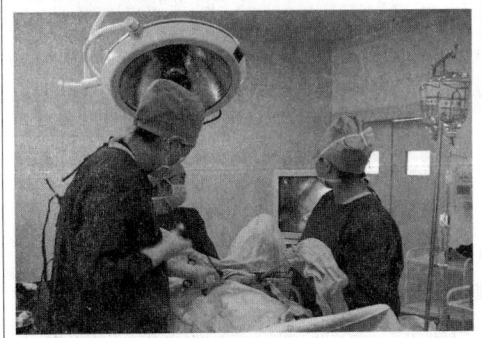

医生在手术过程中，眼睛看到的总是鲜红的血迹，时间一长，偶尔把视线转移到同伴的白大褂上，就会看到斑斑点点的血迹，使视觉产生混乱而影响手术效果。

飞机上的黑匣子是什么颜色的？

黑匣子的外表不是黑色的，而是醒目的橙色或橘红色，表面还贴有方便夜间搜寻的反光标识。

二、知觉

人类学家特恩布尔（Turnbull，1961）曾描述过这些人及其生活方式：有些俾格米人从来没有离开过森林，没有见过开阔的视野。当特恩布尔带着一位名叫肯克的俾格米人第一次离开居住地大森林来到一片高原时，他看见远处的一群水牛时惊奇地问："那些是什么虫子？"当告诉他是水牛时，他哈哈大笑，说不要说傻话。尽管他不相信，但还是仔细凝视着，说："这是些什么水牛会这样小。"当越走越近，这些"虫子"变得越来越大时，他感到不可理解，说这些不是真正的水牛。

(一) 概念

知觉是直接作用于感觉器官的事物的整体在脑中的反映,是人对感觉信息的组织和解释的过程。

当我们行走在林荫道上,不仅看到各种颜色,听到各种声音,闻到各种气味,而且认识到这是美丽的街心花园,那是汽车在行驶,人群川流不息,即在我们头脑中产生了花园、汽车、人群的整体形象,这就是知觉。知觉和感觉一样,都是刺激物直接作用于感觉器官而产生的,都是我们对现实的感性反映形式。离开了刺激物对感觉器官的直接作用,既不能产生感觉,也不能产生知觉。

知觉是人对感觉信息的组织过程。外部世界的大量刺激冲击我们的感官,我们倾向于有选择地输入信息,把感觉信息整合、组织起来,形成稳定、清晰的完整映像。在日常生活中,我们很少意识到孤立的感觉,我们的头脑总是不断地对感觉信息加以组织。例如,听觉刺激是一个复杂的序列,被我们知觉为言语,或流水声,或汽车声,即组织成有意义的声音。对于其他感觉信息,我们也是将其组织成有意义的事物。这种组织功能主要依靠我们的过去经验。

(二) 感觉和知觉的关系

感觉和知觉既有区别,又有联系。感觉和知觉是不同的心理过程,感觉反映的是事物的个别属性,知觉反映的是事物的整体,即事物的各种不同属性、各个部分及其相互关系;感觉是仅依赖个别感觉器官的活动,而知觉是依赖多种感觉器官的联合活动。可见,知觉比感觉复杂。

(三) 知觉的种类

根据知觉时起主导作用的感官的特性,可以把知觉分成视知觉、听知觉、触知觉、嗅知觉、味知觉等,如:对物体的形状、大小、距离和运动的知觉属于视知觉;对声音的方向、节奏、韵律的知觉属于听知觉。在这些知觉中,除了起主导作用的感官以外,还有其他感觉成分参加,如:在视觉空间定向中,常常有听觉或触觉的成分参加;在物体形状和大小的视知觉中,有触觉和动觉的成分参加;在言语听知觉中,常常有动觉的成分参加等。

根据人脑所认识的事物特性,可以把知觉分成空间知觉、时间知觉和运动知觉。空间知觉处理物体的大小、形状、方位和距离的信息;时间知觉处理事物的延续性和顺序性;运动知觉处理物体在空间的位移等。知觉的一种特殊形态叫错觉。人在出现错觉时,知觉的映像与事物的客观情况不相符合。

1. 时间知觉

(1) 时间知觉的概述

事物和现象不仅存在于空间中,而且存在于时间中。它具有自己的过去和现在、开始与终结。比方说,一棵树从播种、发芽、开花到结果,经历着一系列连续的变化;我们一天的生活,从起床、刷牙、吃早饭、上班、下班、回家休息到就寝,各种活动是依次进行的。我们知觉到客观事物和事件的连续性和顺序性,就是时间知觉。

时间知觉具有四种形式:

对时间的分辨。例如,午饭后,小憩了一会儿,接着客人来访,能够按时间顺序把这些活动区别开来,就是对时间的分辨;

对时间的确认。如知道今天是 2020 年 5 月 29 日去年是 2019 年等;

对持续时间的估量。如这节课已进行了半小时,这个会议开了 5 天等;

对时间的预测。如两个月后就是暑假了,3 天后要参加研究生的入学考试等。

时间知觉不同于空间知觉。如果说,空间知觉是对事物现存的种种属性的认识,如我们能直接看到物体的颜色、明度、大小和形状,能直接听到声音的音调和响度,那么,时间知觉在多数情况下,则是在事件进行之后才做出反应的。当我们说"午饭后,先小憩了一会儿,然后客人来访",这里所描述的是早已发生的事件。由于时间具有不可逆的性质,因此,我们只能知觉过去发生过的事情,而不能知觉已经过去的时间。

但是,时间知觉与空间知觉又有密切的联系。人们对空间的知觉有时受到时间知觉的影响。有人做过一个实验,从三个空间等距的点 A、B、C 刺激被试前臂的皮肤,然后使 AB 之间的刺激时距大于 BC 之间的时距。这时,被试将报告 AB 的空间距离大于 BC。换句话说,由于刺激的时距加大,被试觉得刺激物的空间间隔也增加了。时间知觉是多种感官协同活动的结果。视觉、听觉、躯体感觉都参与时间序列的分析。时间知觉依赖于人脑对事物或事件的连续性和顺序性的分析和综合,它的发生与大脑的广大脑区有关。脑损伤的研究发现,海马结构受到损伤的病人,将丧失外科手术前 1~2 年的记忆;而颞叶内侧发生广泛性损伤的病人,将发生倒溯 10 年~20 年的逆行性遗忘。这些长时记忆受到损伤的病人,在对时间的估计上,将出现严重的困难。额叶在时间知觉中也起重要的作用。额叶损伤的病人难以完成包含时间顺序的任务,如不能估计近来或遥远事件的次序;如果一个任务是让被试记住往事发生的次序,额叶损伤病人是不能完成的;研究还发现,额叶大面积损伤的病人很少关心过去和未来。

正确地估计时间,对人类生活和工作都有重要的意义。一节成功的课,应该对时间做出恰当的安排。先进行什么,后进行什么,每个教学环节要花多少时间。相反,错误地估计时间,必将给教学带来混乱的结果。准确的时间观念对于军事指挥员与战士来说,其重要性更加明显。一场战斗的胜败,常常取决于几分几秒的战争主动权。当一支部队提前几分钟占领一个山头时,就能压倒敌方,夺取整个战斗的胜利。准确地测量时间在心理学的研究中也有特殊的意义。认知心理学的许多实验都是通过测定信息加工的时间来实现的。

(2) 时间知觉的各种依据

由于时间只有在事件进行之后才能做出估计,因此知觉时间必须通过各种媒介间接地进行。

根据自然界的周期性现象。太阳的升落、昼夜的交替、四季的变化、月亮的圆缺等周期出现的自然现象,为我们估计时间提供了客观的依据。在计时工具没有出现以前,人们主要是根据这些现象来估计时间的,日出日落为一昼夜,月圆月缺为一个月等。

根据有机体各种节律性的活动。人体的生理活动许多是周期性的、有节律的。例如,大脑皮层细胞的 α 波,每秒为 8 次~13 次;心跳和脉搏,每分钟 60 次~70 次;从进食到饥饿,每个周期为 4 小时~6 小时;觉醒与睡眠,每个周期 24 小时;患有躁狂—

抑郁型精神病的病人,每隔18个月~24个月,病情会由躁狂转向抑郁等。人们依据身体组织的这些节律性活动也能估计事件持续的时间。例如,我们可以根据自己的饥饿感觉,大体估计现在应该是吃晚饭的时候了;根据身体困倦的程度,判断深夜的时刻。身体组织的这些节律性活动,也叫生物钟。这也可以给人们提供时间的信息。

借助计时工具。如日历、时钟、手表等。借助于先进的计时工具,我们不仅可以准确地估计世纪、年、月这样较长的时间,而且可以准确地记录极其短暂的时间。

(3) 影响时间知觉的各种因素

感觉通道的性质。在判断时间的精确性方面,听觉最好,触觉其次,视觉较差。例如,当两个声音相隔1/100秒时,人耳就能分辨出来;而触觉分辨两个刺激物间的最小时距为1/40秒,视觉为1/10秒~1/20秒。

一定时间内事件发生的数量和性质。在一定时间内,事件发生的数量越多,性质越复杂,人们倾向于把时间估计得较短;事件的数量少,性质简单,人们倾向于把时间估计得较长。例如,一节课,一个报告,如果内容丰富,颇有趣味,听课人会觉得时间过得很快;相反,报告的内容贫乏、枯燥,听众就会把时间估计得较长。

在回忆往事时,情况相反。同样一段时间,经历越丰富,就觉得时间长;经历越简单,就觉得时间短。

海克斯的实验说明了伴随活动的数量与性质对时间知觉的影响。海克斯把被试分成两大组:实验组与控制组,要求被试对某段时间间隔做出估计。在这段时间内,实验组按以下要求将扑克牌进行分类:① 根据颜色将扑克牌分成两堆;② 根据颜色和同花将扑克牌分成四堆。活动结束后,让被试估计分牌所花的时间。控制组没有伴随活动,只对某段时间做出估计。结果,控制组判断的持续时间长于实验组。这是因为在实验组中,伴随活动较复杂,所以对时间的估计就较短。黄希庭等人在计算机屏幕上给被试依次呈现数量不等的"色块",要求被试对不同颜色按键做出反应,接着,让被试尽可能准确地在T键上再现这些色块的持续时间。结果表明,在单位时间内按键反应的次数越多,再现的时距也越长。

人的兴趣和情绪。人们对自己感兴趣的东西会觉得时间过得快,出现对时间的估计不足。相反,对厌恶的、无所谓的事情,会觉得时间过得慢,出现时间的高估。在期待某种事物时,会觉得时间过得很慢。相反,对不愿出现的事物,会觉得时间过得快等。孙文龙等人研究了不同情景对时间知觉的影响。不同年龄组的被试对"悲伤情绪时间"的评估出现高估,而对"欢乐情绪时间"和"智力活动时间"的评估出现低估。随着被试年龄的增长和知识经验的丰富,他们的时间概念系统在不断形成和完善。

2. 运动知觉

我们周围的世界是不断运动、变化着的,如鸟在飞、鱼在游、车马在奔驰、河水在流动等。物体的运动特性直接作用于人脑,为人们所认识,就是运动知觉。

运动知觉对动物和人的适应性行为有重要意义。有些动物(如青蛙)只能知觉运动的物体。它们对静止的东西没有反应。运动知觉为动物提供了猎物和天敌来临的信号。山鹰捕兔、巨蟒吞鼠,这些捕食活动不仅依赖于对猎物的形状、方向、距离的感知,而且依赖于对猎物运动速度的正确知觉。正确地估计物体的运动及其速度,也是人类生活和工作的重要条件。行人在穿过马路时,既要估计来往车辆的距离,也要估计它们行驶的速度。运动员在球场上送球、传球和接球,离开了对物体运动速度的正确估计,也是不行的。

(1) 真动知觉

真正运动是指物体按特定速度或加速度,从一处向另一处做连续的位移。由此引起的知觉就是真正运动的知觉。

运动知觉直接依赖于对象运动的速度。物体运动的速度太慢,或单位时间内物体位移的距离太小,都不能使人产生运动知觉。例如,人们不能觉察手表上时针的运动,也不能感知花朵开放的细微变化。物体运动的速度也可用单位时间内物体运动的视角大小来表示,即角速度(弧度/秒)。刚刚可以觉察的单位时间内物体运动的最小视角范围(角速度),是运动知觉的下阈。低于这个速度,人们只能看到相对静止的物体。同样,物体运动的速度太快,超过一定限度,人们只能看到弥漫性的闪烁。例如,我们看快速转动的飞轮或电扇的叶片,就能获得这样的印象。看到闪烁时的速度叫运动知觉的上阈。用中国人已有的测定发现,在两米距离时,运动知觉的下阈为 0.66 毫米/秒;上阈为 605.2 毫米/秒,运动知觉的差别阈限大致符合韦伯定律,测定结果约为标准速度的 20%。

(2) 似动知觉

似动是指在一定的时间和空间条件下,人们在静止的物体上看到了运动,或者在没有连续位移的地方,看到了连续的运动。似动的主要形式有:

① 动景运动。当两个刺激物(光点、直线、图形或画片)按一定空间间隔和时间距离相继呈现时,我们会看到从一个刺激物向另一个刺激物的连续运动,这就是动景运动。例如,给被试呈现两条线段,一条水平,一条垂直,或两条互相平行。当这两条线段的时距过短(低于 30 ms)时,人们看到两条线段同时出现。当两条线段的时距过长(超过 200 ms)时,人们看到相继出现的两条线段。当时距为 60 ms 左右时,人们就看到从一条直线向另一条直线的运动。

动景运动有时也叫最佳运动或 Phi 运动。我们看到的电影、电视、活动性商业广告,都是按动景运动发生的原理制成的。它在逼真性方面使人难以与真正运动区别开来。

② 诱发运动。由于一个物体的运动使其相邻的一个静止的物体产生运动的印象,叫诱发运动,也称诱导运动。例如,夜空中的月亮是相对静止的,而浮云是运动的。可是,由于浮云的运动,使人们看到月亮在动,而云是静止的。

诱发运动可在实验室内演示出来。如果在暗室内呈现一个发亮的框架和一个光点,并让框架向右运动。那么,我们似乎看到光点向左运动,而框架是静止的。一般说来,视野中细小的对象看上去在动,而大的背景则处于静止的状态。

③ 自主运动。在没有月光的夜晚,当我们仰视天空时,有时会发现一个细小而发亮的东西在天空游动。我们会误认为它是一架飞机,其实这是由星星引起的自主运动。在暗室内,如果你点燃一支熏香或烟头,并注视着这个光点,你也会看到这个光点似乎在运动。

④ 运动后效。在注视向一个方向的物体运动之后,如果将注视点转向静止的物体,那么会看到静止的物体似乎朝相反的方向运动。例如,如果你注视瀑布的某一处,然后看周围静止的田野,会觉得田野上的一切在向上飞升。在注视飞速开过的火车之后,会觉得附近的树木向相反的方向运动。这都是运动后效,也叫瀑布效应。

3. 空间知觉

空间知觉是人对客观世界物体的空间关系的认知。它包括形状知觉、大小知觉、深度与距离知觉、方位知觉与空间定向等。空间知觉在人与周围环境的相互作用中有重要作用。如果人们不能认识物体的形状、大小、距离、方位等空间特性,就不能正常地生存。

① 视空间知觉。在视空间知觉的问题上,心理学家一直在探索下面的两个问题:我们的视网膜是二维的,同时我们又没有"距离感受器",那么我们是怎样知觉三维空间? 如果说视空间知觉的获得是由于双眼协调并用的结果,那么单眼的人为什么还有空间知觉?

视空间知觉的线索很多,其中主要的有如下几种:

遮挡。如果一个物体被另一个物体遮挡,遮挡物看起来近些,而被遮挡物则觉得远些。例如,高空的飞机倘若不与云重叠,就很难看出飞机和云的相对高度。

线条透视。线条透视是指空间的对象在一个平面上的几何投影。同样大小的物体,离我们近,在视角上所占的比例大,视像也大;离我们远,在视角上所占的比例小,视像也小。视角大小的变化会引起线条透视的视觉效应。在铁路上你可以看到,近处的两条铁轨间的距离宽些,远处的窄些,更远处的则汇合成一点。这便是线条透视的视觉效应。

空气透视。物体反射的光线在传送过程中是有变化的,其中包括空气的过滤和引起的光线的散射。结果,远处物体显得模糊,细节不如近物清晰。人们根据这种线索也能推知物体的距离。在空气新鲜、阳光充足的条件下,人们常常觉得远山就在近处,就是不能有效地利用空气透视的结果。

相对高度。在其他条件相同时,视野中两个物体相对位置较高的那一个就显得远一些。我们看一张风景照片,照片上位置较高的景物,常常给人以较远的感觉。

结构级差(纹理梯度)。视野中物体在视网膜上的投影大小及投影密度上的递增和递减,称为结构级差。当你站在一条砖块铺的路上向远处观察,你就会看到愈远的砖块显得愈小,即远处部分每一单位面积砖块的数量在视网膜上的映像较多。

运动视差。当观察者与周围环境中的物体相对运动时(包括观察者移动自己的头部,或观察者随运动着的物体而移动),远近不同的物体在运动速度和运动方向上会出现明显的差异。一般来说,近处物体看上去移动得快,方向相反;远处物体移动较慢,方向相同。这就是运动视差。当我们乘坐火车或汽车时,从车窗望出去就会看到这种相对的运动。

② 听空间知觉。人有两只耳朵,它们分别长在头部的左、右两侧,中间相隔约27.5厘米。这样,同一声源到达两耳的距离不同,便产生了两耳刺激的时间差、强度差和位相差。这也是人耳进行声音定向的主要线索。

时间差。声源从不同方向传入两耳的时间差别。声源在正前方,与两耳的距离相等;声音同时传到两耳,时差为 0。当声源偏离头部中切面 3°时,两耳的时差为 0.00003 秒,当声源在头部一侧 90°时,两耳的时差最大,约为 0.0006 秒~0.0008 秒。人耳能够分辨的时间差为 0.00001 秒。由于这样精细的分辨能力,因而可以对声源的方向做出准确的判断。

强度差。同一声源从不同方向传到两耳时,在两耳造成的强度差别。例如,当声源在头部一侧 90°,声音的频率为 10 000 Hz 时,两耳的强度差可达 20 dB。两耳的强度差随声音频率的不同而不同。

位相差。低频声音的波长大于头宽,它的传播不受头部的阻挠,因而在两耳造成的强度差较小;而高频声音的波长小于头宽,在传递途中受头部阻挠,因而两耳的强度差较明显。

在声音的方位定向中,除了耳朵的作用外,动觉和视觉也起作用。例如,在探测声源方向时,头部朝向声源的方向,这是动觉的作用。在听东西时,人们同时也注视着它,这是视觉的作用。在礼堂听报告时,我们看着报告人,声音似乎来自前方;闭上眼睛,就知道声音其实是直接从旁边的扩音器来的。

(四) 知觉的特征

我们对环境事物的知觉,并非只是单纯地对环境中客观事实的客观反映,而是其中带有相当成分的主观意识与主观解释。在知觉过程中这种所谓"客观的主观"特征,可归纳为以下几种。

1. 知觉的选择性

客观世界是丰富多彩的,作用于人的感觉器官的刺激也是非常多的,但人不可能对同时作用于他的刺激全部都清楚地感受到,也不可能对所有的刺激都做出相应的反应。我们总是把某些事物作为知觉的对象,其他事物作为知觉的背景。这就是知觉的选择性,即我们总是选择某些事物或事物的某些特性作为我们知觉的对象。

(1) 对象与背景

凡是在每一瞬间被我们清晰地知觉到了的事物,就是我们知觉的对象(object),与此同时,仅被我们比较模糊地感知着的事物,就成了衬托这种对象的背景。知觉的对象与背景相比较,它形象清楚,好像突出在背景的前面,而背景则好像退到它的后面,变得模糊不清。

(2) 知觉中的对象与背景的关系

知觉的对象与背景是互相依存、互相转化的。也就是说,知觉的对象和背景之间的关系是相对的。当我们从注视教师的板书转移到挂图时,挂图成了清晰的对象,然而板书的文字则成了知觉的背景。知觉对象和背景的互相转换在双关图形中表现得更为清楚。

(3) 从背景中区分出对象的条件

在大多数情况下,从知觉的背景中分出对象来并不困难,但在某些情况下,要迅速地知觉除却不是一件容易的事。把对象从背影中区别出来,一般要取决于三种条件即对象与背景的差别、对象各部分的组合以及对象的运动。

图 4-2　对象与背景转换的双关图形

2. 知觉的整体性

知觉的对象有不同的属性，由不同的部分组成，但我们并不把它感知为个别孤立的部分，而总是把它知觉为一个有组织的整体。甚至当某些部分被遮盖或抹去时，我们也能够将零散的部分组织成完整的对象。知觉的这种特性称为知觉的整体性或知觉的组织性。格式塔心理学家曾对知觉的整体性进行过许多研究，提出知觉是按照一定的规律形成和组织起来的，在知觉任何给定的刺激模式时，我们易于以稳定且连贯的形式把不同的元素简单加以组织，而不是把这些元素当成不可理解的、孤立的。

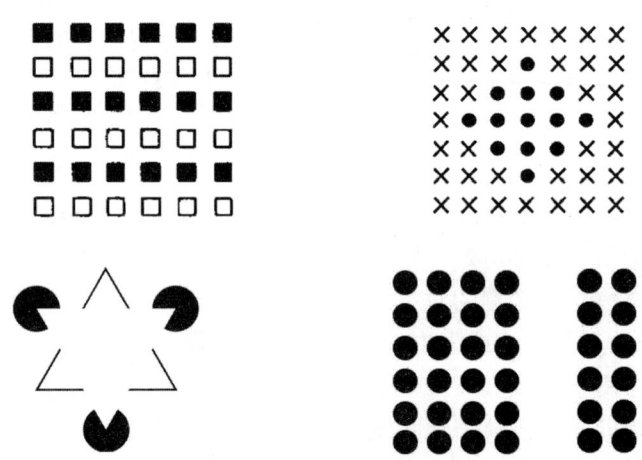

图 4-3　知觉整体性组织原则

（1）接近性（proximity）：距离上相近的物体容易被知觉组织在一起。

（2）相似性（similarity）：凡物理属性相近的物体容易被组织在一起。

（3）连续性（continuity）：凡具有连续性或共同运动方向的刺激容易被看成一个整体。

（4）封闭性（closure）：人们倾向于将缺损的轮廓加以补充使知觉成为一个完整的封闭图形。

知觉的整体性一方面可以提高人们知觉事物的能力，另一方面，有时也可以使人们忽略部分或细节的特征。

3. 知觉的理解性

人对于知觉的对象总是以自己的过去经验予以解释，并用词来标志它。知觉的这一特性称为知觉的理解性。

图 4-4　图中画的是什么

学习资料

在一个实验(Warren & Warren, 1970)中，向被试呈现下列句子：

It was found that the *eel was on the axle. (*eel 被听成 wheel)

It was found that the *eel was on the shoe. (*eel 被听成 heel)

It was found that the *eel was on the orange. (*eel 被听成 peel)

It was found that *eel was on the table. (*eel 被听成 meal)

在每个句子中"*"都表示一个音素被非言语的声音所代替。结果发现，上述四个句子甚至关键词都是相同的，但被试根据上下文的理解却报告分别听到了"(wheel)"(车轮)，"(heel)"(脚后跟)，"(peel)"(果皮)和"(meal)"(膳食)。被试对"*"词的识别通常不是立即完成的，而是靠对随后各个词的知觉而实现的。看来，知觉过程其实是无休止地在我们真正知觉到的与我们想要知觉到的差异之间做修正的过程。

4. 知觉的恒常性

当知觉对象的物理特性在一定范围内发生了变化的时候，知觉形象并不因此发生相应的变化。知觉的这种特性称为知觉的恒常性。例如，同一的花瓶，从不同的距离、角度和明暗条件下去看它，虽然视网膜上的物像各不相同，但仍将其知觉为同一个花瓶，知觉恒常性现象在视知觉中表现得很明显且普遍。

大小恒常性。在一定的范围内不论观看距离如何，我们仍倾向于把物体看成特定的大小。

形状恒常性。尽管观察物体的角度发生变化，但我们仍倾向于把它感知为一个标准形状。

亮度恒常性。尽管照明的亮度改变，但我们仍倾向于把物体的表面亮度知觉为不变。

颜色恒常性。尽管物体照明的颜色改变了，但我们仍把它感知为原先的颜色。

图 4-5 大小恒常性

图 4-6 形状恒常性

第二节 小学生感知觉的发展

感觉主要有视觉、听觉、味觉、嗅觉等。知觉主要有视知觉、听知觉、空间知觉、时间知觉和运动知觉等。

一、视觉

眼睛是个体获取周围信息最重要的感觉器官之一。在人们的认识活动中占有极其重要的地位。小学生的视觉是随着年龄的日益增长和小学生学习活动的不断深入而逐渐提高的。其发展主要表现在三个方面。

（一）视敏度的发展

视敏度俗称视力，是指在一定距离内感知和辨别细小物体的视觉能力。有关对儿童视敏度的研究证明，童年期的绝对感受性的增长比幼儿期缓慢，而差别感受性的增长比幼儿期显著，尤其是7～15岁的差别感受性比绝对感受性提高很多。研究证明，10岁前儿童的视敏度不断提高，10岁儿童的水晶体的弹性较大，视觉调节能力的范围最大，远近物体看得都较清楚；10岁以后，随着年龄的增长，视觉调节能力逐渐降低。

（二）颜色视觉的发展

小学一年级儿童已能正确辨认各种颜色，能正确匹配各种不同颜色，对于经常见到的颜色也能叫出名称。至于不同饱和度以及混合色的精确命名与小学教育教学的训练有关。比如通过4天的训练，在对20个深浅不同的红色毛线团进行辨认时，小学一年级儿童可以由原来只能辨别3种提高到辨别12种。因此，教师要充分利用美术课以及其他教学活动让学生感知多种色彩，并教会儿童对各种颜色的正确命名和使用，以引起儿童关心和注意周围世界的五颜六色，从而提高儿童对色彩的辨别能力。

对于颜色的偏好有研究发现，小学儿童喜欢红色、绿色和黄色的偏多；对于颜色爱好的性别差异6岁以前不明显。6岁以后，男性最喜爱黄色、蓝色，其次喜欢绿色、红色；女性则最喜爱红色、黄色，其次喜欢橙色、白色和蓝色。儿童对颜色的偏爱，与实践活动及客体固有颜色有关。如经常画兔子，则喜欢白色；经常画自然风光，则喜欢绿色。

（三）影响小学生学习的有关视知觉技能

视知觉在学校学习中，特别是在阅读中起着十分重要的作用。它由许多技能组成，主要包括以下五种：[1]

1. 空间关系的知觉

空间关系的知觉指对物体空间位置的知觉。这方面的视觉功能是指对物体或符号（图片、文字或数字等）的位置以及与它们周围一些事物的空间关系的知觉。在阅读中，词必须被看成是在空间上相互包绕的不同的实体。

---

[1] 徐芬.学业不良儿童的教育与矫治[M].杭州:浙江教育出版社,1997.

2. 视觉辨别

视觉辨别指把一个物体从另一个物体中区别出来。例如,在阅读测验中,要求儿童在一列有两个耳朵的兔子中找出一只只有一个耳朵的兔子。找出相同的图片、形状、字母和词是另一种视觉辨别任务。物体可以通过着色、形状、模式、大小、位置和明暗来区别。视觉辨别字母与词的能力是学习的基础。

3. 图形—背景辨别

图形—背景辨别指把物体从它的背景中区别出来。有这方面缺陷的儿童不能够把所要求的项目从视觉背景中区别出来,他们易受无关刺激的干扰。

4. 视觉填充

视觉填充要求儿童在部分刺激不出现的情况下认识或区别物体。例如,有经验的读者之所以能够读懂一句有部分词语被遮住的话,是因为还有足够的线索提供给读者进行判断,使读者能够把遮住的词语"填"上去。

5. 物体再认

物体再认指当某个以前见过的物体再次出现时,能把此物体认出来。这个方面的内容包括对几何形状的再认,如正方形;对物体的再认,如猫、人脸、玩具等;对符号的再认,如字母、数字、词语等。幼儿园儿童的再认能力已有一定的发展,他们不仅能够再认实物,还能够再认几何图形、字母及数字。

以上这些视知觉技能在儿童早期就已获得了很好的发展,我们可以把它们作为鉴别小学生视知觉能力发展的指标,及时发现儿童在阅读等方面视知觉技能上的缺陷。

二、听觉

小学儿童在学习语言的过程中必须精确地分辨各种语音,如 zh 和 z、ch 和 c、sh 和 s、d 和 t、n 和 l,以及汉语中的四个声调和语音相近的字等。在音乐学习过程中,更需要精确地分辨各种音调、音强、音色、节奏等。这些都会促进儿童听觉的发展。据国外对 5~14 岁儿童的研究表明,不论男孩和女孩,白人和黑人,儿童在十二三岁以前,听觉感受性一直在增加,但到了成年期,听觉能力便逐渐下降。

(一) 纯音听觉

小学儿童听觉的敏感度逐渐提高。有人把 6 岁入学儿童的听觉能力作为标准单位 1,经过训练后,发现 7 岁时就可发展到 1.4,8 岁时可达 1.6,9 岁时可达 2.6,10 岁时可达 3.9。当然整个小学阶段听觉敏感度都不如成人,更未达到高峰。

(二) 语音听觉

小学生入学后,在语音教学特别是汉语拼音教学的影响下,语音听觉发展非常迅速。到了一年级末,辨别汉语四声和相近字音的能力可达到成人的水平。刘兆吉等人的研究表明,儿童对语音的感知能力受方言的影响,并且农村儿童略低于城市儿童,这主要是生活环境和教育条件所造成的。

声音感知能力的发展因先天条件、后天环境和教育的不同而不同,也受听觉感受器、听觉中枢、言语运动中枢和言语器官等物质基础的影响,有较大个体差异,但都可以通过训练而提高。教师要重视对学生听觉器官的保护和训练。为防止听觉器官受损，可告诫学生不挖耳朵，以免引起中耳炎；不大声喧哗；不把音响的音量开得过大；不让水和异物进入耳内等。在训练方面，可通过组织语文阅读、课外朗读、歌咏队活动、外语听力练习等活动，以提高小学生的听觉能力。

（三）听觉能力

听觉能力可以分为以下几个方面：

1. 听觉辨别能力

听觉辨别能力是指对不同声音之间差异辨别的能力及辨别不同词语之间差异的能力。听觉辨别能力可以通过一些特殊的测验来评价。在测验中，向儿童成对呈现发音差异很小的词，要求儿童背对测试者（避免儿童从测试者的口形中找出视觉线索）辨别词的异同。如"为和会""b和p"等。还可以让儿童分别在安静背景下与有噪音背景下进行辨别。

2. 听觉记忆能力

听觉记忆能力是指贮存与回忆所听到信息的能力，例如，关窗、开门和把书放在书桌上三个活动，儿童听了以后是否能够把这三件事贮存起来，在做的时候再回忆起来呢？

3. 听觉系列化能力

听觉系列化能力是把测试者口头所述的一系列信息按次序回忆出来的能力。例如，测试者说"A、B、C…"或"小红、小明、小聪……"要求儿童按照测试者所说的顺序回忆出来。

4. 听觉混合能力

听觉混合能力是一种把单个语音混合成一个完整的词的能力。有这方面缺陷的儿童不能把音素"m—e—n"形成词"men"。

儿童在听觉方面的缺陷，往往并不是听力方面的，而是听觉加工技能方面的，即对听到的东西进行解释或再认的能力有缺陷，这些缺陷是导致儿童学习困难的一个原因。对存在听觉方面缺陷的儿童，应设计特别的教学活动以训练和提高他们的听知觉能力。

儿童对听知觉的困惑的反馈是不断发展的。年幼儿童尚不能知觉自己是否理解别人所传达的消息。马克曼在实验中教给一年级和三年级儿童一个游戏，其中把关键性的信息省略了。一年级儿童对此重要缺漏无所觉察而急于开始游戏，而三年级儿童则能较快地发觉信息的缺漏。

三、空间知觉

（一）大小知觉

儿童大小知觉发展比较早。入学后，儿童不仅能熟练地用目视测量和比较测量进行直觉判断，而且能逐渐运用推理进行判断。研究发现，关于图片空间面积大小的判断能力，7～8岁的儿童处于直觉判断和推理判断相交叉的过渡阶段，高年级儿童有85%以上人次已能运用推理判断来比较空间和面积的大小，说明小学高年级学生大小知觉发展到新的水平。

(二) 形状知觉

1. 对字形结构的知觉

汉字识别被现代认知心理学作为研究人们的知觉过程中信息加工的一个重要内容。除了汉字的音、义属性之外,字形结构的属性研究已早被人们重视。上海教育学院的沈烈敏对汉字结构知觉的整体性的研究表明:大学生、初中生和小学三年级学生对高频、少笔画、独体字的识别是熟练的,而小学生组的总平均反应时(要求尽快读出玻璃屏幕上的字)明显慢于大学生组和初一学生组,说明小学三年级学生的汉字识别技能明显不如其他两组。

2. 对几何图形的知觉

林崇德的研究说明:初入学儿童对几何图形及其概念已有初步了解;在儿童掌握几何图形的概念中,前科学概念(日常生活概念)多于科学概念;儿童掌握几何图形和几何概念与儿童的"接近程度"有关,致使儿童对梯形的认识不如其他图形(见表4-3)。

表4-3 初入学儿童正确掌握几何图形名称的百分率

图形	□		○		△		▱	
呼出名称情况的百分率(%)	正方形	方块等	圆	圆圈等	三角形	三角等	梯形	自编名称
	31	68	29	80	24	73	5	12

(1) 不能正确识别和说明图形的本质属性

在识别和说明图形的本质属性时,常常把非本质属性当作本质属性,造成扩大内涵和缩小外延的情况,从而产生缺漏或错误的判别。如把"直角在下方"和"一条直角边水平"当作直角三角形的本质属性。有时还漏掉图形的本质属性,把"由上到下垂直"这一非本质因素作为垂线的特征等。

(2) 知觉立体几何图形要比知觉平面图形困难

例如,图4-7是由8个立方体堆积而成,竟有20%~30%的小学二、三年级的学生不能说出是8个立方体,而只能数出小方格子数,说成共有12个立方体。经过对小学生几何图形知觉的教学,儿童才能辨认这些立方体图形的数目。

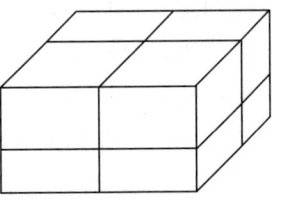

图4-7 立方体

形状、大小知觉的恒常性的发展是比较复杂的问题。当人们用眼睛感知物体形状时,由于观察的角度不同,物体形状在视网膜上会产生很大的变化。但是幼儿已经有了对物体的形状和大小的知觉恒常性,这种知觉的恒常性是由于幼儿在日常生活中多次从不同角度和不同距离观察同一物体,再加上触摸觉和眼的运动觉的配合,才逐渐形成的。这种知觉恒常性的发展在童年期有增长的趋势,但到成年期逐渐趋向衰退。

(三)方位知觉

在方位知觉方面,由于方位本身具有相对性,儿童从具体的方位知觉上升到方位概念要经过较长时间的指导。初入学儿童一般已能很好地辨别前后、上下、远近(在画图时,辨别远近则很困难)。但对于左右方位,则常常要和具体事物联系起来才能辨别。如上体操课时,对"向左转""向右转"的口令反应不够灵敏和准确,有1/3的儿童出现错误。对字形的感知往往只注意形状而不注意方位,尤其在学习困难的儿童中,有0.5%的儿童出现书写字母颠倒,呈现镜中倒影的现象,如把"3"写成"ε",把"8"写成"∞","b""d"和"q""p"不分等。①

根据吴笑平的观察,只要严格训练,5~7岁儿童的方位知觉能力提高很快;朱智贤等人(1964)研究认为:儿童左右概念的发展有规律地经历三个阶段:① 儿童比较固定化地辨认自己的左右方位(5~7岁);② 儿童初步掌握左右方位的相对性(7~9岁);③ 儿童能比较概括地、灵活地掌握左右概念(9~11岁)。

由此可见,儿童左右概念的发展和思维发展的一般趋势相符合,都有一个从直观到抽象过渡的过程。这个过渡的困难在于,在感性水平上,空间方位比较固定,而在理性水平上,空间方位比较灵活多变,有较大的相对性。在正确的教育下,到三年级以后小学生才能在抽象(词的)水平上准确掌握空间概念。

总之,在整个小学阶段,空间知觉发展对于学生的认知能力的发展非常重要。学习算数中的长度和重量单位,学习几何中的面积单位和体积单位,以及学习地理、历史、物理、生物等都离不开空间知觉,所以小学教师应有目的、有计划地发展学生的空间知觉。

四、时间知觉

儿童的时间知觉总是借助于生活中的具体事情或周围现象为指标,如早晨是起床、上学的时候或太阳升起的时候;上午是午饭前上课的时候;下午是午饭后的时候;晚上是放学回家或天黑的时候;明天是今天晚上睡觉醒来的时候。

进入小学以后,在教学和学校常规活动的影响下,儿童的时间感知能力很快发展起来。最先掌握的是"一节课",其次是"日"和"周"。到了三、四年级以后才能理解"月",并逐渐理解月与日的关系、日与小时的关系等。对于"纪元""世纪""时代"的理解只有到了高年级,抽象逻辑思维有了一定的发展才能逐步掌握。对于时间长度的估计和成人一样,对已经过去的时间来说,内容越丰富,发生的事件越多,估计的时间越长;事件越少,内容越单调,则估计的时间越短。而对正在经历着的时间长度的估计,则与此相反。内容越多、越有趣,就越觉得光阴似箭;而内容越枯燥、越困难,就越感到度日如年。据苏联心理学家调查发现,小学儿童对1分钟时间的估计,一般是少于1分钟。随着年龄增长,正确率逐步提高。

五、运动知觉

小学生运动知觉的发展,对他们的书写、绘画、制作等作业和体操、表演等学习活动

---

① 忻仁娥.儿童学习困难与社会心理因素[J].中国心理卫生杂志,1989(4):159.

都具有重大意义。

运动知觉包括大肌肉运动知觉和小肌肉运动知觉。儿童大肌肉运动知觉成熟较早,刚入学的儿童已有相当发展,能自如地做各种基本动作,如走、跑、跳、爬行、攀登、伸展、弯腰等。小肌肉运动知觉的发展较迟,在小学阶段手部肌肉的力量也在不断增强。手部的关节有了较大的发展,但还未成熟。从解剖学上看,腕骨的骨化在6~10岁发展明显,掌骨的骨化在6岁左右开始明显发展;指骨的骨化在5岁左右开始明显发展。腕骨、掌骨、指骨的骨化只有在14~16岁才基本完成(女孩14岁,男孩16岁)。因此刚入学的儿童,手指、手腕运动不够灵活协调。如一年级小学生刚学写字时,字迹歪歪扭扭,还经常把本子戳破。随着小学生手的骨骼、肌肉的发展,再经过小学阶段各种书写、绘画、手工劳动等活动的训练,儿童手指小肌肉运动知觉已有相当程度的发展,灵活性和协调性都有较大的提高。据研究,8~14岁的儿童,运动知觉的精巧性可以得到大幅提高。

整个小学阶段,儿童大、小肌肉运动知觉都在发展中,其发展速度和水平与训练有直接关系。因此小学教师要充分利用课内外各种活动,从耐力、速度、灵活性、协调性等方面加强对小学生训练。但是由于小学生运动器官比较稚嫩,训练时要循序渐进,切忌操之过急、过量训练。同时也要帮助学生掌握正确的书写动作,保持正确的书写姿势。绝不能把书写、朗读等动作训练作为惩罚手段。

第三节　小学生感知规律的应用及观察力培养

一、感知规律在教学中的应用

在教学过程中,教师应按照感知活动的特点和规律来安排教学,这样才能提高学生的认知效果。

1. 运用被感知事物的强度律

强度律是指在制作和使用教具时,刺激强度不应太强或太弱,应考虑各种刺激的感觉阈限。如果刺激太强,易给学生形成"超限刺激",使他们在心理上、生理上都难以接受,从而影响教学效果;若刺激太弱,学生们根本知觉不到,同样也不会有效果。所以,教室的环境以及教师的着装,都应遵守这个强度律。教室外的环境不应有超过60分贝的噪音,教室内的布置也不应有对比太强的色彩图案,教师的着装不能稀奇古怪,否则都会削弱教学效果。

2. 运用被感知事物的对比律

对比律是指被感知的事物与它的背景条件应有明显的差别,形成突出的对比感,这样容易使学生迅速感知到对象。所以,在教学中凡是要学生重点感知的内容都可以通过加强对象和背景的强弱对比、动静对比、明暗对比和大小对比等方法来取得良好的教学效果。

3. 运用被感知事物的组合律

组合律是指被感知的事物在空间和时间上接近,有联系或连续性,易构成一个整体而被清晰地感知。比如,教师讲课时从内容的连续上进行总结概括,进行合理的组合,在图示方面要注意图形分布的合理性,语音语调的抑扬顿挫变化等,都可以使学生获得整体性的信息,易于接受,取得良好的授课效果。如果内容散乱、不易总结概括,图示杂乱、不做合理组织,语音语调没有变化,速度过于缓慢等,就会形成感知觉上的阻断、不连续,这些做法都有悖于知觉的整体性,有悖于组合律,从而易使知觉效果差,教学效果也差。板书的安排如果缺乏条理、字迹不清楚、布局凌乱等,也违背组合律,所以,重要内容需要在板书上加以组合,在语声语调上进行组合。采用这种双组合的做法,可以取得理想的教学效果。

4. 运用被感知事物的协同律

协同律是指在教学过程中,多种感官共同活动,多种知觉系统发挥作用,以提高感知效果。多种感官参加活动是获取大量感性材料的必要前提,而大量的感性材料必须建立在理性认识的基础上。如物理、化学、生物等课程,若加入实验课,由学生亲自动手操作,就可以给学生提供实践的机会,做到眼看、鼻嗅、手摸,调动多种感官参加,教学效果也会较单一感官活动的效果好。再如学外语,也要求口到、耳到、眼到、手到、脑子到,才能事半功倍。心理学的研究表明,参与的感官越多,收集的信息就越多,可以做到融会贯通,所学知识就更牢靠、真实。有人曾做过统计:只用听觉去听别人讲课只能记住15%,单用视觉去看别人写的文字材料,只能记住25%;如果既看又听则可记住65%。

二、小学生观察力的发展与培养

(一)观察的概念

观察是有目的、有计划的主动的知觉过程,它以感知觉能力的成熟为基础。感知觉能力发展的最佳年龄段是10~17岁。观察可以使学生获得大量的感性知识,有助于提高学生的学习兴趣,激发学生的求知欲,调动学习的积极性。所以,观察在学生的学习过程中有十分重要的作用。很多科学家不仅有良好的思维能力,还有良好的观察能力。达尔文把观察和实验(实验是一种在特定条件下的观察)看作通向科学的大门;巴甫洛夫把"观察,观察,再观察"当成座右铭;青霉素的发明者弗莱明曾说:"我的唯一功劳是没有忽视观察。"因此,很多国家都十分重视对学生观察能力的培养。例如日本,小学阶段要做180多个观察、100多个实验,这些观察和实验涉及动物、植物、光线、温度等内容,让学生通过直接体验,积累对自然现象的感性认识,培养学生对事物进行科学观察的习惯和能力。还有的国家,小学自然课要求学生用80%的时间来观察以掌握感性经验,20%用于听老师讲课;初中理、化、生课程要求学生用60%的时间来观察、实验以掌握知识,40%用于听老师讲课;高中理、化、生课程要求学生用50%的时间来观察、实验,50%的时间用于听老师讲课。可见观察对于学生学习是非常必要的。

(二)小学生观察力的发展

1. 小学生观察力的发展阶段

根据我国学者丁祖荫的研究,儿童观察力的发展可分为四个阶段:①"个别对象"

阶段,儿童只看到各个对象或各个对象的一个方面;② 认识"空间联系"阶段,儿童可以看到各个对象之间能够直接感知的空间联系;③ 认识"因果联系"阶段,儿童可以认识对象之间不能直接感知到的因果联系;④ 认识"对象总体"阶段,儿童能从意义上完整地把握对象总体,理解图画主题。小学低年级学生大部分处于②和③阶段。中高年级大部分学生处于③和④阶段。

这与埃尔金德(D. Elkind)和凯格勒(R. R. Koegler)的研究结果一致。① 他们给195名5～9岁的儿童看一些图片,对儿童说:"我要给你看一些画,每次只看一张。你要告诉我,你看到了什么,它们看起来像是什么。"实验结果表明,71%的4岁儿童只看到了图片的个别部分,9岁儿童中有79%的人既看到了图片中的部分,又看到了整体。这个实验揭示了儿童对物体的部分知觉与整体知觉发展的过程。儿童先是认识客体的个别部分(4、5岁),然后开始看见整体部分,但不够确定(6岁);接着既能看到部分,又能看到整体(7、8岁),但此时儿童往往还未能把部分与整体联系起来。

小学生对于图画的观察,很大程度上受图画内容的影响,图画内容接近儿童的生活经验,能为他们所理解,便表现出较高的观察水平;反之,观察水平很差,即使能描述,也很容易出现错误。另外,儿童观察也受教师或成人的言语指导,如果教师问有什么,他便倾向于列举;要问是什么,他就倾向于说明;要问做什么,他就倾向于解释。

2. 小学生观察品质的特点

王唯对小学一、三、五年级学生的观察品质进行了相关研究,其结果主要包括四个方面。① 精确性方面,一年级学生水平很低,不能全面细致地感知客体的细节,只能说出客体的个别部分,如颜色等个别属性。例如,在刚学写字时常常是多一点、少一横,对于"己""已"和"析""折"等字形相近的字经常混淆不清。三年级学生的精确性明显提高,五年级学生略优于三年级学生。② 目的性方面,王唯在此方面借鉴了姚平子在该方面的研究。姚平子专门研究了幼儿观察的目的性和有意性。他认为,按观察的有意性和目的性可将幼儿观察情况分成三种水平:三级——不能接受任务,东张西望或任意乱指;二级——能根据任务有目的地观察,但遇到困难或干扰不能坚持;一级——能克服困难和干扰,坚持完成任务。结果是3岁儿童无一人达到一级水平,4岁、5岁、6岁达到一级水平的人数分别是2%、22%、24%。② 一年级学生随意性较差,他们知觉主要受刺激物的特点和个人兴趣爱好所影响,排除干扰能力较差,集中注意观察的时间较短,观察的错误较多。三年级和五年级学生有所改善,但无显著差异。③ 顺序性方面,一年级学生没有经过训练,观察事物零乱、不系统,看到哪里,就是哪里。中高年级学生观察的顺序性有较大发展,一般能有始有终,并能一边看一边说,而且在观察表述前往往能先想一想再说,即把观察到的点滴材料进行加工,使观察内容更加系统化。但从总体上看,五年级和三年级差异不显著,说明五年级学生还不能进行系统的观察。④ 概括力方面,低年级学生对所观察的事物作整体概括的能力很差,往往较注重事物的表面的、明显的、无意义的特征,而看不到事物之间的关系。例如,有位教师将寓言《美丽的

---

① 刘金花. 儿童发展心理学[M]. 上海:华东师范大学出版社,2001.
② 姚平子. 幼儿观察力发展的实验研究[J]. 心理发展与教育,1985(2):20.

公鸡》这一课的插图涂上色彩,并放大让学生观察,多数学生只能看到大红鸡冠、美丽的羽毛和金色的爪子,而没有看出公鸡站在水边欣赏自己形象时洋洋得意的骄傲神态。到了三年级,学生的概括力有较大提高,五年级时又有显著发展,观察的分辨力、判断力和系统化能力明显提高。

综上所述,小学一年级学生观察力水平都较低。经过两年的教育到小学三年级已有明显的发展。

(三)小学生学生观察力的培养方式

1. 必须提出明确而具体的目的、任务

观察的目的是否明确直接关系到观察的效果。教师必须向学生提出应该看什么,学生才会注意到事物的重要方面,使知觉的选择性服从于观察的目的、任务。如果只是"走马观花"就会一无所得。实验表明,同等水平的两组学生分别观察同一事物,一组具有明确的观察目的,另一组没有明确的观察目的。结果发现,前者的成绩大大优于后者。这说明,漫无目的地浏览,得益是很少的。

2. 在观察前要做好有关知识的充分准备,并制订出周密的计划

有了相关的知识,在进行观察学习时,才能产生兴趣和丰富的想象力。而且,准备越充分,观察也越全面和深入。所以,教师在演示实验或组织学生参观前,必须使学生对所要观察的事物有一定的了解,这样才能提高观察的效果。例如,教师结合学生写作训练,带学生去观察某一个动态性场面,事先学习有关范文,进行启发,并适当讲解有关写作知识,使学生懂得如何下手,如何深入观察。另外,在观察前应制订出系统的计划和阶段性计划。在各阶段计划中,应明确观察的重点步骤和方法做到心中有数。如先观察什么、后观察什么、如何观察、观察的重点是什么等,一切都要有计划、有步骤地进行。

3. 有计划有系统地训练学生的观察技能和方法

学生在观察事物时,往往只对形象生动的部分感兴趣,而缺乏细致的观察力;他们常常只注意表面现象,并以此为满足,缺乏深入观察、认真分析的能力;他们还容易看看这、听听那,缺乏观察的条理性,不善于独立地进行观察。因此,要使学生的观察富有成效,还必须培养他们的观察技能和方法。首先,要培养学生细致观察的良好习惯。例如,有经验的教师,经常通过训练学生观察人物、动物的动作、神态和景物的变化,来培养学生细致的观察习惯。其次,训练学生有条不紊地按顺序进行全面观察的技能和方法。也就是要训练学生从上到下、从左到右、从整体到部分地进行观察。最后,引导学生观察时要注意抓重点,能从不显著而且初看起来不太重要的现象中抓住反映事物本质或变化规律的关键情节。此外,还要培养学生独立观察的能力。

4. 培养学生观察的主动性,使其养成勤于观察的好习惯

观察的积极性、主动性,是影响学生观察力发展的重要因素。因此,教师应该十分重视培养学生观察的主动性,养成乐于观察、勤于观察的好习惯。训练学生写观察日记,是启发、培养主动观察的好方法,是发展学生观察力行之有效的途径。指导学生写观察日记,要做好三方面的工作。首先,培养学生的观察兴趣。兴趣是最好的老师,有了浓厚的兴趣,才会主动地观察,也才有利于积累观察素材。其次,根据学生的特征和

知识水平,有计划地按循序渐进的原则,由浅入深地进行观察训练。最后,结合有关学科的教学,对观察的内容和写日记的方法给予具体的指导。

5. 利用一切机会,让学生参加多种实践活动

学生的观察力总是和活动相联系的。只有通过活动,才能培养和发展他们的观察力。因此,教师要尽可能组织学生参加各种必要的活动,使学生用多种感官接触客观事物到增强观察的效果。教师不仅要重视各种课内练习作业,还要重视课外活动。例如,组织科技小组、参观旅行、劳动等,使学生增加实践的机会,丰富知识经验,发展观察力。

6. 指导学生做好观察记录,对观察的结果进行整理和总结

观察前要明确观察记录的要求,要求学生按顺序、有计划地做好记录;并对内容进行分类,分清主次,有详有略。在观察进行中,要指导学生做好观察记录,观察结束时,要指导学生用书面语言或口头语言将观察的结果加以总结,或者写成文字材料。这样,观察到的材料才能上升到理性层次,成为有系统的材料。比如,组织学生观察一年四季春、夏、秋、冬大地的主要颜色,可以先让学生看一些有关"四季的颜色"的绘画或照片,然后在不同的季节带领学生观察初春的绿色、夏天的红色、秋天的金黄色、冬天的灰白色等,并随时留下观察记录,画出相应的颜色,这样学生们就将能一年四季大自然色彩的变化转化成为自己观察得来的知识。不过,课堂内的一般观察,只需做一些简单记录或通过提问让学生口头报告出来即可。较复杂的课外或校外观察,则可以填表或做一份书面报告。

本章小结

本章按照感知觉发展的特点及其小学生感知觉的培养两条主线,系统讲解了感知觉的概念、种类、特点、二者之间的关系等,着重阐述了小学生感知觉发展的特点以及在教学中的运用方法。学习时要牢记小学生在感知觉方面的特点及感觉和知觉之间的关系,能运用其概念、原理和规律,科学地培养小学生的观察力,以提升小学课堂的教学效果,促进小学生身心发展。

思考训练

1. 什么是感觉?什么是知觉?二者有何联系和区别。
2. 知觉有哪些基本特性?
3. 试概括感知规律,并结合学校教育教学活动谈谈如何应用感知规律来提高教学效率。
4. 如何有效进行小学生观察力的培养?

第五章
小学生的记忆

 内容提要

记忆在人类生活中发挥着重要作用,如果没有记忆,人们对事物的认识将无法由表及里、由浅入深。通过本章的学习,需要了解记忆的概念、种类、过程以及记忆的品质,掌握遗忘的进程和规律、遗忘的原因及影响因素,理解小学生记忆的发展特点,能够运用记忆过程中的规律对小学生展开教育教学。

识字是小学阶段学生学习的一项重要内容,中国汉字博大精深,小学生在识字过程中很容易混淆某些字,如"买"和"卖"、"燥"和"躁",有位老师告诉学生"多了就卖,少了就买""干燥防失火,急躁必跺足",学生很快就记住了,再也不混淆了。你知道这些方式体现了记忆的哪些规律吗?

第一节 记忆的概述

一、记忆

(一)记忆的概念

记忆是人脑对过去经历过的事物的反映,所谓经历过的事物,包括感知过的、思考过的、做过的事情以及体验过的情感等。例如,从前见过的人,现在不在面前,我们能想起他的音容笑貌;我们记得小时候曾经做过的印象深刻的事情;远离家乡后无比思念妈妈做的饭菜等,这些事物都会在大脑中留下一定的痕迹,作为经验而被保存下来,在适当时候回想起,或当它们再次出现时能被认出来,这就是记忆。用信息加工的观点来看,记忆就是人脑对外界输入的信息进行编码、储存和提取的过程。

记忆是保存个体经验的重要形式之一,是经验积累或心理发展的前提。记忆也是学习的必要条件,所有的学习都包含着记忆。人们通过学习把他人或前人积累起来的

知识储存在大脑中,并在此基础上继续学习新的知识,在使用的时候再从大脑中把有关知识提取出来运用到实践中。如果一个人记忆力不好,那么他的学习效果将会大打折扣。

(二) 记忆表象

记忆表象是人脑储存记忆信息的主要形式之一,也称为表象。所谓表象是头脑里所保存的过去感知过的事物再现出来的形象。表象可以是视觉的、听觉的、运动的、味觉的或触觉的,如想起某人的音容笑貌,听完优美的曲子后余音绕梁,回忆起老师教的武术动作,怀念妈妈做的饭菜的味道等都是表象。表象具有两个重要特征。

1. 形象性

形象性是指头脑里保存的表象是以生动具体的形象出现的。如当学生回忆起自己的某一位老师讲课情景时,老师的动作、表情都浮现在他的头脑中。由于表象是由其他有关事物或词引起的对过去感知过的事物的反映,因此,表象不如知觉映象鲜明、完整,也不如知觉映象稳定。

2. 概括性

概括性是指表象是对同一事物或同一类事物在不同条件下经常表现出来的一般特点的反映,是多次感知的结果,因此,其所反映的往往是一类事物所共有的特点,而不是某一具体事物或其个别特点,这也是表象与感知形象的主要区别之一。例如当想到"山"时,我们头脑中浮现出的是"山"的一般形象,而不是某一座具体的山。表象的概括性是对一类事物的形象概括,而不是抽象的概括。

表象在人类的认知过程中起着重要作用,是认识发展链上的中间环节,是从知觉向思维过度的桥梁。表象也是学生学习的基础,丰富的表象储备有助于学生理解抽象知识,儿童表象缺乏会影响到他们想象和思维的发展。因此,在教学过程中教师要注意发展和丰富学生的表象。

(三) 记忆的种类

1. 根据记忆内容的不同,可将记忆分为形象记忆、情绪记忆、运动记忆和语义记忆

形象记忆是以感知过的事物的具体形象为内容的记忆,具有鲜明的直观性。如个体看到过的事物的颜色、形状,认识的不同人的音容笑貌,感知过的各种气味和滋味等都属于形象记忆。情绪记忆是以个体体验过的情绪或情感为内容的记忆,如好友重逢、金榜题名时的喜悦之情。运动记忆是个体以过去经历过的身体的运动状态、动作形象及其系统为内容的记忆,如对骑车、打球、舞蹈动作的记忆就是运动记忆。运动记忆易保存和恢复,不易遗忘。语义记忆是对事物的关系以及事物本身的意义和性质等为内容的记忆,如对字词、概念、定理、命题等的记忆就属于语义记忆。

2. 根据信息存储时间的长短,可将记忆分为瞬时记忆、短时记忆和长时记忆

当客观刺激停止使用后,感觉信息在极短的时间内保存下来,这种记忆叫瞬时记忆或感觉记忆,它是记忆系统的开始阶段。瞬时记忆储存时间极短,大约为 0.25 秒~4 秒;容量较大,几乎进入感官的所有信息都能被登记;信息完全按照其输入的原样,即刺激物的物理特性编码,其编码方式主要为图像记忆和声像记忆,所以形象鲜明。

短时记忆是指信息保存时间在一分钟以内的记忆。瞬时记忆中的信息如果得到进一步的注意,则进入短时记忆中。短时记忆的容量有限,一般为 7±2 个组块,所谓组块是信息的一种意义单位,可以是一个字,也可以是一个词,还可能是一个成语或一个句子。短时记忆以听觉编码为主,此外也有视觉编码。短时记忆中的信息是正在工作的、活动着的记忆,因此,亦可被称为工作记忆。

长时记忆是指信息经过充分的、深度加工后,在头脑中长久保存的记忆,它的保存时间可以从 1 分钟到许多年,甚至终生不忘,容量没有限制。长时记忆主要以意义编码为主,信息的来源大部分是对短时记忆内容的复述,也有由于印象深刻而一次获得的。保存在长时记忆中的信息在需要的时候又会被提取出来,进入短时记忆中。

3. 根据记忆时意识的参与程度,可将记忆分为外显记忆和内隐记忆

外显记忆是指在意识的控制下,过去经验对当前活动产生的有意识的影响。如考试时个体有意识地根据试题提取头脑中储存的信息。内隐记忆是指在无意识的情况下,过去经验对当前任务产生的无意识的影响。

4. 根据信息加工与存储内容的不同,可将记忆分为陈述性记忆和程序性记忆

陈述性记忆是指对有关事实和事件的记忆,可以通过语言传授而一次性获得,如对历史事件的记忆。程序性记忆是指对如何做事情的记忆,通常包含一系列复杂的动作过程。程序性记忆的习得往往比较慢,但一经形成往往不再需要意识的参与,保存时间也较长。如个体学会游泳后,即使在一段时间内不再练习也会游泳。

二、记忆的过程

记忆包括三个环节:识记、保持、再认和回忆。

(一) 识记

识记是指通过对事物的特征进行区分、认识并在头脑中留下一定印象的过程。识记是记忆活动的开端,其质量影响之后的保持、再认和回忆,因此,要提高记忆效果,首先要进行良好的识记。

1. 无意识记和有意识记

根据识记的目的性和意志努力程度,可以将识记分为无意识记和有意识记。

(1) 无意识记

无意识记是指事先没有预定目的,也不需要一定的意志努力而发生的识记。无意识记带有很大的选择性、偶然性和片段性,一般来讲,只有那些比较新异独特的、对个体具有重要意义的、符合人的活动需要的、与人的兴趣密切相关的、能够引起人的强烈情感反应的事物,才容易在头脑中留下深刻的印象。例如,惨烈的地震现场,感人的故事情节,长得很有个性的演员等。

无意识记对人们获得知识经验有重要作用,有些事物能够通过无意注意自然而然地进入我们的记忆系统中,成为个体知识经验的重要组成部分,例如,儿童的一些不教而能的行为和表现,就是通过"潜移默化""耳濡目染"这样的无意识记途径获得的。但是,无意识记不能保证学生获得系统且完整的科学文化知识,在教学过程中,大量的识记内容是通过有意识记获得的。

(2) 有意识记

有意识记是指有明确的预定目的,在识记过程中需要付出一定意志努力的识记。例如,学生在上课过程中根据教学要求掌握相关内容就是有意识记。有意识记的目的性决定了识记过程是对识记内容进行积极主动的编码过程。在教学过程中,教师应对学生提出具体的要求,让学生产生明确的识记目的以提高识记效果。

人们的知识经验既可以通过有意识记的方式获得,也可以通过无意识记的方式获得,两种识记方式都有必要。但就识记的效果而言,在其他条件相同的情况下,有意识记的效果要优于无意识记的效果。

2. 机械识记和意义识记

根据识记时对学习材料是否理解,可以把识记分为机械识记和意义识记。

(1) 机械识记

机械识记是指在材料本身无内在联系或不理解其意义的情况下,单纯依靠机械重复而进行的识记。机械识记由于对识记材料没有理解,识记时往往费时多,识记慢,忘得快,效果差,有些特殊材料本身没有意义,如无意义音节、地名、人名、历史年代、山高、河长、电话号码等,只能采用机械识记的方法,因此,机械识记也是一种必要的记忆方式。

(2) 意义识记

意义识记也叫理解识记,是指在对材料理解的基础上,根据材料的内在联系而进行的识记。意义识记的基本条件是理解,理解了材料的意义、内在联系,识记起来就会既快又牢。如汉字"急"和"极"发音相同,如果不理解其内在含义,即使勉强记住了,在组词和造句中也很容易混淆。

意义识记是学生识记的主要形式,许多实验和经验都证明,意义识记的效果优于机械识记。在教学过程中,教师应多引导学生进行意义识记。

(二) 保持

保持是在头脑中对识记过的事物进行巩固的过程。保持是记忆过程的中心环节,没有保持就无所谓记忆。保持并不是一成不变地保持原样,而是一个动态过程,在保持过程中,已有的经验会对识记材料进行加工、编码、再存储,使识记的内容随着时间的推移,在量上和质上都产生变化。

保持内容的量变主要表现为保持内容减少。保持的数量一般随着时间的推移而逐渐减少,但也存在特殊情况,如学习材料后,相隔一段时间所测的保持量,比学习后即时测得的保持量要高,这种现象被称为记忆回涨。记忆回涨一般发生在儿童身上和不完全的学习(即没有达到透彻理解、牢固记忆的学习)上,随着年龄的增长,它会逐渐消失。巴拉德(P. B. Ballard)的实验说明了这一现象,他要求12岁左右的学生用15分钟学习一首诗,学习后立即检查回忆的结果。然后按照不同的时间间隔再次进行重测,视最初学习后的测验保持量为100%,结果如图5-1所示:[1]

---

[1] 陈录生,马剑侠. 新编心理学[M]. 北京:北京师范大学出版社,2002.

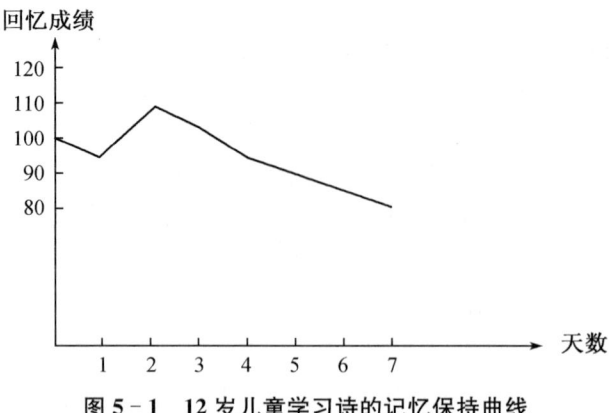

图 5-1　12 岁儿童学习诗的记忆保持曲线

关于记忆回涨现象发生的原因主要有两种解释，一种观点认为记忆回涨是由于识记时的累积抑制影响了即时测验的结果，间隔一段时间后再次进行延迟测验时，抑制作用解除，回忆量会有所恢复。第二种观点认为记忆回涨是由于材料间的相互干扰。即时测验时，由于学习者对学习材料的加工较浅，没有形成一个统一的整体，对材料的储存是零散的，因而回忆成绩差；之后学习者采用了某种有效的解决任务的方法，把学习材料作为一个整体来考虑，这样回忆的内容就较详尽。关于记忆回涨尚待进一步的研究。

随着时间的推移，不仅记忆量会发生变化，记忆的内容也会发生变化，每个人总是以自己的经验、态度来记忆材料，对材料进行主动、复杂的加工。保持内容的质变主要表现为：① 内容变得简略而概括，不重要的细节趋于消失；② 内容变得更加完整，更加合理和有意义；③ 内容变得更具体，或者更为夸张与突出。因此，防止遗忘不仅仅要注意信息的遗漏，还要注意信息可能被歪曲。

（三）再认和回忆

作为记忆过程的最后一个环节，信息的提取主要包括再认和回忆两种形式。

1. 再认

再认是过去经历过的事物重新出现时，能够被识别和确认的心理过程。如考试时能根据题目要求从选项中识别出正确答案，过去看到过的事物再见时能识别出来等都是再认。不同的人对不同材料的再认速度是不一样的，再认速度与准确性主要取决于两个条件：一是原有经验的牢固程度。对识记过的事物记得越牢固、越清晰、越准确，再认的速度也就越快；反之，则再认速度就慢且准确性差。如再认一个朝夕相处的老同学比再认一个只有一面之缘的陌生人要容易得多。二是原有事物与再次出现时的相似程度。如果当前事物与原来识记时的事物非常相似，变化不大，则容易再认，否则，再认就困难。如当学生学过英语"tree"后，再次见到"tree"和"TREE"这两个单词时，往往更容易优先再认出"tree"这个单词。

再认有时会出现错误，这种错误可能是由于对相似的对象不能分化，比如学过汉字"已"的学生在出现"己"时经常发生再认错误，或者是情绪紧张等原因导致的。

2. 回忆

回忆是在一定的诱因的作用下,过去经历的事物在头脑中再现的过程。如在考试答题时,要先将过去学过的有关知识从头脑中提取出来,这种提取的过程就是回忆。

根据回忆时有无明确目的和是否需要意志努力,可以把回忆分为无意回忆和有意回忆。凡是没有预定目的,也不需要意志努力的回忆叫无意回忆。如浮想联翩、触景生情、每逢佳节倍思亲等都是无意回忆。凡是有预定目的,且需要一定意志努力的回忆叫有意回忆。如冥思苦想、搜肠刮肚,以及考试答题时的回忆都是有意回忆。

根据是否需要中介性联想,回忆又可分为直接回忆和间接回忆。不需要中介性联想而由当前事物直接唤起旧经验叫直接回忆。如学生对十分熟悉的乘法口诀通常都可以直接地回忆起来。借助于中介性联想才能回忆起旧经验的回忆叫间接回忆。例如,回忆一些记得不牢固的定理、公式、物理法则、化学方程式要依靠与它有关的实验、习题应用的方法等中介性联想才能回忆出来。

追忆是一种特殊形式的回忆,通常需要较大的意志努力和思维活动的积极参加,它同时具有有意回忆、间接回忆的特点。

回忆和再认这两种形式都是头脑对已有经验进行的提取,二者没有本质的区别。一般来说,回忆比再认的心理活动程度要复杂一些,所以再认的速度一般要比回忆快,能回忆的一般都能再认,能再认的不一定能回忆。

三、记忆的品质

我们经常希望自己在记忆学习内容时可以做到又快又准,那么除了快、准,还可以从哪些方面鉴别一个人的记忆力水平呢?

(一) 记忆的敏捷性

记忆的敏捷性是指一个人在识记事物时的速度方面的特征,俗称"记得快"。能够在较短的时间内记住较多的东西,就是记忆敏捷性良好的表现。"过目成诵"就是指的记忆很敏捷。在敏捷性方面,有的人可以过目不忘,有的人则久难成诵。著名科学家茅以升小时候旁观祖父抄写《东都赋》,祖父刚抄完,他就能把全文背出来,这表明他的记忆力非常敏捷。记忆的敏捷性是记忆的品质之一,但它不是衡量一个人记忆水平的唯一标准。在评价记忆敏捷性时,应与其他品质结合起来才有意义。

(二) 记忆的准确性

记忆的准确性是指对记忆内容的识记、保持和提取时是否精确的特征,俗称"记得准"。我国汉末学者蔡邕的400篇作品是在他被害后,其女儿蔡文姬准确无误地背出来后才得以流传后世的。记忆的准确性是记忆品质中最核心、最关键的品质,如果离开了准确性,敏捷性和持久性就失去了意义。

(三) 记忆的持久性

记忆的持久性是指记忆内容在记忆系统中保持时间长短方面的特征,俗称"记得牢"。能够把知识经验长时间地保留在头脑中,甚至终生不忘,这就是记忆持久性良好的表现。在持久性方面,有的人能把识记的东西长久地保持在头脑中,而有的人则会很快把识记的东西遗忘。据说宋朝宰相王安石的记忆力非常好,有一天一位朋友想测试一下他的记忆力,从他的书架上拿起一本"积满灰尘"的书,随便翻到一页刚报出页码,王安石就一口气背了出来,可见他记忆的持久性是多么惊人。

(四)记忆的准备性

记忆的准备性是指从大脑中提取出所需知识速度快慢方面的特征,俗称"记得活"。知识竞赛时回答抢答题,实际上就是考察参赛选手的记忆准备性的水平。记忆的目的是为了在实际需要时能迅速、灵活地提取信息,回忆所需的内容加以应用。记忆的准备性是知识运用于实际的重要品质。记忆准备性好的人,在需要某些知识时,能迅速从大脑中提取出所需要的知识;而准备性差的人,有些知识尽管记住了,但在提取的时候,需要很长时间才能回想出来。记忆的这一品质,是上述三种品质的综合体现,而上述三种品质,只有与记忆的准备性结合起来,才有价值。

第二节 遗 忘

一、遗忘的定义及进程

记忆是学习的基础,在日常生活中并不是所有信息都有记忆的必要,有些信息具有时效性,时过境迁就丧失记忆的意义了,还有一些信息可能会给个体带来不愉快的情感体验,个体会主动地将其遗忘,因此,遗忘是一种正常、合理的心理现象。

遗忘是指识记过的材料不能回忆或再认,或者回忆和再认时有错误的现象。遗忘有不同的类型,根据遗忘时间可以把遗忘分为暂时性遗忘和永久性遗忘。暂时性遗忘是指遗忘的发生是暂时的,以后还能重新回忆起来;永久性遗忘是指不经过重新学习,记忆的内容就不能恢复。根据遗忘内容,可以把遗忘分为部分遗忘与整体遗忘,部分遗忘是指对识记材料部分内容发生了遗忘,如对材料细节的遗忘;整体遗忘是指将识记材料全部忘记。

最早对遗忘进行系统研究的是德国心理学家艾宾浩斯(H. Ebbinghaus)。在研究中,他用无意义音节为识记材料,以自己为被试,学到恰好能背诵的程度,经过一定的时间间隔再重新学习,以重学时节省的诵读时间或次数作为记忆的指标,用所获得的实验数据(见表 5-1)绘制成了一条曲线,即艾宾浩斯遗忘曲线(见图 5-2),结果发现遗忘是有规律的[①]。

---

① 彭聃龄.普通心理学(第 5 版)[M].北京:北京师范大学出版社,2019.

表 5-1 遗忘的进程

次序	时距(小时)	保持的百分数(%)	遗忘的百分数(%)
1	0.33	58.2	41.8
2	1	44.2	55.8
3	8.8	35.8	64.2
4	24	33.7	66.3
5	48	27.8	72.2
6	144	25.4	74.6
7	744	21.1	78.9

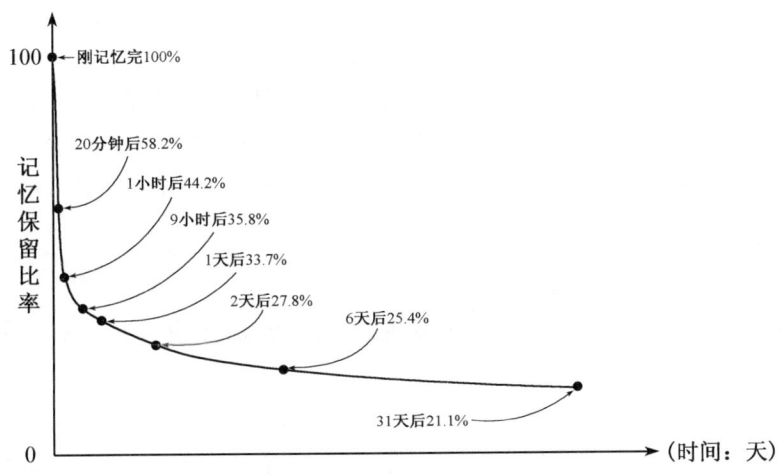

图 5-2 艾宾浩斯遗忘曲线

从图 5-2 的遗忘曲线中可发现：遗忘进程是不均衡的，遗忘在学习之后立即开始，最初遗忘得很快之后逐渐减慢，到了一定时间几乎不再遗忘，即遗忘的进程是"先快后慢"。后来很多人重复了他的实验得出了大致相同的结论。

二、遗忘的原因

(一) 衰退说

这种理论认为，遗忘是由于记忆痕迹得不到强化逐渐消退造成的。记忆痕迹(memory trace)是指记忆活动使脑神经细胞或大脑活动所产生的变化。这种说法比较符合人们的常识，易为人们所接受，因为一些物理的、化学的痕迹有随着时间而衰退甚至消失的现象。

衰退说一般用来解释永久性遗忘的原因，无法解释另外一些现象。如为什么有人记不住一两天前发生的事情，但却能回忆起小时候发生的一些事情？为什么一些不用的记忆会衰退，而另一些同样不用的记忆却能保持终生？

(二) 干扰说

干扰是导致遗忘发生的另一个重要原因，该理论认为，遗忘是由于记忆材料间的相互干扰造成的,在干扰存在的情况下记忆痕迹仍然存在,但却暂时无法提取,干扰一旦排除,记忆就能够恢复。前摄抑制和倒摄抑制支持了干扰说。前摄抑制是指先前所学习的材料抑制了后学习材料的提取。例如新换了电话号码后,当需要用到时,最先想到的是原来的电话号码,这种情况就是前摄抑制的表现。倒摄抑制是指后学习的材料会抑制记忆中先前信息的提取。例如,当新换的电话号码用了一段时间后,在回忆时,最先想起来的是现在用的新号码,这就是倒摄抑制的表现。

由于前摄抑制和倒摄抑制的存在,当个体在学习系列材料时,容易出现系列位置效应。例如,学习一首散文,通常总是开头和结尾部分的内容最容易记住,而中间部分的内容最容易忘记。其原因是,开始部分的内容相对只受倒摄抑制的影响,不受前摄抑制的影响;结尾部分的内容相对只受前摄抑制的影响,不受倒摄抑制的影响;中间部分则同时受两种抑制作用的影响,因而最容易遗忘。这种在回忆一系列处于不同位置的记忆材料时回忆效果不同的现象称为系列位置效应。

一般来讲,干扰作用的大小受到先后两种学习材料间的相似性、学习内容的巩固程度和学习的时间间隔等因素的影响。实验证明,中等相似程度的两种学习材料间产生的干扰最大,学习的巩固程度越高,干扰越小,先后两种学习之间的时间间隔越长,干扰作用越小。

(三) 压抑说

该理论是由弗洛伊德在临床实践中发现的,主要用以解释与情绪有关的动机性遗忘(motivated forgetting),即由一定的动机驱使所出现的主动性遗忘,这种遗忘可以将某些痛苦或令人尴尬的记忆排除到意识之外,使人忘掉过去的这些经历从而保护自己。遗忘正是由于这种情绪或动机的压抑作用造成的,如果压抑解除,记忆就能恢复。如学生参加重要的考试时,由于心理压力太大,一进考场头脑里一片空白,平时很熟悉的一些知识也想不起来了,但一出考场,这种紧张的情绪得到解除,又一下子想起了试卷上的很多内容,后悔莫及。

(四) 提取失败说

该理论认为遗忘是由于没有合适的编码和提取线索导致的,遗忘只是暂时性的,记忆的信息仍然保存在大脑里,只是一时提取不出来,一旦有了正确的线索,信息就能被提取出来,因此,遗忘是由于提取失败所致。比如,日常生活中有一种舌尖现象(tip of the tongue),指的是明明知道某件事,但一时就是回忆不出来。例如,有时我们明明知道某人的姓名或某个字,可就是想不起来,事后却能忆起;明明知道试题的答案,但考试的时候就是想不起来,事后正确的答案却不假思索便油然而生。这些情况都说明,被"遗忘了"的材料仍然被保持在记忆中,只是没有被提取出来而已,就像把物品放错了地方怎么也找不到一样,因此,很多记忆的失败可能只是编码不准确或缺乏提取线索,而非真正的遗忘。

(五) 同化说

奥苏贝尔在其有意义学习理论的基础上提出,同化说,认为遗忘是知识的组织和认知结构简化的过程。当人们学到了更高级的概念之后就会用高级概念代替低级概念,简化认识,并减轻记忆的负担。在真正的有意义学习中,前后相继的学习不是相互干扰而是相互促进的,遗忘是一种带有目的性的遗忘,是学习者对学习对象进行有效组织、分类整理的一个重要步骤,就像用剪刀修剪无用、杂叉的枝叶一样,可以把这个过程理解为是一种"认知修剪",把一些不必要的知识剔除,以便让更多有效的知识进入记忆领域。

三、遗忘的影响因素

遗忘不仅受时间因素、学习材料的系列位置的制约,还受到很多其他因素的影响,概括起来,主要有以下几种因素:

(一) 识记的目的和任务

有无明确的识记目的,对识记效果具有重要的影响。彼得逊(L. Peterson)曾对两组被试进行学习 16 个单词的对比试验。结果表明,有目的组当时记住 14 个单词,两天后记住 9 个单词;而无目的组当时只记住 10 个单词,两天后只记住 6 个单词,前者效果明显好于后者[①]。可见,识记的目的任务越明确,记忆的效果就越好。因为有了明确的识记目的和任务后,人们就能把注意力集中到识记对象上去,并采取各种方法去努力实现它。另外,识记目的和任务也会影响个体识记时的加工深度,例如,在要求学生记住汉字"睛"怎么写和理解"睛"的意义这两种不同的任务中,后者更需要个体复杂的智力活动和更高的积极性,其加工水平更为深入,记忆效果往往会更好。

(二) 识记材料的性质和数量

材料的性质不同,识记效果也不一样。沈德立等研究发现:识记材料性质的差别,对小学生的影响大,对中学生的影响小[②]。一般来讲,识记直观材料比识记抽象的材料效果好些,识记视觉性质的材料比识记听觉性质的材料效果要好些,识记有意义联系的材料比识记无意义联系的材料效果要好些,识记有韵律的材料比识记无韵律的材料容易。另外,识记材料难度不同,识记进程会有所不同,在识记难度低的材料时,开头识记得多而快,后来识记的速度逐渐缓慢下来;而识记困难的材料时,开头识记的速度比较缓慢,后来则逐步加快。

从材料的数量来说,要达到同样的识记水平,材料越多,平均所用的时间或诵读的次数也越多。实验证明,在识记 12 个音节时,平均一个音节需要 14 秒;识记 24 个音节时,平均一个音节需要 29 秒;而在识记 36 个音节时,平均一个音节需要 42 秒。在记忆有意义的材料时,平均时间的增加,不像无意义材料那样显著,但趋势是相同的。

(三) 记忆的方法

同样的材料,采用不同的方法识记效果也会有所不同。因此,要提高识记效果,还得有良好的识记方法。针对不同的识记材料采取与之相适应的方法,并在理解的基础

---

① 蔡笑岳. 心理学[M]. 北京:高等教育出版社,2003.
② 沈德立,阴国恩,林镜秋,刘景全. 中小学生对于系列材料的长时与短时记忆的实验研究[J]. 心理发展与教育,1985(2).

上进行意义识记,效果会更好。如,小学语文学习中经常要求学生背诵课文,与单纯的死记硬背相比,采用角色扮演、情景模拟等方法更易让小学生设身处地地去思考文章要表达的深层意义,有利于识记内容的保持。

(四)识记态度和情绪状态

学习者对记忆材料的兴趣、态度、情绪状态等都会对学习的效果产生一定的影响。俗语说:"爱好便能精通。"自觉自愿乐意学习,个体就容易集中注意力,调动全身心的能量积极主动地采取一定的识记方法进行深层次加工,记忆效率就高;反之,不愿学或不感兴趣,记忆效率就低。

第三节 小学生的记忆与教学

一、小学生记忆的发展

进入小学后,儿童开始以学为主并接受系统的学习,教师经常会对儿童提出一定的要求,如要求背诵语文课文,记住书本上的生字,或者背诵乘法口诀,这些实践活动促使小学生的记忆能力在原先的基础上得到了进一步发展,主要表现在量的发展和质的发展两方面。

在量的发展上,儿童的记忆广度随年龄的增长而不断扩大,小学生的记忆广度大于学前期儿童的记忆广度,到小学高年级时,儿童所能记忆的材料的数量增加较快。洪德厚对儿童记忆发展的研究结果表明:儿童记忆保持时间随着年龄的增加而延长,记忆保持时间在 8 岁、10 岁、12 岁有较大幅度的增长①。一般而言,凡是儿童有强烈兴趣、引起儿童强烈情绪体验的事物、易于理解的事物,记忆保持时间都会较长一些。

在质的发展上表现较为明显,主要体现在以下几个方面:

(一)有意识记逐渐占主导地位

一般来说,儿童初入小学时,无意识记占主导地位,进入小学后,低年级小学生仍然保留学前期无意识记的特点,但小学生的学习是一种系统性学习,他们不能只识记自己感兴趣的东西,必须学习一些可能枯燥的且并不一定感兴趣的东西,这就对小学生的有意识记提出了更高的要求。随着年级的增长,小学生的有意识记逐渐发展起来,有意识记的效果逐渐赶上无意识记的效果,并在三年级以后逐渐占主导地位,成为小学生记忆的主要形式。

(二)意义识记逐步发展,并在记忆活动中逐渐占重要地位

小学低年级学生较多地运用机械识记的方法,如背课文常常是从头到尾,逐字逐句地背。这是由于低年级小学生知识经验比较贫乏,抽象逻辑思维欠缺,不会独立领会和分析教材,对学习材料不易理解,对他们来说逐字逐句背诵比自由思维并按意义识记容

---

① 洪德厚.3~14 岁儿童记忆发展的某些特点[J].心理科学通讯,1984(2).

易得多。到了中高年级,由于知识经验日益丰富,抽象逻辑思维不断发展,尤其是逐渐掌握了一系列意义识记的方法和技巧,学会对识记的材料进行加工,因此,意义识记逐渐增多,机械识记相对减少。

(三) 在形象记忆的基础上抽象记忆迅速发展

年幼儿童最容易识记一些具体直观形象的材料,其次是容易识记一些含有具体形象或活动的词的材料,而那些没有直观形象的词或材料是比较难以识记的。小学儿童特别是低、中年级的儿童仍具有这一特点。这一时期具体形象记忆仍占主要地位,而抽象记忆同时在不断发展,其增长率逐步超过对具体形象材料记忆的增长率。小学生善于具体形象记忆和儿童两种信号系统协同活动的发展水平有关。小学低年级学生,由于第一信号系统活动占优势,和第一信号系统相联系的事物的具体形象容易记住,到了中高年级,第二信号系统的活动逐渐占优势,但对小学生来说,他们在记忆抽象的语词材料时,主要还是以事物的具体形象为基础,即形象记忆仍然起着重要作用。

(四) 瞬时记忆、短时记忆和长时记忆的发展

对小学生记忆发展的研究多集中在短时记忆的研究上。沈德立等研究发现:识记材料性质不同,对长时记忆与短时记忆的影响也不相同。识记材料的语义性,对长时记忆的影响大,对短时记忆的影响不明显[1]。许智权对小学生的瞬时记忆广度的研究结果表明,小学阶段随着年级的升高,学生对三种记忆材料(数字、字母、部首)的瞬时记忆广度增加[2]。陈辉对小学生短时记忆的研究表明,小学生的短时记忆容量受记忆材料、年龄等因素的影响,无论何种性质的记忆材料,五年级小学生的记忆容量都比二年级的大[3]。

二、小学生记忆能力的培养

记忆是整个学习活动的基础,人的高级思维活动必须在记忆的基础上进行。记忆是有规律的,增强记忆需要科学的方法。

(一) 培养小学生有意识记的能力

有意识记是一种有目的的识记,在人类的学习中起着重要作用。低年级小学生往往不懂得主动向自己提出识记任务,这与他们的学习要求不相适应,为发展有意识记能力,在教学过程中,教师需先说明每节课的教学目的、任务,使学生产生识记意图,对自己要达到的识记效果有一个基本的预期,这样更容易以积极的心态去努力识记新知识。对于中高年级学生,老师要鼓励学生自觉地、独立地向自己提出识记的任务,由被动变为主动。另外,老师要教会学生自觉检查自己的记忆效果。低年级学生一般还不善于自我监督检查,有的甚至不明白怎样才算学会,怎样才算记住了,教师和家长要教会学

---

[1] 沈德立,阴国恩,林镜秋,刘景全. 中小学生对于系列材料的长时与短时记忆的实验研究[J]. 心理发展与教育,1985(2).

[2] 许智权,富康,周策. 小学生记忆广度的实验研究[J]. 心理科学通讯,1986(3).

[3] 陈辉. 短时记忆容量的年龄特点和材料特点[J]. 天津师大学报(社会科学版),1984(4).

生自觉检查自己的记忆效果。

(二) 培养小学生意义识记的能力

帮助学生理解识记内容。对有意义的材料,尽量让学生在理解意义的基础上进行识记。比如《江南》:"江南可采莲,莲叶何田田。鱼戏莲叶间。鱼戏莲叶东,鱼戏莲叶西,鱼戏莲叶南,鱼戏莲叶北。"低年级孩子纯粹靠机械的记忆就可以背下这首诗来,但如果能找到其中的联系,理解其意义,背诵这首诗的速度会更快。这首诗最大的联系就是最后的鱼戏莲叶间,有东、西、南、北四个方向,只要能背到鱼戏莲叶间,后面的内容自然而然就会想起来。理解内容之间的联系能帮助我们记忆内容,很多没有记下来的内容,往往是联系没有找到,前后之间是断开的,即不理解记忆的内容。

对无意义的内容,尽量赋予人为意义后加以记忆。如在识记汉字"碧"字时,有的教师就编成儿歌"王大娘、白大娘,一块儿坐在石头上",让学生很容易就记住了其字形结构。人们在选择车牌的时候,往往也会将无意义的车牌数字人为地赋予一定意义以方便记忆。只有被很好地组织过的信息,识记后才不容易遗忘。

(三) 培养小学生正确组织复习的能力

俄国教育家乌申斯基认为"复习是学习之母",他把学习中不注意巩固知识的现象形象地比喻为醉汉拉货车,边拉车、边丢货,最后到家时只剩下一辆空车。前面内容中也讲到艾宾浩斯发现,在学习了新内容后很快就出现了遗忘,而且在最初阶段遗忘的速度很快,那么应如何组织学生科学复习呢?

1. 复习要及时

新学习的内容并不是在学习后的任何时间进行复习效果都一样的,根据遗忘进程先快后慢的规律,学习之后要"趁热打铁",及时复习,在遗忘大量发生之前及时进行复习。心理学实验证明了及时复习对巩固知识的重要作用:实验时给两组被试学习一段课文,甲组在学习后进行了一次复习,乙组没有复习。一天后甲组保持率为98%,乙组保持率为58%;一周后甲组保持率为85%,乙组仅为33%。①

2. 合理分配复习时间

同样的复习时间,由于分配方式不同,复习效果也不同。复习时间的分配方式有集中复习和分配复习两种。许多实验证明,分配复习的效果优于集中复习,因为分配复习之间有时间间隔,可以防止抑制,有利于知识的巩固。而集中复习材料多,时间长,容易疲劳,导致注意力不集中,而且在较短的时间内无法充分地复述信息,没有足够的注意力和复述,信息就无法有效地存储到长时记忆中,因此,更好的方法是进行分散复习。如果你平时学习中养成了拖延的习惯,直到考前才熬夜突击复习,那么很可能会在考试中失败,即使通过努力顺利通过了考试,你会发现考试结束后不久存储在长时记忆中的信息也会遗忘殆尽。

在分配复习时间时,两次复习之间间隔不宜过短,否则近似于集中复习;但间隔也不宜过长,否则难免有遗忘。一般地说,可以"先密后松",即最初复习时,复习次数应该

---

① 蔡笑岳.心理学[M].北京:高等教育出版社,2003.

频繁些,每次复习的时间间隔应该短一些,因为初步识记时所保持的时间是较短的;以后每次复习的间隔可以逐渐加长。也可以把不同学科的学习交替进行,避免过多地接受单一刺激,提高记忆功效。课间操的作用就是把上午一个记忆序列打断,变成两个记忆序列。午睡使上下午之间的抑制降到最低程度,以恢复下午与晚间学习的精力。

3. 反复阅读与尝试回忆相结合

在复习时,不要机械地一直简单重复阅读,这样没有重点,不利于及时发现学习中的薄弱点,学习效果也不好。最好在阅读几遍之后,把书本合起来尝试回忆。当回忆不起来时,再看书本。这样复习就有了侧重点,便于及时调整记忆活动,有针对性地加强薄弱点的学习,大大提高复习效果。低年级的学生,好胜心强且外显,教师可充分利用这一心理特征,在课前几分钟用竞赛的方法引导学生对所学知识进行尝试性回忆,可起到事半功倍的效果。在复习时,用40%~60%的时间尝试回忆,可以获得最理想的识记和保持效果。

4. 复习方法多样化

单调重复的复习会使学生感到枯燥无味,容易产生厌倦和疲劳,使大脑皮层处于抑制状态,影响复习效果。采用多样化的复习方法,如反复阅读、列复习提纲、相互提问,这样每次都从新的角度重现旧材料,学生会感到新颖、有趣,有助于调动学习积极性,提高复习效果。可采用下面几种方法进行复习:

(1) PQ4R 法[①]

该方法是在罗宾逊(F. P. Robinson,1961)提出的早期版本即 SQ3R 基础上形成的。遵循 PQ4R 程序,可以使学生更关注信息的有意义的组织,促使学生运用其他各种有效的策略。其具体步骤为:

① 预览(preview):快速地浏览一遍材料,对其基本框架,大主题和分主题有大致的了解。注意大标题和小标题,并确定你将要阅读和学习的内容。

② 提问(question):阅读前先自我提问。根据标题用特殊疑问词来设问:何人(who)、何事(what)、为何(why)、何处(where)。

③ 阅读(read):阅读材料,不要写大量的读书笔记。试着回答你阅读前提出的问题。

④ 对材料反思(reflect):尽量通过以下方式来理解和解释所学内容:a. 与已知的事物联系起来。b. 将文中的各个分主题与基本概念或原理联系起来。c. 试着解决所呈现的信息中的矛盾。d. 试着运用材料本身来解决它显示的问题。

⑤ 背诵(recite):通过大声陈述主要观点、提问并回答问题等方式来练习记忆信息。你可以根据标题、关键词以及关于主要观点的笔记来提出问题。

⑥ 复习(review):最后一步,积极复习,集中精力自我提问;只有当自己不能确认答案时,才重新阅读材料。

(2) 掌握有效的记忆术

识记一种材料,往往并不局限于用一种学习方式,可以采用多种方式。记忆术就是

---

① ROBERT E SLAVIN. 教育心理学——理论与实践(第10版)[M]. 姚梅林,等译. 北京:人民邮电出版社,2016.

给一些原本无意义的或任意组合的材料赋予意义,使新材料同熟悉的已编码的信息相联系,从而加深对知识的理解,增强对该类材料的记忆。具体方法有以下几种。

① 位置记忆法。小学低年级学生正处于具体形象思维为主,抽象思维逐渐发展的阶段,所以和图片结合的方法,尤其适合低年级小学生的学习。位置记忆法,就是学习者在头脑中创建一幅熟悉的场景,在这个场景中确定一条明确的路线,在这条路线上确定一些特定的点。然后将所要记的学习项目全部视觉化,并按顺序和这条路线上的各个点联系起来。回忆时,按这条路线上的各个点提取所记的项目。位置记忆法之所以能提高记忆效果,是因为这种方法不仅利用了语言记忆,还利用视觉记忆。由于视觉记忆的刺激强度较大,文字描述的车祸现场和车祸现场视频相比,显然后者更具有刺激性,更容易给人留下深刻印象。

位置记忆法比较适合记忆有顺序性的系列项目,对于逻辑性的语句,效果就会降低,因为逻辑难以和场景建立有效的关联。

② 谐音联想法。谐音联想法是指学习一种新材料时,通过谐音处理,运用联想与相关信息发生意义联结,以提高记忆效果的方法。在记忆数字时运用比较多,例如:对3.14159的记忆可以用"山巅一寺一壶酒"来记忆。

③ 缩减与口诀法。缩减就是将识记材料的每条内容简化成一个关键字,将关键字与过去经验联系起来,变成自己所熟悉的事物。也可以将记忆材料缩减成口诀来帮助记忆,如中国历史上朝代更迭较多,在记忆朝代顺序时就可以编写成歌谣来记:"三皇五帝始,尧舜禹相传。夏商与西周,东周分两段。春秋和战国,一统秦两汉。三分魏蜀吴,二晋前后沿。南北朝并立,隋唐五代传。宋元明清后,皇朝至此完。"这样记起来朗朗上口,效果很好。在缩减材料编成口诀时,要力求精练准确,富有韵律;另外,最好自己动脑进行创造,如果是利用现成的歌诀,一定要理解歌诀的真实含义,将其变成自己的东西。

(3) 组织策略

有时当你学习新内容时,你会发现好像是在学习一些"无组织的信息",这种情况下就需要你自己设法提供结构,设法以创造性的方式使用概念形成视觉表象或构造句子和故事。组织策略是指整合所学新旧知识间的内在联系,形成新的知识结构的策略。如初读《红楼梦》,对里面的人物之间的关系实在记不清楚,记不清楚就会影响理解书的思想内容。如果对其中重要人物的名字归一下类,就会发现名字中有带反文旁的字,如贾政、贾赦、贾敷,都是父辈;带王字旁的是子辈,如贾琏、贾珍、贾环等;而带草字头的就是孙辈,如贾蔷、贾芸、贾蓉等。这样就分清楚了父、子、孙三辈,不论看到哪一回都不会混淆。如果对其中四大家族复杂的血缘关系搞不清楚的话,还可以列出四大家族族系表,贾宝玉、史湘云、薛宝钗、王夫人之间的关系就一目了然了。

5. 动员多种感官参与复习活动

动员多种感官参与复习也是提高复习效果的一个重要条件。传统的教学以老师讲,学生被动听为主,在学习过程中,单纯地听老师讲主要刺激的是听觉通道,时间长了容易疲倦,听不进去,学习效率降低,记忆效果也不好。因此,新课改下的教学从"教育者为中心"转向"学习者为中心",提倡让学生参与到教学中去,更强调学生的主体地位,如新课改提倡的学习方式:自主学习、合作学习和探究学习都是强调以学习者为中心。这样的学习方式对学生的"耳、眼、手、口、心"等提出了更高的要求,调动多种感官的参与,使学习过程变成听、看、写、读、想的综合活动,信息可以通过多种感觉通道到达大脑皮层,形成广泛的神经联系,更有利于知识的巩固和记忆。

6. 适当进行过度学习

过度学习是指对学习材料达到刚刚能背诵的程度之后进行的附加学习,如学习一篇课文,当某生阅读了5遍刚好能背诵时,在这之后增加的学习便是过度学习。过度学习更易使学习者确信自己掌握了知识,而不是略有所知,也有助于减轻考试焦虑,但过度学习的量并不是越多越好,一般以学习程度达到150%最好。学习程度超过150%时,效果不但不递增,反而会引起厌倦、疲劳,不利于记忆效果的提高。

本章小结

本章按照记忆发展的特点及小学生记忆力的培养两条主线,在讲解记忆的概念、过程、品质、遗忘的规律、遗忘的原因、影响遗忘的因素等基础上,重点阐述了小学生记忆发展的特点和小学生记忆能力的培养。学习时可从记忆的三个过程入手,分析其中的影响因素,牢记小学生在记忆方面发展的特点,并能运用其中的概念、规律、原理等培养小学生的记忆能力。

思考训练

1. 什么是记忆?记忆的过程有哪些?
2. 记忆的种类有哪些?请举例说明。
3. 结合自己的学习经历分析遗忘的规律。
4. 结合实际分析小学生记忆发展的特点。
5. 影响遗忘的因素有哪些?如何增进小学生记忆力的培养?
6. 请运用记忆的有关知识分析"漏一补十""错一罚十"的现象。
7. 案例分析:小华在学习过程中很苦恼,学过的知识总是很快就遗忘了,他也反思了自己的学习行为,认为自己学习的时候也很用功,记忆的时候也很用心,但就是记完后很快就忘记了。看着周围成绩好的同学,似乎他们的记性很好,记过的内容都能回想起来,小华很是羡慕:"要是自己能过目不忘该多好啊!"如果你是小华的老师,你会给小华提出哪些建议来帮助他提高记忆呢?

第六章
小学生的思维与想象

 内容提要

  思维与想象同属于认识过程的高级阶段,是理性认识的过程。思维是人脑对客观现实的间接的和概括的反映;想象是人对头脑中已有表象进行加工改造,形成新形象的过程,与创造性活动是联系在一起的。思维与想象关系密切,但又有区别。二者在人们的认识活动及创造活动中具有重要意义。小学生的思维与想象能力正处于快速发展的阶段,具有不同于其他年龄阶段的特点。本章介绍了思维与想象的一般概念和规律,小学生的思维和想象的规律和特点,以及在教学过程中应如何进行培养的策略。

>   一名小学生误加入了一个博士群聊中。有人提问:"一滴水从很高很高的地方自由落体下来,砸到人会不会砸伤? 或砸死?"群里一下就热闹起来,各种公式,各种假设,各种阻力,重力,加速度的计算,足足讨论了近一个小时。这时小学生默默问了一句:"你们没有淋过雨吗?"群里突然一片寂静……

第一节　思维与想象的概述

  汉朝末年,曹操成为一方诸侯,人家送他一头象。曹操很高兴,带着他的儿子和官员们一同去看象。这头象又高又大,身子像堵墙,腿像四根柱子。官员们一边看一边议论:象这么大,到底有多重呢? 曹操问:"谁有办法把这头大象称一称?"有的说:"得造一杆大秤,砍一棵大树做秤杆。"有的说:"有了大秤也不行啊,谁有那么大的力气提得起这杆大秤呢?"也有的说:"办法倒有一个,就是把大象宰了,割成一块一块地再称。"曹操听了直摇头。

  曹操的儿子曹冲才七岁,他站出来说:"我有个办法。把大象赶到一艘大船上,看船身下沉了多少,就沿着水面在船舷上画一条线。再把大象赶上岸,往船里装石头,等船

下沉到画线的地方,称一称船上的石头。石头一共有多重,大象就有多重。"

曹操点头微笑。他叫人照曹冲说的方法去做,果然称出了大象的重量。

人类对外部世界的信息收集加工后,不仅仅停留在感觉和知觉的认知层面上。认知过程中,感知觉是基础,可以反映客观事物的外部特征及其外在的相互联系,而要深入到客观事物内部,认识客观事物的本质属性及其内在的规律性联系,则要调动高级的认知过程——思维。只有通过思维,才能实现对材料的信息加工——由感性向理性的转化。在日常的学习、工作和生活中,要认识事物的本质和内在联系,必须借助于思维。在人类认识世界和改造世界的活动中,思维具有十分重要的作用。人们在社会实践中经常会遇到各种各样的问题,这时应该怎么做呢?当用常规方法无法解决当前问题的时候又该怎么办?人们面临问题时总会进行思考并试图解决,这就是心理学上所说的思维。思维不同于我们前面讲的感觉和知觉,它是一种更为复杂、更为高级的认知活动。

一、思维概说

思维是人脑对客观现实概括的和间接的反映,它反映的是事物的本质和内部规律性。借助感觉系统认识周围世界的可能性是很有限的,它只能使人认识到直接作用于感官的具体事物,人了解世界的知识显然不是仅仅由感知觉提供的。人还能通过对已有的知识经验的加工去获取间接的、概括的知识,认识事物的本质和规律。思维是人类认识的高级阶段,它是在感知基础上实现的理性认识形式。人们常说的"考虑""设想""预计""沉思""审度""深思熟虑"等都是思维活动。思维具有以下两个基本特征:

1. 概括性

思维的概括性是指思维反映了一类事物共同的本质属性和事物之间的规律性联系[1]。它不仅表现在反映某一类客观事物共同的、本质的特征上,也表现在它反映了事物与事物之间的内在联系和规律上。例如,借助思维,我们可以把形状、大小各不相同而能结出枣子的树木归为一类,称之为"枣树";把枣树、杨树等依据其有根、木质茎、叶等共性归在一起,叫作"树";还可以把树、草、花、青苔等归成一类,称它们为"植物"。这是对一类事物共同的本质性的概括。又如,热胀冷缩,以及看到蜻蜓飞得很低,就得出要下雨的结论等都是事物之间内在联系的概括。一切科学的概念、定义、定理、规律和法则都是通过思维概括的结果,是人对客观事物概括的反映。

概括有不同的水平,有感性的概括,也有理性的概括。概括的水平越高,人就越能深入地探究事物的本质特征和内在联系。一般来说,人对客观事物的概括反映是借助于词语来实现的,概括的水平随着人类历史的发展而发展。

思维的概括性使人类在认识上大大超越了感知单个事物的表面特征的局限,突破了时间、空间的限制,能够认识某一类事物内在的本质特征和事物之间的规律性的联系,从而上升到理性认识。正因为人类具有理性认识的能力(思维能力),才得以总结并

---

[1] 勾训,黄胜等.心理学新编[M].成都:西南交通大学出版社,2018.

积累了大量的理论知识,即自然科学知识和社会科学知识,从而扩大了认识的范围,加深了认识的深度。学生在学校学习的书本知识,都是前人经过长期实践不断概括的结果,都属于理论知识。

2. 间接性

思维的间接性是指思维能对感官所不能直接把握的或不在眼前的事物,借助于某些媒介物或已有的知识经验进行反映。① 由于人类感觉器官结构和机能的限制、时间和空间的限制,以及事物本身带有蕴含或内隐的特点,人们对世界上许许多多的事物,如果单凭感官是认识不到或无法认识的,那么就要借助某些媒介物与知识经验来进行反映。例如,内科医生不能直接看到病人内脏的病变,却能用听诊、化验、切脉、试体温、量血压、B超、CT检验等手段为中介,经过思维加工间接判断出病人的病情;地震工作者可以根据动物的反常现象或其他仪表的数据来分析情况与预报震情。人们要了解原始社会人类的生活、宇宙太空状况、原子结构、生命运动,要认识超声波、红外线,要预测天气等,都需要借助某些媒介物与知识经验进行间接的认识。正是借助思维的间接性,人们才可能超越感知觉提供的信息,认识那些当前不能直接感知的事物或无法直接感知的事物的特性,从而揭示事物的本质和规律。

思维的间接性和概括性是相互联系的。人之所以能够间接地反映事物,是因为人有概括性的知识经验,而人的知识经验越概括,就越能间接地反映客观事物。内科医生根据概括性的医学理论才能借助中介性的检查,经过思考而间接地判断病人的病情。气象工作者根据概括性的气象规律,才能从大量天气资料中,经过思考做出天气预报,所以说思维在人的生活实践中有着极为重要的意义。

首先,它使人的认识范围不断扩大。人不仅能认识现在,而且还可以回顾过去和预见未来。人类学家根据古生物化石及有关资料推知人类过去进化的规律;地球物理工作者根据已有的地球运动资料,预报地震和火山爆发的情况。其次,它能不断提高人的认识深度,使人对事物的认识得以无止境地深化。对于物质结构的认识,正是在实验的基础上通过思维不断深入,由分子水平到原子水平,由原子核、电子水平到核内中子、质子水平直至夸克水平,目前发现夸克也不是物质的最基本单位,还可以进一步分化。再次,它能使人从认识世界向改造世界发展,不仅能使人掌握知识、认识规律,还可以使人运用知识和规律解决问题,进行创造活动。

二、思维的过程与形式

(一) 思维过程

思维过程包括分析与综合、比较与分类、抽象与概括、具体化与系统化等过程。其中,分析与综合是思维的基本过程,其他过程是通过分析与综合来实现的②。

1. 分析与综合

分析与综合是思维的基本过程,一切思维活动,从简单到复杂,从概念形成到创造

---

① 庄妍. 心理学原理与教育[M]. 徐州:中国矿业大学出版社,2016.
② 罗萍,殷永松,曹杏田. 心理学[M]. 天津:南开大学出版社,2014.

性思维,都离不开头脑的分析与综合。

分析是在头脑中把事物的整体分解成各个部分、方面或个别特征的思维过程。分析包括两种具体的方式:一是在脑中把事物或现象分解为它的各个组成部分,例如:把 $(a+b)^2$ 分解为 $a^2+2ab+b^2$ 或 $(a+b)\cdot(a+b)$;二是通过大脑思维活动把事物或现象的属性分解出来,例如把学生的心理要素分解为认知、情感、意志性格、气质能力、兴趣、信念、世界观、人生观等。通过分析我们才能具体地认识某个事物,并使这种认识从事物的表面深入到事物的内部。

通过分析,人可以进一步认识事物的基本结构、属性和特征;可以分出事物的表面特性和本质特性,使认识深化;可以分出问题的情境、条件、任务,便于解决思维问题。

综合是在头脑里把事物的各个部分、方面、各种特征结合起来进行考虑的思维过程。例如,把单词组成句子,把文学作品的各个情节关联成完整的场面,把若干节体操动作结合成整套广播体操等都属于综合过程。通过综合,人可以完整、全面地认识事物,认识事物间的联系和规律,整体把握问题的情境、条件与任务的关系,提高解题的技巧。

分析与综合是彼此相反而又相互联系的辩证统一的过程[①]。分析中有综合,分析要以综合为前提。反之,综合中也有分析,综合是以分析为基础的。总之,分析与综合是认识事物和现象的基本手段和方法。分析得越细致、越精确,综合也就会越全面越完善。同样,综合得越贴切、越完备,就会对事物的各个部分、各种属性认识得越深刻、越准确。例如,学生读一篇课文,既要分析,也要综合。经过分析,理解了词义和段落大意;经过综合,掌握了文章的中心思想,便获得了对文章的整体认识。对事物只有分析而没有综合,只能形成片面的、支离破碎的认识;只有综合没有分析,只能形成表面的认识。

在认识活动中,人的思维一般循着"综合(最初的整体)—分析—综合(被认识得更充分的整体)"这三个阶段展开,并进行着多维度的分析与综合活动[②]。分析与综合可以在不同的水平上操作。第一种水平是通过直接摆弄物品而进行的分析与综合,例如,把玩具的零件卸下,检查后又装配起来。第二种水平是通过图表、图像、表象进行的分析与综合,例如,学生用作图的办法计算圆柱体的表面积。第三种水平是通过语词符号而进行的分析与综合,例如,学生应用数学定理、数学符号解答数学方程。

2. 比较与分类

比较是在头脑中把各种事物或现象加以对比,确定它们之间异同点的思维过程。人们认识事物,把握事物的属性、特征和相互关系,都是通过比较来进行的。例如,教师要讲清"权利"这个概念,必须与相近的"权力"这个概念相比较,找出它们的共同点和差异点。权利与权力是两个不同的概念,前者属于法律上的概念,后者则属政治上的概念。两者存在密切的联系:一方面,权力以法律上的权利为基础,以实现法律权利为目

---

① 刘冬梅,孔德英.心理学基础与应用[M].保定:河北大学出版社,2012.
② 艾森克,基恩.认知心理学(第四版)[M].高定国,肖晓云,译.上海:华东师范大学出版社,2004.

的,权利作为一种法律上的资格又制约着权力的形式、程序、内容及过程各个方面;另一方面,某些法律上权利的实现依赖一定权力的行使。两者也存在一定的一致性,如都以追求一定的利益为目的,都有相应的法律上的规定和限制要求。通过比较,对"权利"这一概念的认识就更加准确了。

当我们为了解决诸如事物或现象之间性质的异同、数量的多少、形式的美丑、质量的好坏、品质的优劣等问题时,就必须运用比较。分析与综合是比较的基础。没有分析与综合,就无法进行比较。比较既可以是同中求异,也可以是异中求同。例如,在教学中,教师为了帮助学生清楚地了解某个对象,就把这个对象与它十分相似的各种对象进行比较,找出它们的不同点;又把这个对象与它差异很大的对象进行比较,找出它们的相同点。这样,学生就较容易地明确这个对象的本质特征。

比较有两种形式,即纵向比较和横向比较①。把现在的与过去的进行比较,这是纵向比较。把现在的或某时的此事此物与彼事彼物比较,这是横向比较。纵向比较有助于发现变化;横向比较有助于找到差异。进行比较时,应遵循以下规则:① 相互比较的事物或现象必须在性质上有联系;② 比较必须始终按照同一标准进行;③ 在比较的事物或现象中,至少要有一种事物或现象是熟悉的。

分类是在脑中依据事物或现象的本质特征,把它们归入适当的类别中去的思维过程②。分类是一种变式的比较,同时也是一种特殊的分析和综合。通过分类,可以揭示事物或现象的从属关系和等级系统以及概念的内涵与外延。分类是一种复杂的思维活动,依据事物或现象的外部特征和非本质属性进行分类,这是前科学的分类,只有根据事物或现象的内部特征和本质属性进行的分类,才是真正意义上的科学分类。例如,学生掌握数的概念时,把数分为实数和虚数,又把实数分为有理数和无理数,有理数又可分为整数和分数等。由于学生年龄的差异,思维发展水平不同,分类的水平也不同。小学生往往不是根据事物的本质特征而是根据事物的外部特征和事物的功能进行分类。

3. 抽象与概括

抽象是在脑中把同类事物、现象的本质属性抽取出来,而舍弃其非本质属性的思维过程。抽象主要在分析、比较的基础上进行。例如我们对人的认识,人可以分为男性、女性;工人、农民、军人、学生、教师;河南人、河北人;白种人、黄种人、黑种人;人能吃饭、能睡觉、能喝水、能活动、能知觉、能记忆、能说话、能思维、能制造工具、会使用工具等。通过分析、比较,抽取出人类具有的共同的、本质的属性,即能说话、能思维、能制造工具等,舍弃能吃饭、能睡觉、能喝水、能活动等其他动物也会有的非本质属性,这就是抽象过程。抽象的作用就是使我们认识事物的本质与内部规律。

有人认为,科学的抽象似乎离感性的现实更远。其实不然,正因为抽象触及了一类事物的本质特征,洞悉了事物的内在规律因此它更能真实而正确地反映客观现实。

概括是在头脑中把抽象出来的事物的共同的、本质的特征综合起来并推广到同类

---

① 曹传咏等. 在速示条件下儿童辨认汉字字形的试探性研究[J]. 心理学报,1963,8(3):203-211.

② 黄希庭. 心理学导论[M]. 北京:人民教育出版社,1991.

事物中去,使之普遍化的思维过程①。例如,我们把"人"的本质属性——能言语、能思维、能制造工具综合起来,推广到古今中外一切人身上,指出:"凡是能言语、能思维、能制造和使用工具的动物都是人。"对"鱼类"进行"抽象"之后,再把抽象出来的本质属性综合起来,就得到了"鱼是生活在水里,用鳃呼吸,游动靠鳍的脊椎动物"的认识,这就是概括。概括的作用是让我们的认识由感性上升到理性,由特殊过渡到一般。概括有两种形式:一种是概括事物或现象的外部特征,并通过初步比较,舍弃互不相同的那些特征,然后把共同的特征加以概括,这是知觉、表象水平的概括;另一种是根据事物或现象的本质特征,通过科学的比较与抽象,然后加以概括,这是真正思维水平的概括,是概括的高级形式。

抽象与概括是彼此紧密联系的,通过抽象与概括我们就可以把有限事物的本质特征推广到一类无限多的事物中去。所以,通过抽象与概括就形成了概念、原理、定律等,同时,我们也才能发现事物或现象之间的普遍联系以及这些联系的规律与法则。

4. 具体化与系统化

具体化是指在头脑里把抽象、概括出来的一般概念、原理与理论同具体事物联系起来的思维过程,也就是用一般原理去解决实际问题,用理论指导实际活动的过程②。例如,我们可以把一般与个别,理论与实际,抽象与直观等结合起来,把理论转化为能够实际应用的技能、方法或策略,从而促使问题更容易被理解。

系统化是在分析、综合、比较和分类的基础上,在人脑中把一类事物按一定的顺序和层次组成统一系统的思维过程。例如,生物学中将所有的动物分为脊椎动物和无脊椎动物,脊椎动物又分为鱼类、两栖类、爬行类、鸟类和哺乳类等,无脊椎动物又分为原生动物、腔肠动物、环节动物和节肢动物等。又如,学生掌握数的概念,在掌握整数、分数知识之后,可以概括归纳为有理数;当数的概念扩大,学习了无理数之后,又可把有理数和无理数概括为实数;掌握了虚数之后,又可把实数和虚数概括为数,从而系统掌握的数的知识。

系统化的知识便于在大脑皮层上形成广泛的神经联系,使知识易于记忆。只有掌握了系统的知识结构,才能真正理解知识,才能在不同条件下灵活运用知识。教师指导学生对学习的材料进行归类、编写提纲、绘制知识树图或知识分类表,就是系统化的实际操作。

总之,分析、综合、比较、分类、抽象、概括、具体化、系统化等思维过程,既相互区别又相互联系,辩证统一地贯穿于思维活动之中。这些思维活动过程的有效进行,使我们对客观事物的认识由简单到复杂,由感性到理性,实现着认识活动的飞跃与升华。

(二) 思维的形式

思维形式是相对于思维内容而言的,人的各种思维内容都有其一定的思维形式。由于人的思维活动极其复杂,因而相同的思维内容可以用不同的思维形式来表达,不同的思维内容也可以用相同的思维形式来表达。思维主要包含概念、判断和推理三种

---

① 刘爱伦. 思维心理学[M]. 上海:上海教育出版社,2002.
② 邵志芳. 思维心理学[M]. 上海:华东师范大学出版社,2001.

形式。

1. 概念

概念是人脑对客观事物的本质属性，以及对具有这些属性的事物的概括反映[①]。事物都具备本质属性与非本质属性。所谓本质属性是一事物成为该事物并区别于其他事物的属性。例如人这个概念，它的本质属性是能劳动和制造工具，而且具有意识。这些属性使人类和其他动物最终区别开来。本质属性以外的其他属性就是非本质属性，又如"人"还有性别、肤色、年龄等属性，这些都是非本质属性。概念是在抽象概括的基础上形成的，通过抽象概括舍弃了事物的次要的、非本质的特性，把握了事物的本质特性。

概念不是一成不变的，它是在人类社会历史的进程中不断形成和发展的。我们每一个人都要通过掌握这些具有发展性的概念来获得前人积累的知识经验，在这个基础上，才能进行正常的心理生活并参与社会活动。

2. 判断

判断是用概念去肯定或否定某事物具有某种属性的思维形式[②]。判断用两个或两个以上的词，加上"是、不是、有、无"等词组成的句子表示。我们说"天黄有雨，人黄有病"，就是肯定了天空颜色与天气变化，人的身体状况与肤色之间的关系。

判断一般有下列两种形式。

（1）直接判断

这是通过感性经验做出的判断，不需要复杂的思维活动。既可以用词来表达，也可以用动作来表达。例如，香蕉是黄色的；手伸进冷水中，我们马上会感到凉。

（2）间接判断

这是通过理性经验而做出的判断，需要复杂的思维活动参与。间接判断反映的是事物的因果、时空、条件等方面的关系，其中最主要的是因果关系。例如，我们常说"朝霞不出门，晚霞行千里"，从"朝霞"而判断出"不能出门"，这是复杂的思维过程，是间接判断。再比如，大夫根据病人 CT 报告单来诊断疾病，气象学家根据云彩的变化来预测天气，地质学家根据矿石的含量来测算矿藏的储量等，都是间接判断的例子。

3. 推理

推理是从已知判断推出新的判断的思维形式，主要包含归纳推理、演绎推理和类比推理三种形式。

归纳推理是从特殊事例出发，推导出一般原理的思维形式。如从金、银、铜、铁、锡等金属都导电，推出一切金属都导电。演绎推理是从一般到特殊，即从一般原理到个别特殊事例的推理。我们知道了所有的金属都导电，铁是金属，所以铁是导电体，这就是演绎推理。归纳推理与演绎推理是相互联系的。归纳得出的结论，可以用演绎去验证，而演绎是从以往的归纳获得的。

从某个特殊的事例推导出另一个特殊事例的思维形式就是类比推理。比如把鱼类

---

① 汪安圣. 思维心理学[M]. 上海：华东师范大学出版社，1992.
② 王甦，汪安圣. 认知心理学[M]. 北京：北京大学出版社，1992.

的特征与鲸鱼的特征比较,再把哺乳动物的特征与鲸鱼的特征比较,得出鲸鱼是哺乳类动物,不是鱼类,这就是类比推理的过程。

要获得正确的推理,有两个要求:一是推理材料要真实可靠,二是推理过程要合乎逻辑。如果推理的材料不真实可靠,或者推理过程违反逻辑,就会发生"误推"。造成推理错误的原因往往有两个:一是"气氛效果"的影响,即由于先前形成的气氛,使人不顾逻辑步骤而得出错误的结论;二是"情绪偏见"的影响,即明知结论是错误的,但符合自己的情绪要求,因而也认为是正确的。①

在教学中,教师不能满足于只看学生回答或演算的结论,应当对学生运用概念进行推理和判断的思维活动加以考察。这样,教师就可以对学生理解教材、分析问题与解决问题等思维活动做更有针对性地指导。

三、想象及其作用

想象是人在头脑里对已储存的表象进行加工改造并形成新形象的心理过程。例如,人的大脑里储存有很多人和动物的形象,如果能够把人的形象和动物的形象进行结合,创作出新的形象,这就是想象。吴承恩就是利用想象创作猪八戒、孙悟空等文学形象。

想象与思维有着密切的联系,都属于高级的认知过程,由个体的需要所推动。例如,在科幻小说的创作中,所有的场景都是指向未来的。当前世界的人们怎么可能知道未来世界是什么样子的?这就需要通过想象和思维来完成。科幻小说里丰富的画面感是通过想象来完成的,而各种各样符合逻辑的故事是通过思维的推理来完成的。

(一) 想象

想象是人脑在思维的参与下,对表象进行加工、改造而创造出新形象的心理过程。人通过想象可以创造出自己没有经历过的、现实中尚未存在或者根本不可能存在的事物的形象。想象的形象无论多么新奇,但构成想象的材料都是我们过去感知过的现实中存在的客观事物的形象。

(二) 想象的种类

根据想象是有无预定目的的,可以把想象分为无意想象和有意想象。

1. 无意想象

无意想象是指事先没有预定的目的,由一定的刺激引起的、不由自主进行的想象。如看到一张自己在海边嬉戏的照片,自然而然地想到拍照那天在海边追逐海浪的情景。在进入青春期后孩子们的"白日梦"现象,也是无意想象的表现。平时我们睡眠中的梦,则被视为无意想象的一个极端的例子。

在无意想象这种思维活动中,思维主体没有特定的目的,可以让思维的翅膀任意飞翔,达到一种非常自由的状态。无意想象的价值在于让潜意识活跃起来,便于灵感的产生,再进一步通向创新的结果。但真正说来,无意想象不能直接产生创造性成果,必须

---

① 张庆林,邱江. 思维心理学[M]. 重庆:西南师范大学出版社,2007.

有主体有意识的、系统的参与,才能把想象转换为具体的方案。

2. 有意想象

有意想象是指有预定目的,需要经过一定意志努力的想象,包括:再造性想象、创造性想象和幻想。

(1) 再造性想象是人们获得间接经验与知识的重要途径,是学生理解和掌握知识不可缺少的条件。

知识是间接经验的概括,人类不可能也不必要去体验感知所有的知识,而主要是教师借助于书本、语言图表、模型符号讲授的。知识只有在学生头脑中形成相应的形象,才能真正被理解和掌握,否则,只能停留在机械记忆的水平上。任何再造性想象的形成均要求有相关的表象和思维的组织作用。缺乏表象,想象就没有基础,新的表象究其根源无从谈起,想象就不可能产生。但想象也不是表象的堆砌,而是按照一定目的任务,言语思维对表象起着组织、支配规划的作用。

(2) 创造性想象是指根据一定的目的任务,不依据现成的描述而独立地创造出新形象的过程。

其特点是:新颖、独创、奇特。如作家创作的新的人物形象、科学家提出的新理论、实验研究的成果、技术革新,等等。达·芬奇的名作《蒙娜丽莎》中永恒的微笑,就是从微风吹起湖水的涟漪受到启发而找到创作灵感的。毕加索的立体主义绘画深受非洲木雕的启发,亨利·摩尔的现代雕塑深受东方园林的奇山异石的启发。创造性想象的新形象必须是前所未有的,因此,它比再造性想象要更复杂、更困难,它需要对已有的表象材料进行深入的分析、综合、加工、改造,在头脑中进行创造性构思,是一项复杂的脑力劳动。

(3) 幻想是指向未来并与个人愿望相联系的想象。

第一,幻想所产生的是个人所希望与向往的事物的形象。第二,幻想没有预定目的,不一定以客观规律作依据,不一定具备实现的可能性,有些仅仅是想想而已。幻想可分为积极的幻想和消极的幻想。积极的幻想又称科学的幻想,对于人们的工作和活动有推动作用,许多科学发明创造都与科学幻想联系在一起。消极的幻想是指离开现实,脱离实际,违背事物发展规律的想象,也叫空想。以主观愿望代替实际行动,到头来只能是一无所获。

(三) 想象的作用

1. 想象具有预见的作用

心理学的研究表明,人们从事任何活动(包括学习活动)之前,首先必须在头脑中确立定向目标,即能够想象出活动过程及其结果,一旦活动过程结束,将是头脑中预定观念的实现,于是人们的活动就有了主动性、预见性和计划性,这有助于活动的顺利完成。科学家的发明、工程师的设计、作家的人物塑造、艺术家的艺术造型等活动都离不开人类的想象,都是想象预见性的体现。学生的学习也是一样,一个想象力贫乏的学生,他考虑问题的思路必然狭窄,也不可能有很高的分析问题和解决问题的能力,其智力发展也是不充分的。

由于想象的预见作用,我们不需要造好了房子,才知道它是怎么样的,也不必等到裁减、制作完成才知道服装是否合适。根据想象的结果可以提前调整自己的行为,使结果朝向我们预期的目标发展。如果没有想象,人类的学习就会永远停留在尝试—错误学习阶段。心理咨询技术中的"空椅子"技术就是让来访者把空椅子想象成交往对象,当来访者以某种方式和"对方"沟通后,调换角色,来访者坐到对面,把自己想象为对方,对刚才的沟通信息做出应答。通过这种角色扮演,调整来访者的沟通方式,以改善来访者的人际交往技巧。可见,想象的预见作用在人际交往中也发挥着重要作用①。想象具有补充知识经验的作用,在实际生活中,有许多事物是人们不可能直接感知的。如宇宙间的星球,原始人类生活的情景,这些空间遥远或时间久远的事物,人们是无法直接感知的。但是,通过想象可以补充这些知识的缺乏。

2. 代替作用

当人们的某些需要不能得到实际满足时,可以利用想象的方式得到满足或实现。例如,儿童想当一名飞行员,但由于他的能力所限而不能实现,于是就在游戏中手拿一架玩具飞机在空中舞起来,以满足自己当飞行员的渴望。在哑剧的表演中,许多布景和实物是通过演员形象化的动作来唤起观众的想象而获得良好效果的。在日常生活中,人们也常常从想象中得到某种寄托和满足。生活因梦想而升华,因梦想而完美。现在可能经常听到身边的人说"生活真没意思",为什么这些人会这样呢?在孩童的时候,对着一群小蚂蚁都可以津津有味地看半天,随着年龄的增长、能力的增强,为什么反而觉得生活无趣了呢?奥地利诗人里尔克说:"如果你感觉日常生活是乏味的话,请不要责怪它,责备你自己吧,责备自己没有诗人那样的想象力,以唤起日常生活的丰富性。"想象的代替作用可以暂时缓解因需要得不到满足的焦虑、紧张情绪。现实生活中,不能过分依赖想象的代替作用,过分依赖有时会导致心理活动的畸形,如性幻想。

3. 调节作用

想象对机体的生理活动过程也有调节作用。通常情况下,人体的心率、肌肉活动、呼吸频率等生理过程是受自主神经系统控制的,不能明显地被人意识到。应用现代设备,可以不断地给人提供生理过程的信息,如脑电、肌电、皮肤电、皮肤温度、心率和血压,信号回馈于生物体,使其机能不断地被调整为新的平衡状态。生物反馈在心身疾病的治疗中占有重要地位,运动心理训练的许多自我调整方法,如想象轻松愉快的情景进行放松,就是在利用生物反馈机制。

4. 补充作用

在现实生活中,有许多事物是人们不可能直接感知到的。由于时空的限制,原始人生活的情景,千百万年前发生的地壳变动和历史变迁,各种宏观世界与微观世界的结构与运动状况等,要直接感知是很困难的,有的甚至是不可能的。在这种情况下,可以借助想象,弥补人们认识的时空局限和不足,超越个体狭隘的经验范围,扩大人们的视野,对客观世界产生更充分、更全面、更深刻的认识。

---

① 高建国. 人性心理学[M]. 北京:中国经济出版社,2013.

第二节　小学生的思维与想象

一、小学生思维的发展

（一）小学生思维发展的基本特点

1. 形象思维到抽象思维

学前儿童的思维以具体形象思维为主。入学以后，在学校教育教学这一新的生活条件要求下，在学前儿童思维发展的基础上，思维开始有了新的发展。各种学习活动要求小学生掌握大量的间接的知识经验，单凭直接感知已远远不够。他们必须进行分析、综合、比较、概括等思维活动，使知识条理化和系统化。但是刚入学的小学生的思维还处在具体形象思维阶段，这就产生了发展抽象逻辑思维的新需要与原有的具体形象思维水平之间的矛盾。这一矛盾的结果，使小学生的思维逐渐由具体形象思维向抽象逻辑思维水平过渡。朱智贤在《儿童心理学》一书中指出，小学生思维发展的基本特点是从以具体形象思维为主要形式逐步过渡到以抽象逻辑思维为主要形式。但这种抽象逻辑思维在很大程度上是直接与感性经验相联系的，仍具有很大成分的具体形象性。

小学低年级学生的思维虽然已经开始有了抽象的成分，但他们所掌握的概念大部分是具体的，可以直接感知的，他们难以指出概念中最主要的、本质的东西。他们的思维活动在很大程度上还是与具体事物或生动的表象联系着。只有在中、高年级阶段，小学生才逐步学会分出本质的东西与非本质的东西，学会掌握初步的科学定义，学会独立进行逻辑论证。但是，即使达到以抽象逻辑思维为主要形式的思维水平，仍然带有很大的具体性。

2. 思维发展不平衡

在整个小学阶段，小学生的抽象逻辑思维水平在不断提高，小学生思维中的具体形象成分和抽象成分的关系在不断发生变化，这是它发展的一般趋势。但是具体到不同的思维对象、不同学科、不同教材的时候，这个一般的发展趋势又常常表现出很大的不平衡性。在小学教学实验中可以看到这种不平衡性，从对小学生思维的研究中也可以发现这种不平衡性。

小学生从具体形象思维向抽象逻辑思维过渡，不是立刻实现的一个简单的过程，而是一个复杂而又漫长的过程，具体表现在以下几个方面：

（1）在整个小学阶段，小学生的抽象逻辑思维在逐步发展，但仍然带有很大的具体性。

小学低年级学生所掌握的概念大部分是具体的、可以直接感知的，要求他们指出概念中最主要的本质的内容，常常是比较困难的。到了小学中、高年级，他们才逐步学会区分概念中主要的内容和次要的内容、本质的内容和非本质的内容，学会掌握初步的科学定义，但是还是离不开直接经验和感性知识的支持，思维仍带有很大成分的具体形象性。例如，虽然可以通过定义的形式来学习"劳动"这个概念，但教师必须举出各种体力劳动和脑力劳动的例子,否则学生就难以理解"劳动"这个概念,或错误地把"劳动"理解为"体力劳动"。

(2) 在整个小学阶段,小学生抽象逻辑思维的自觉性开始发展,但是仍然带有很大的不自觉性。

小学低年级学生虽然已经学会一些概念,并能进行判断推理,但是还不能自觉地来检查、调节或论证自己的思维过程。他们常常能够解决某种问题,却说不出自己是如何思考、如何解决的。这是因为对思维本身进行分析与综合是和内部言语的发展分不开的。只有在正确的教育下,小学生逐步从有声思维向无声思维过渡的时候,他们自觉地调节、检查或讨论自己的思维过程的能力才会逐步地发展起来,从而使他们的抽象思维能力达到新的高度。

(3) 在整个小学阶段,小学生思维的发展在从具体形象思维向抽象逻辑思维过渡中,存在着不平衡性。

随着抽象逻辑思维水平的不断提高,小学生思维中的具体形象成分和抽象逻辑成分的关系在不断发生变化,这是思维发展的一般趋势。但是具体到不同的思维对象时,这个发展趋势又常常会表现出很大的不平衡性。例如,小学生已经掌握整数的概念和运算方法,而不需要具体事物的支持,可是,当开始学习分数的概念和分数运算时,如果没有具体事物的支持,他们就会感到困难。又如,小学生在学习数学时,已经达到了较高的抽象水平,可以离开具体事物进行抽象的思考,但是在学习历史时,仍旧停留在比较具体的表象水平上,对历史发展规律的理解仍存在困难。

(4) 在整个小学阶段,小学生的思维从具体形象思维到以抽象逻辑思维为主的过渡,是思维发展过程中的质变。

小学生思维的这种过渡,存在着一个转折时期,即小学生思维发展的关键年龄。对于这个关键年龄,一些心理学工作者做了大量的研究。一般认为,这个关键年龄出现在小学四年级(约10~11岁)。如果教育条件适当,这个关键年龄可以提前到三年级。对此,研究者的意见还不太统一,大致在四年级前后,确切地说,应在三至五年级之间。也就是说,思维发展的关键年龄有一定的伸缩性,不是绝对的,它取决于教师的教学水平、教学方法等外在条件以及学生的个体差异。这说明小学生的思维发展存在着很大的潜力,只要师生共同努力,适当挖掘,这个潜力就可能转变为小学生巨大的能力因素。

从小学阶段起,小学生逐渐具备明确的思维目的性,表现出完整的思维过程,有着较完善的思维材料和结果,思维品质的发展使个体思维表现出显著的差异性。这表明,小学生思维的过渡性,标志其思维结构在从不完善向完善水平过渡。尽管小学生的思维主要表现为初步抽象逻辑思维,但它却具备了一切逻辑思维的形式,包括辩证逻辑思维的萌芽。

(二) 小学生思维能力发展的一般特点

我国心理学工作者对小学生思维的过程,特别是对其概括、比较和分类水平的能力发展做过一系列的研究。

1. 小学生比较能力的发展

低年级儿童进行比较时,不善于分清本质的与非本质的特点,在教育的影响下比较

能力逐步发展起来。小学儿童对事物的相异点要比相同点容易发现,因而主张教学从相异点开始,然后过渡到相同点。进行比较时,应从较为悬殊的特点入手,而后再比较细微的差异。

我国心理学工作者针对这些问题开展了很有价值的研究,并获得一系列相关成果。他们采用谈话法,研究一、三、五年级小学儿童比较具体实物、字形、词义和课文内容异同的能力特点,以考察小学儿童比较能力发展的特点。研究结果表明:第一,小学儿童比较能力的发展是随年龄和年级的增长而不断加快的。从正确区分具体事物的异同逐步发展到区分抽象事物的异同;从直接感知条件下进行比较逐步发展到运用语言在头脑中引起表象的条件下进行比较。第二,小学儿童比较能力的发展,在不同的条件下具有不同的特点。在某些条件下,对某些对象进行比较时,既能在相似事物中找出相同点,又能找出其细微差别;而在另一些条件下,对另一些对象进行比较时则又不同,不能笼统地认为儿童(尤其是低年级儿童)总能容易地找出相异点。因此,在教学中,应注意根据不同的教学内容确定的不同的重点,采用不同的方法进行比较。

2. 小学生分类能力的发展

考察小学生的分类能力,有助于研究儿童思维发展的年龄特点。刘静和等人早在20世纪60年代初就对4～9岁儿童的分类与分类命名能力进行了实验研究,获得了很有价值的成果。朱智贤等人(1982)进一步研究了小学生字词概念综合性分类能力,结果发现:第一,大多数小学生是从事物的外部特征或功用特点来说明分类根据的,随着年龄的增长,能从本质上说明分类依据的人数有所增加。第二,解决同一课题,不同年级组的学生,表现出不同的分类水平。一年级、四年级是字词概念分类能力发展的转折点。第三,同一个年级组的学生,在解决难度不同的客体时,表现出不同的分类水平,分类材料的难易程度对分类水平的影响明显。第四,低年级学生,对分类材料仅作次分类,四年级起,出现组合分析的表现,五年级时组合分析能力有较明显的发展。这一发展趋势说明,小学生组合分析分类能力和他们抽象逻辑思维能力的发展密切相关。

3. 小学生概括能力的发展

在学校教育教学的影响下,小学生的概括能力有了迅速发展,逐步从对事物外部特征的概括过渡到对事物本质特征的概括。研究表明,小学生概括能力的发展一般要经历以下三个阶段:

(1) 阶段1,直观形象概括水平(7～8岁)

此时学生的概括水平和幼儿的概括水平相接近,以直观形象概括为主。小学生所能概括的事物属性,常是事物的直观形象和外部属性。

(2) 阶段2,形象抽象概括水平(8～10岁)

此时学生的概括水平以形象抽象概括为主,即处于从形象水平向抽象水平的过渡状态。在小学生的概括中,事物直观的、外部属性的成分逐渐减少,本质属性的成分逐渐增多。

(3) 阶段3,初步的本质抽象概括水平(10～12岁)

此时学生的概括水平以本质抽象概括为主。虽然小学生能够对事物的本质属性以及事物的内部联系进行抽象概括,但是,这种抽象概括还只能是初步接近科学的概括。因为,小学生对那些与他们生活领域距离太远的科学规律进行抽象概括还是非常困难的,需要进一步提高和发展。

(三) 小学生思维形式的发展

1. 小学生概念的发展

首先,概念内涵逐步深化。由于生活经验和智力发展水平的限制,小学低年级学生往往不能从事物的本质属性上来认识事物,掌握概念,即对概念内涵的掌握水平较低。他们有时会说出一些比较抽象的概念,如民族、祖国等,但实际上并不真正理解这些概念的含义。随着知识经验的积累和智力的发展,小学生对概念的掌握逐渐从事物的直观属性中解放出来,代之以一般的、本质的属性,使概念内涵逐步深化。

其次,概念外延逐步丰富。国内外心理学家对儿童各类概念,如数概念、字词概念、时间概念、科学概念、社会概念、生活概念等的发展特点及儿童掌握各类概念的趋势进行了研究,结果表明,小学生的这些概念是随着年龄增长而不断丰富起来的。由于语言因素和数学因素在智力发展中占有特别重要的地位,因此,一般将字词概念和数学概念的发展作为考察小学生概念外延丰富化的主要指标。

字词概念的发展主要表现在小学生识字量的发展、掌握词性词类(名词、动词、数词、量词、形容词等)的发展、用词造句的发展、阅读能力的发展、逻辑认识能力的发展、写作能力的发展等方面。在教学的影响下,随着年级的升高,小学生在这些方面的数量和质量也都随之提高。

数学概念的发展主要表现在小学生认数、数序、数列、数的分解组合、运算、应用、长度、面积和体积等概念的发展。以数和数量概念为例,刘范等人(1981)在对十个地区7~12岁儿童数的概念和运算能力发展的研究中发现,7~8岁儿童初步形成三位以内整数概念系统,可以逐步掌握三、四位数范围内的"相邻数""认写""比大小""图数互换"等;9~10岁儿童的整数、小数概念系统已分别处于形成和巩固过程之中,基本上能掌握万以上的整数;11~12岁儿童能较系统地掌握整数、小数、分数的概念。

再次,概念系统逐步形成。任何一个概念,都是从其他概念发展来的,小学生头脑中新概念的形成是和其他概念紧密联系着的,是在已有概念的基础上,和有关概念形成一种体系。小学生通过分析、综合、比较、抽象与概括,逐步掌握了字词、句子,并能造句、写作文等,从而形成语文概念系统;在数字上,逐步掌握了数位、整数、小数、分数等复杂的数的概念及其运算系统。小学生在语文概念系统性和数学概念系统性的基础上逐步形成了思维的系统性。当然这种系统性只是初步的,还有待于进一步地发展。

2. 小学生判断能力的发展

随着年级的升高,小学生判断能力逐步提高。小学一年级学生往往依据个别的外部特征而片面地判断某一事实或事件。例如,有的一年级学生认为苍蝇不是动物,因为在他们看来,动物要有大的形体,并且要有四只脚。二年级学生能以多种理由来解释同一事实。例如,当回答"为什么某同学今天没来上课"这一问题时,他们一般会说出各种假定:可能他生病了;可能他家里有事;可能他起床晚了等。可是,在他们说出各种假定时,并不去证实哪种假定最正确,因为他们还不会论证自己的判断。小学中高年级学生逻辑判断能力有了进一步发展。例如,三年级学生能正确解答复杂的应用题及语法中的复合句;高年级学生能根据纬度判断出我国大部分地区处于北温带。但是,小学高年级学生的逻辑判断能力还是不很完备的,还不能对现实的复杂关系进行完备的反映。

3. 小学生推理能力的发展

掌握比较完善的逻辑推理能力是儿童智力发展的重要环节和主要标志,小学生的推理能力是在学习实践中逐步发展起来的。

关于小学生直接推理能力的发展,有关研究表明:① 小学生直接推理能力的发展明显地表现出三个发展阶段:一、二年级为一个阶段;三、四年级为一个阶段;到五年级时为另一阶段,其中四到五年级之间有一个思维发展的加速期。② 小学生掌握三种不同形式(换质、换位、换质位)的直接推理,不是同步的,其正确的次序为换位—换质—换质位。③ 特称判断的成绩高于全称判断,肯定判断的成绩高于否定判断。

关于小学生间接推理能力的发展,林崇德(1981)研究了小学生归纳推理和演绎推理的发展趋势,得出结论:① 小学生归纳推理和演绎推理能力的发展既存在着年龄差异,又表现出个体差异;② 随着年龄增长,小学生推理范围的抽象性也在加大,推理的步骤日趋简练,推理的正确性、合理性、推理品质的逻辑性和自觉性也在加强;③ 在运算能力发展中,小学生掌握归纳和演绎两种推理形式的趋势和水平是相近的。

综上所述,小学生的思维品质的发展存在着明显的年龄特征。一般说来,小学生思维的敏捷性与灵活性是稳步发展的在小学阶段中,儿童运算中的思维敏捷性与灵活性没有出现"突变"或"转折点",思维的敏捷性往往易变化,不稳定。也就是说,在小学生的思维敏捷性的发展上,其年龄特征更易表现出可变性。思维的灵活性则相对较稳定,在发展中其表现形式也比敏捷性要丰富。小学生思维的深刻性,在发展中既表现出不断发展的趋势,又有一个三、四年级的转折或关键期。从三、四年级起在儿童思维的逻辑性成分逐步占主导地位。小学生思维的独创性,比其他思维品质的发展要晚和复杂,涉及的因素要多。在教育中,既不能忽视小学生思维独创性品质的发展与培养,也不能过高地估计他们独创性思维品质的水平。

二、小学生想象的发展

(一) 小学生想象发展的特点

小学生想象的发展主要表现为想象的有意性、现实性和创造性的发展上。儿童进入小学以后,在学校教育教学的影响下,想象有了进一步的发展。表现出如下特点:

1. 想象的有意性迅速增长

刚入学的小学生无意想象占优势,其想象的主题容易变化,想象的内容具有明显的直观性、片面性和模仿性。随着年级的升高、学习难度的增加,小学生为了更好地理解教学内容,完成作业,必须不断地进行有意识、有目的的想象活动。例如,在阅读课中,会要求儿童进行系统生动的讲述或有表情的朗读;在作文课中,会要求学生围绕主题进行文章的构思;在美术课上,会要求学生通过想象来设计富有美感的构图。到了三、四年级,小学生有意想象逐渐占主要地位,从而使他们能够顺利地完成各门课程的学习任务。但是在整个小学阶段,小学生想象的主题易变性还很明显,想象不能有效地指向于某一预定的目的,尤其是对不熟悉的事物,他们的想象往往显得简单而贫乏。小学生有意性想象的发展与小学教学的要求关系密切,入学后的小学生更多地从书本中获得间接经验。在教学过程中,各科教师都要求小学生学会利用已有的知识对教学内容进行想象,教学活动大大促进了小学生想象的有意性和目的性的发展。

2. 想象的创造性成分逐步增多

小学生想象创造性的发展指从再造想象中有创造性的成分,逐步扩展到独立地进行创造想象。小学低年级学生以再造想象为主,想象富于模仿性、再现性,想象的内容常常是事物的简单重现,这和他们的抽象逻辑思维发展水平较低有关。低年级小学生想象的形象往往具有复制性和模仿性,创造加工的成分不多。因此,低年级小学生刚开始写作文时,只能是"习作例文",即要求学生仿照例文的手法去写一篇作文。在教学的影响下,随着表象的积累、言语和抽象思维的发展,小学生想象中的创造性成分逐步增多,想象也更富有逻辑性。中、高年级的小学生,他们不仅在再造想象中创造性成分越来越多,而且能对已有表象进行真正的创造性加工,能独立地进行创造想象。因此,中、高年级开始了命题作文,他们能根据题目来构思出一篇前所未有的文章。例如,同样一个作文题目(如"春天"),低年级儿童写的内容就比较简单、贫乏,而中高年级儿童就能写得比较细致、丰富,并且有逻辑布局。但总体而言,在整个小学阶段,小学生想象的概括性和逻辑性的水平还是较低的,因为缺乏必要的知识经验,想象总是简单而贫乏。

3. 想象逐渐符合客观现实

想象的现实性指想象的形象能真实地反映现实。儿童入学以后,想象的现实性逐渐提高,主要有以下表现:① 想象所反映的形象越发接近现实事物。想象形象的特征数由少到多,结构配置由不合理到合理。② 从热衷于完全脱离现实的神话虚构逐渐转向对现实生活的幻想。低年级小学生对童话、神话信以为真,爱听童话故事和神话故事,爱看动画片。小学低年级学生的想象常常脱离现实,不能准确地反映客观现实。在教学的影响下,随着学习内容的深入和知识经验的逐步积累,到了中、高年级,小学生想象的内容逐渐符合客观现实。以绘画为例,小学低年级学生在绘画时已经有简单的布局和突出的细节,但是由于受知识经验水平的限制,他们所画的事物还常常是不完整的,而且大小比例、远近关系和空间关系等一般表现得不正确,不符合现实事物;而中、高年级小学生在绘画时,不仅能注意所画事物的完整性,而且能初步运用透视关系来更真实地表现事物。

4. 小学生想象概括性逐步提高

小学生想象概括性的发展指想象从有很大的具体性、直观性向有一定的概括性、逻辑性发展。表现为想象所凭借的依托物由实物向词语演变。低年级小学生的想象必须依靠具体的对象,如果没有这些对象,想象就难以进行。到了中、高年级,小学生能逐渐不靠图画和具体对象的帮助,凭借词语来想象。

(二) 小学生幻想的发展特点

小学生想象中创造性成分的日益增多,促进了他们幻想的发展,并表现出如下特点:

1. 由直观性、虚构性向抽象性、现实性发展

小学低年级学生在幻想时往往把现实事物加以夸大或缩小,非常喜欢童话和神话故事中虚构的成分,常常被所描述的情节感染。随着年级的递增、思维水平的提高和知识经验的增多,小学生对童话故事的喜欢程度逐步降低,而代之以更富有现实性或结构复杂、想象丰富的文艺作品。可见,小学生的幻想正处在从远离现实的幻想逐步向合乎现实规律的幻想发展。

2. 由笼统性、肤浅性向分化性、深刻性发展

关于未来的志向,小学低年级学生认识比较笼统和肤浅。他们认为,军人是打仗的,工人是做工的,农民是种田的。随着年级的升高,小学生对志向的认识逐渐分化和深刻,如他们已经知道军人有很多不同的种类,包括海军、空军等。

3. 由易变性向稳定性发展

在整个小学时期,小学生幻想的易变性一直占主导地位,但幻想的稳定性在逐步发展着。低年级小学生的幻想水平接近幼儿,具有明显的易变性,在中、高年级幻想才逐步表现出一些稳定性。

4. 由非社会性向社会性发展

低年级小学生幻想中的非社会性成分所占的比重很大,但随着年级的升高,幻想中社会性成分逐渐增多,幻想的内容受社会历史发展的影响加强。因此,学校、家庭和社会教育,要根据小学生幻想的年龄特征和具体特点激发小学生的想象力,积极引导学生从远离现实的幻想逐步发展到现实主义的幻想,并引导学生的想象向正确的、有益的方向发展。

第三节 小学生思维、想象的培养与教学

一、小学生的思维能力的培养

自从小王进入小学,他就是一个非常不开心的小男孩……危机在三年级的时候到达了顶峰,那一年真是灾难之年。他不会阅读,而且讨厌学校。他的妈妈回忆说:"因为他不想上学,所以总是在早上发脾气。"一年前,应妈妈的强烈要求,学校给小王进行了权威的诊断测验。结果显示他存在许多大脑加工方面的问题,这些能够解释为什么他总是混淆字母和发音。现在小王的问题已经有了一个名称,他正式地被诊断为思维障碍中的学习障碍[①]。

为什么学校的专家们会把案例中的小王诊断为有思维障碍的学生?他们诊断的标准是什么?一个正常的小学儿童又应该有什么样的思维发展?小学儿童的思维发展有什么规律吗?通过这一节的学习,我们可以了解小学生思维发展的特点,知道正常学龄

---

① 罗伯特·费尔德曼. 发展心理——人的毕生发展[M]. 苏彦捷,等译. 北京:世界图书出版公司,2007.

儿童的思维发展水平以及基本规律,这不仅能帮助教师们更好地对小学儿童进行教育,也能让我们更及时地发现身边类似小王一样有思维障碍的儿童,并尽早给予他们帮助。

1. 丰富儿童的感性知识

思维是在感知觉的基础上进行的高级认知活动活动。思维的全部材料来自感性经验。因此,要发展小学生的思维,首先要丰富他们的感性经验。整个小学阶段,儿童思维活动的直观形象性是很突出的,即使到了高年级,他们形成概念、理解教材、进行判断推理也常常离不开感性材料的支持。因此,帮助儿童掌握大量内容丰富、印象深刻、生动而准确的感性知识是发展儿童抽象逻辑思维必不可少的条件。

在小学阶段,儿童丰富的感性知识主要是在其直接接触环境的过程中和阅读活动中形成。其他如参加校内外的各种活动也都是获取知识的机会。除了增加儿童感性知识的数量之外,教师也要注重扩展儿童感性知识的范围。在教学中,教师应注意适当地运用实物、图片及各种直观教具,并根据教育和教学的需要组织参观访问、游览等活动。

每一位教师都必须明白,感性经验只是思维的材料,而不是思维的结果。教师在丰富小学生感性经验的同时,要善于引导小学生进行抽象的思维活动。只有这样才能有效地推动小学生思维的发展。对于儿童来说,感性知识的重要的品质在于它能准确、全面地反映事物事实,它的概括性水平高,在应用时能在头脑中清晰地浮现出来。因此,在组织儿童观察事物、接触实际时,教师应有意识地教会他们观察的方法,使其获得事物的完整表象,并让他们有机会学会运用这些感性材料。

2. 发展儿童的言语

言语是思维的工具,儿童思维的发展是同他们言语的发展密切联系,因此儿童言语的发展水平与他们思维的发展有着直接关系。

发展小学生的言语能力发展小学生的言语能力是小学各科教学面临的共同任务。教师应当通过各种途径让学生掌握更多的词汇,使学生的思维有一个准确、得心应手的工具。通过教学和训练既要使小学生达到领会实际操作(制作、绘画、解题、实验等),又要能正确使用口头言语和书面言语表达的能力。因此,教师应经常要求学生用口头言语叙述自己对问题的理解和相应的解题过程。这样,儿童既会实际操作,又能用口头语言和书面语言表达出来,这就形成思维的一项重要品质——思维的自觉性。

3. 帮助儿童形成正确的概念

概念是思维的单位,让儿童掌握正确的概念是发展思维的首要环节。在概念的形成过程中,变式和比较起着重要的作用。变式就是将概念的正例(一切符合概念范围的具体实例)加以变化,它有助于排除无关特征,突出有关特征。而比较则是让儿童在正例与正例(如大碗—小碗;塑料碗—瓷碗等)和正例与反例(如碗—筐子等)之间做对比,便于发现例证之间共同的本质特征和非本质特征。

有研究发现,有些教师在讲述"直角三角形"概念在黑板上绘图时,大多把直角放在左下方,结果学生见到直角在右下方或正上方的直角三角形时就不认为它也是直角三角形。造成这种误解的原因显然是由于教师在教学中未能应用变式,缺乏比较,结果使一些学生把某些非本质属性当成了本质属性。正确的做法是,教师在教学中应积极地运用指导语强调非本质特征变化的可能性,如"要看准三角形中是否有直角,不要只注意直角的位置"。在呈现例图时要有意识地转换位置,便于儿童形成正确认识。

4. 帮助儿童掌握正确的思维方法

帮助儿童学会思维即逐步提高思维过程中的各种基本能力,如分析与综合、比较、抽象与概括、具体化能力等。

分析与综合是思维的基础,人认识事物总是先将其作为一个整体来接受,随即再对它进行分析,找出它的组成部分和细节,最后又把这些个别成分与因素综合起来,研究它们之间的关系,又当作整体来认识。当然,这时对整体的认识已不是最初笼统的认识了。教学中要注意培养儿童遇事问个为什么,有对事物进行分析的习惯。低年级儿童最初只在直接观察事物的条件下进行分析,只会对各个因素作逐一地分析,但是如果引导得法,他们就能学会利用已有的知识、概念和表象进行深刻的分析。

抽象与概括,特别是概括,是思维能力的核心成分。概括是一种特殊的综合,是把事物中许多共同点结合起来,并得出深化的认识的过程。概括是有不同水平的:把事物外部的、非本质属性结合起来是初级的概括;把区分出来的事物的共同本质特性和关系结合起来就是高级形式的概括。不论儿童的概括处于何种水平,教师都要通过特定的教学手段,认真加以训练,并使之逐步提高。

二、小学生想象能力的培养

想象可以打破时空界限,它不仅能增强教学活动的生动性,而且能使学生更好地、更深刻地理解教材,更牢固地掌握知识技能,大大提高教学质量。因此,在各科教学中都要充分利用儿童的想象。

再造想象和创造想象是密切联系的。再造想象是创造想象的基础,创造想象是再造想象的发展,再造想象中有创造想象的成分,创造想象中也包含再造想象。因此,在教学中,教师要充分认识和利用两种想象的联系,将两者很好地结合起来应用,才能使小学儿童的学习富有生动性和创造性。

小学儿童常常表现出对事物、对未来的幻想,教师要根据儿童由远离现实的幻想向现实主义的幻想过渡的特点,善于引导小学儿童把幻想和现实结合起来,发展积极的、健康的、有社会意义的幻想,使它成为学习和活动的推动力。

为了促进他们想象力的发展,教师应根据各种教学的特点,寻求有效的方法,培养其想象能力。一般说来,应做到以下几点。

1. 教学中丰富学生的表象

表象是想象的材料,在教学中发展学生的想象,必须丰富学生的表象。既要充实表象的数量,又要提高表象的质量,尽可能扩大表象的储备。因为学生表象越丰富、越充实,他们的想象也就越生动、越活跃。为此,在教学中要正确运用直观教具,为学生提供实物、图片、文字和语言等各种材料,并要使学生正确理解图画和语词所标志的意义。此外,组织学生参观展览会、博物馆、旅游和阅读文学作品,进行园艺生产劳动和实验等,都可以扩展学生的眼界,丰富学生经验,扩大想象的基础。

巴甫洛夫说:"事实就是科学家的空气,没有事实,你们永远也飞不起来。""飞起来"

就是开展想象与思维活动。在语文教学中,要训练他们根据文字的描述主动地"唤起"自己表象的能力。例如,《黄河颂》一课曾这样写道:"我站在黄河畔,望黄河滚滚,奔向东南。金涛澎湃,掀起万丈狂澜;浊流婉转,结成九曲连环。"从昆仑山下奔向黄海云边,从而在头脑中想象出一幅黄河之雄伟气势的图景时,才能加深对课文的理解。在历史教学中,要训练他们关于历史时间的表象能力,才能对历史事件发生的先后以及延续年限做出正确的判断。

2. 在教学中发展学生的言语

儿童的想象活动是在言语的调节下进行的,并以言语的形式表达出来。从想象的程序来说,小学儿童的想象又是从具体、直观的水平,逐步过渡到概括性、逻辑性的水平。因此,发展学生的言语,也是促进想象发展的重要条件。丰富学生的词汇,发展学生的言语是小学各科的教学都必须注意的。

在教学中,教师的言语是启发小学儿童想象,促进学生言语发展的重要因素。教师要用正确、清晰、生动形象化的语言描绘事物,对于抽象的材料也要设法用生动的比喻来说明。这不仅能使学生获得生动的知识,同时也为他们做出示范,有利于学生语言表达能力的提高。

想象活动是在言语的调节下进行的,并以言语的形式表达出来。从想象发展的程序看,小学生的想象力必须从直观形象的水平,逐步过渡到词的思维水平。由于言语表达能力的差异,词汇丰富,言语能力强的小学生,就能够把想象的内容顺利地表达出来;而言语能力低的学生,想象力虽然也很丰富,却难以用口头或书面的形式加以表达。因而,小学的各科教学都要注意丰富小学生的词汇,发展他们的言语能力。过于概念化的语言不易使学生的想象力活跃起来,教师在教学中,要用正确、清晰、生动的语言进行讲解,力求使教材的内容在小学生头脑中形成鲜明的形象。

3. 营造适宜儿童想象力发展的环境

首先,要培养和保护好学生的好奇心,好奇心是发展想象力的起点;其次,要尊重学生的想象,对学生简单幼稚的想象应多给予鼓励和引导;再次,提供小学生欣赏文学和艺术的条件,如幻想和想象类图书,绘画等;最后,组织丰富的具有启发想象力和幻想力的活动。

4. 进行启发教学激发想象的主动性

由于小学生有强烈的好奇心理,常常会在教学中"节外生枝",提出一些老师备课时意想不到的问题。教师在教学中要正面引导,有意识地发挥他们想象的主动性。

 本章小结

本章主要介绍了思维和想象的概念、基本特征、过程和形式、种类以及作用等,重点阐述了小学生思维与想象发展的基本特点和在教学中的运用。通过本章学习,我们要重点掌握小学生思维和想象的发展特点,并能根据其特点组织教学活动。同时要了解二者之间的区别与联系,学会正确培养小学生思维和想象的方法。

 思考训练

1. 教学中如何培养小学生的思维能力?
2. 教学中如何培养小学生的想象力?
3. 小学生的思维能力相对于成年人来说有哪些特点?
4. 小学教育过程中可以通过哪些方式来提升小学生的想象能力?

第七章
小学生的情绪情感与意志

 内容提要

儿童进入小学后,在学习活动中需要承担一定的义务,在学习上、人际交往上、自我约束上会遇到不同的困难,承受一定的压力,表现出不同的意志行动,产生不同的情绪情感。那么,什么是情绪情感和意志?情绪情感、意志和认识活动三者之间是什么关系?情绪情感有哪些不同的类型?意志行动的过程有哪些?小学生的情绪情感和意志发展呈现出何种特点?如何增强小学生情绪情感调控能力?如何对小学生进行良好意志品质的培养?这些是本章重点关注的问题。

> 小刚是一名五年级的学生,他心地善良、乐于助人、讲义气,可同学们都说他脾气太火爆,动不动就喜欢发脾气。上课时不认真听讲,老师批评了他,他就当众和老师吵了起来;课间同学不小心碰了他一下,他立马冲对方打了一拳;平时遇到他不如意的事情就会摔东西、撕本子、扔笔。因此,有些同学不愿意和小刚玩,小刚为此也很苦恼,他很想控制好自己的情绪,可是该怎么做呢?

第一节 情绪情感的概述

一、情绪情感的概念

(一)情绪情感的含义

情绪情感是一种复杂的心理活动,是人对客观事物是否符合自身需要而产生的主观体验;由独特的主观体验、外部表现和生理唤醒三种成分组成。

主观体验是个体对不同情绪状态的自我感受,其产生是以需要为中介的,不同人对同一刺激可能会产生不同的情绪体验。如果客观事物满足了人的需要,就引起肯定的情感体验,如高兴、愉快、喜欢、爱等;如果客观事物不能满足人的需要,引起的是否定的情感,如悲伤、恐惧、愤怒、憎恶等;另外有些事物可能满足了人某一方面的需要,却又和其他方面的需要相矛盾,这时人就会产生比较复杂的情绪情感,如百感交集、啼笑皆非、喜极而泣等。需要一般可分为生理性需要和社会性需要。生理性需要是指保存、维持有机体生命和延续种族等方面的需要,如饮食、睡眠、运动、休息等,往往具有周期性。社会性需要是指人对劳动、交往、成就等方面的需要。一般来说,人的较低层次的生理性需要获得满足后的体验是情绪,人的高级的社会性需要获得满足后的体验是情感。

当个体产生特定的情绪情感时,常常伴随着一定的外部表现,如高兴时眉飞色舞,伤心时痛哭流涕,兴奋时手舞足蹈等,这些情绪情感的外部表现构成了人类的非言语交往形式,即表情。表情是人际交往中信息传达、情感交流不可缺少的手段,也是了解他人主观心理状态的客观指标。借助表情,我们才能"察言观色",在别人的举手投足间洞悉他的内心感受。一般来讲,表情包括以下三种:

1. 面部表情

面部表情是通过眼、眉、嘴和脸颊部肌肉变化来表现情绪状态。如高兴时额眉平展上扬,面颊上提,嘴角上翘;愤怒时,横眉张目、鼻孔张大、咬牙切齿、面部发红、怒容满面;恐惧时,眼发愣、脸色苍白、脸出汗、发抖、毛发竖立;悲痛时,眼眉拱起、嘴朝下、啜泣;憎恨时咬牙切齿;紧张时张口结舌等。面部表情能精细地表达不同情绪和情感,因此是鉴别情绪的主要标志。

2. 姿态表情

姿态表情包括身体表情和手势表情。喜悦时手舞足蹈,悲痛时顿足捶胸,愤怒时双拳紧握,恐惧时手足僵硬,这些躯体和手、足的动作特征可以真切地流露出一个人的内在情感。当个体想表达的情感无法借助言语时,手势就发挥着不可替代的作用。心理学家认为,手势表情是通过学习得来的,会因不同的社会环境和文化传统而存在差异。

3. 语调表情

语调表情是指情感发生时个体在语言的声调、节奏和速度等方面的特征。体育节目主持人在比赛的实况解说中,语音尖锐、急促,语调激昂,有时甚至声嘶力竭,渲染出一种紧张而兴奋的情感;当我们为一个逝去的人致悼词时,用缓慢、低沉的语调更能表达出悲痛的情感。言语表情强调的不是言语的内容,而是语音的高低、强弱,以及语调的变化。此外,在现实生活中,人们常常会正话反说,或者反话正说,言语表情有助于个体听懂其"言外之意"。

反过来,人们也可以通过身体的反馈活动影响情绪体验,如伸展的姿势能振奋精神,收缩姿势会降低活动,坐直的个体比蜷缩成一团的个体更容易产生骄傲情感。

情绪情感产生时个体还会产生一定的生理反应或是生理唤醒,生理唤醒是一种生理的激活水平,涉及广泛的神经结构,主要表现在呼吸系统、循环系统、消化系统和腺体活动的变化上。不同的情绪情感产生的生理反应是不一样的,这些变化可作为情绪状态变化的客观指标之一。如满意、愉快时心跳节律正常,血管舒张;惊恐时心跳加速,血输出量增加,收缩压升高,血糖和血氧含量增加;恐惧或愤怒时,心跳加速、血压升高、呼吸频率增加甚至出现间歇或停顿;痛苦时血管容积缩小。人在羞愧时面红耳赤,气愤时脸色铁青;焦急不定时,抗利尿激素分泌抑制,引起排尿频率增加。人们在情绪状态下能自我觉察,但不能很好地控制自己的情绪,因为主控情绪的自主神经系统一般不受个人意志控制。测谎仪就是根据这个原理来设计的。

(二) 情绪与情感的关系

情绪和情感都是人脑对客观事物与人的需要之间关系的反映,是人的主观心理体验,日常生活中我们将其统称为感情,但是二者有联系也有区别。首先,从需要的角度看,情绪通常与生理需要相联系,而情感通常与社会性需要相联系,受社会生活条件的制约。其次,从发生的角度看,情绪较低级,是人与动物共有的,情感较高级,是人特有的。再次,从表现形式上看,情绪有较大的情境性、激动性和暂时性,而情感有较大的稳定性、深刻性和持久性。情绪和情感分别处于感情这条线的两端,中间没有明显的界限,二者的区别是相对的。

情绪和情感有区别,但又相互依存、不可分离。情感离不开情绪,稳定的情感是在情绪基础上形成的,也是通过情绪来表达。情绪也离不开情感,情绪的变化反映情感的深度,在情绪中蕴含着情感。例如爱国主义情感,具有一定社会内容的情感,既能以强烈、鲜明的情绪形式表现出来,又能表现为深沉而持久的情感。

二、情绪情感与认识活动的关系

情绪情感与认识同样都是人脑对客观现实的反映,但是反映的内容和方式有所不同。认识活动反映的是客观事物本身,情绪情感反映的是一种主客体的关系,是作为主体的人的需要与客观事物之间的关系。例如,同样的一份美食,饥肠辘辘的人看到后会开心、兴奋,但是对于反胃的病人来讲可能就变成了一种负担,这时候个体产生的就是否定的情绪情感。因此,需要能否被满足直接决定情感的性质。

认识活动和情绪、情感在反映方式上有所不同,前者以其特有的认知方式如形象、表象、概念、符号等反映客观事物,后者是以主观态度体验的方式来反映客观对象,并伴随有身体的行为表现和生理变化。

认识活动和情绪情感也是相互联系的。认识是情感产生的基础,人只有在认识过程中才能判断客观事物与人的需要之间的关系,从而产生情感体验。没有认识就没有情感,而且,人的情感又随着认识的变化而变化,人对客观事物的认识越全面、越深刻,产生的情感也就越丰富、越深厚,即"知之深则爱之切"。反过来,情绪情感也会影响认识过程。积极的情感是认识活动的动力,消极的情感会变成阻力。如当个体从事感兴趣的活动时,会觉得时间过得飞快,学习效率也极高,但是当个体不愿意从事某事时,效率就会变得很低。

三、情绪情感的分类

(一) 情绪状态及其分类

情绪状态是指在某种事件或情境的影响下,在一定时间内所产生的某种情绪,其中比较典型的情绪状态有心境、激情、应激三种。

1. 心境

心境(mood)是一种比较微弱、持久、具有弥漫性的情绪状态。俗语说,"人逢喜事精神爽"，这种情绪状态并不在事过之后立即消失，往往会持续一段时间，使人们的整个生活都染上快乐色彩。相反，心境忧伤的人，在这段时间里看到的一切都带有忧伤的色彩，正如"感时花溅泪，恨别鸟惊心"。心境不同于其他情绪状态的显著特点是：它不具有特定的对象性，即不针对任何特定事物，是一种具有弥漫性的情绪状态。

心境产生的原因是多方面的。个人生活中的重大事件、经济社会地位、事业的成败、人际关系、身体健康状况、思想观念等都可能引起某种心境。事件意义越重大，引起的心境越持久，金榜题名时个体的愉悦心境能持续很长时间，亲人去世会让个体在相当长的时间都处在悲伤的情绪状态中。经济富裕的人常常心情舒畅，负债累累的人一般都比较忧愁。受到提拔或者获得奖励的人常常是欢欣鼓舞的，而被处分的人则常常郁郁寡欢。身体健康的人总是精神饱满，心境轻松愉悦，而被病魔缠身的人总是无精打采，情绪低落。周围的景物，如时令季节，环境舒适度等，也会影响人的心境，天气晴朗时，个体会觉得心情舒畅，天气阴沉时，个体容易感觉心情不好。此外，个人的理想、信念、世界观对心境的产生和持续也起着十分重要的作用，如挫折使人消沉还是振奋，主要是由一个人的世界观决定。虽然心境的产生是有原因的，但个体并不一定都能意识到。经常可以听到人们这样说：不知道为什么变得忧郁、心情不快，或变得情不自禁。

心境有积极和消极之分。积极的心境会促进主观能动性的发挥，提高活动效率，增强自信心，甚至遇到巨大的困难时人们也不会灰心丧气。消极的心境使人颓丧悲观，降低活动效率，甚至有碍健康，不利于活动的顺利完成。人可以有意识控制、掌握自己的心境，做心境的主人，保持愉悦舒畅的心境对个体的工作、学习和生活都会产生十分重要的意义。

2. 激情

激情(intense emotion)是一种短暂的、强烈爆发的情绪状态，多带有特定的指向性和较明显的生理和身体方面的变化。例如，在突如其来的外在刺激作用下，人会产生勃然大怒、暴跳如雷、欣喜若狂等情绪反应。

凡能激发人积极向上，符合社会要求的激情是积极的，这种激情通常与冷静的理智和坚强的意志相联系，能调动人的身心的巨大潜力，成为激励人上进的强大动力；凡对有机体有害的、不符合社会要求的激情是消极的，而消极的激情则会使人出现"意识狭窄"现象，即认识活动范围缩小，仅仅指向与体验有关的事物，理智分析能力下降，自我控制能力减弱，以致惊慌失措，不能正确评价自己行动的意义和后果，做出一些鲁莽的行为或动作。因此，在激情状态下，个体要注意调控自己的情绪，以避免冲动行为。消极激情也不是不可控制的。在激情发生的最初阶段有意识地加以控制，能将危害性减轻到最低限度。

3. 应激

应激(stress)是指出乎意料的紧张情况所引起的情绪状态，如遭遇歹徒时，驾车出现危险情境时。在日常生活中，人们遇到危险和突发事变时，必须集中自己的全部智慧和经验，动员全部力量应付紧急情况，这时的身心状态即为应激状态。应激状态会引起个体的一系列生物性反应，如肌肉的紧张度、血压、心率、呼吸以及腺体活动的明显变化，以适应环境，维护机体。加拿大学者汉斯·赛里(H. Sely)把这种变化称为适应性综合征,并指出这种综合征包括动员、阻抗和衰竭三个阶段。动员阶段是指有机体受到外界刺激时,通过自身生理机能的变化和调节来做好应对准备。阻抗阶段是指通过心率和呼吸加快、血压升高、血糖增加等一系列变化充分调动人体的潜能以应对环境的突变。衰竭阶段是指引起紧张的刺激持续存在,阻抗继续进行,有机体的适应能力已用尽,结果导致产生适应性疾病。因此,若个体长时间处于应激状态,可能导致适应性疾病的出现。

应激状态的产生与人面临的情境及对自己能力的估计有关,当个体意识到自己无力应对当前情境时,就会体验到紧张,处于应激状态。应激有两种情况:一是积极的状态,应激引起的身心紧张有利于主体调动身心各个部分力量去解决当前的紧急问题;二是消极的状态,应激所造成的高度紧张情绪阻碍认知功能的正常发挥,使人意识的自觉性降低,惊慌失措。若要增加积极反应的倾向,必须经过训练。通过训练培养思维的敏捷性,提高意志的果断性,加强技能的精巧熟练性,可提高在意外情境下迅速决策的能力。

(二)情感的分类

在现代心理学中,根据情感的社会内容可以把情感分为道德感、理智感、美感三种。

1. 道德感

道德感是根据一定的道德标准去评价人的思想、意图、言论和行为时产生的情感体验。例如,人们对雷锋忘我奉献精神的钦佩,对遭遇不幸者的同情,对助人为乐行为的认可等都属于道德感。人在社会生活中将自己掌握的道德标准转化为道德需要。当人们根据道德标准去评价自己或别人的思想、意图、言论和行为时,认为符合道德需要,就会产生肯定性情感;否则,将产生否定性情感。

道德标准是社会发展的产物,所以道德感也就受社会历史条件的制约。不同的社会、不同的历史时期,不同的社会集团或民族,有着不同的道德标准,因而也就有着不同的道德感。例如,我们社会主义国家崇尚爱国主义、集体主义、见义勇为和互帮互助等。

道德感在人的情感中占有特殊的地位,对人的活动具有重要的指导作用,因此,要注意培养和激发学生的道德感。但是,道德感并非是一个纯知识的问题,它不仅要求人们从道理上懂得什么是好,什么是坏,什么是道德,什么是不道德,更重要的是在行动中自觉地遵守所掌握的道德规范。只有人自觉地遵守已掌握的道德规范来评价社会现象时所体验到的情感,才是这个人真实的道德感。

2. 理智感

理智感是人在智力活动过程中,对认识活动成就进行评价时产生的情感体验,如了解和认识未知事物时的兴趣和好奇心,在问题解决时的迟疑、惊讶和焦躁,获得成就时的自豪和喜悦等都是理智感的体现。它与人的好奇心、求知欲、探求和热爱真理的需要相联系。理智感随着人的认识活动的逐步深入而得到发展,反过来又推动着人的认识的进一步深入,成为认识世界和改造世界的一种动力。当一个人认识到知识的价值和意义,感受到获得知识的乐趣以及追求真理过程中的幸福感时,就会以一种忘我的状态投入到学习和工作中,不计个人得失,正如许多伟大的科学家在探索真理的道路上都会体验到一种强烈的理智感。

3. 美感

美感是人们根据一定的审美标准对事物进行评价时产生的情感体验。审美标准是美感产生的关键,当人们根据审美标准来评价自然现象和社会现象以及文艺作品的时候,就会产生各种各样的美感。从主观体验来看,美感具有两个明显的特点:① 美感是一种愉悦的体验。山清水秀的自然风光,高尚的品德使人在愉快中享受美。② 美感是一种倾向性的体验。人们愿意接近让其产生美感的事物,认识它,了解它,欣赏它。所以,美感体验也能成为人的行为的推动力。

美感具有社会性,与道德感一样,受到社会生活条件的制约。不同的社会历史阶段,不同的阶级,不同的风俗习惯和文化背景都影响着人们的审美标准,因而对美的体验也就不同,例如,三寸金莲是历史的美,环肥燕瘦是时代的美。随着社会的进步和观念的开放,人们接触到越来越多的异域风俗和文化,教师要教育学生在坚持本民族文化传统中正确的审美观念的同时,去鉴别和吸收别国文化中积极、健康的审美情趣。

美感是内容和形式的统一,即外在美和内在美的统一。一般情况下它们是一致的,但也有不一致的情况。如有些穿着体面的人道德素质却很差,而有些人和事物虽然外表形式不美,但是内心却很美。

第二节 小学生情绪情感发展与教学

进入小学后,学习成了小学生生活的基本内容,学校成了小学生的主要活动场所,其大量情绪情感内容与学习活动和学校生活相联系,并在情绪情感的内容、稳定性和自我调节等方面都有了进一步的发展,表现出新的特点。

一、小学生情绪情感发展的特点

(一) 情感内容越来越丰富,情感体验也日益深刻

随着学习方式和活动场所的改变,小学生的认识得到进一步发展,情感的内容也日益复杂和深刻。他们不仅体验着游戏所带来的欢乐,也体验着学习、集体活动所带来的快乐、幸福。教师的表扬与批评、同学之间的议论与评价、学校中所发生的事件等,都成为小学生体验新的情感的内容。以道德情感的内容为例,低年级小学生较多的是自尊心、个体荣誉感;而高年级小学生则开始有了责任感、集体荣誉感、友谊感、爱国主义情感、义务感、人道主义情感等。

在性质上,小学生的情感体验从直观性的、与事物外部特点联系的体验慢慢转向对事物内在本质特征的体验,并且其情感体验逐渐与一定的人生观、行为规范、道德标准等联系起来。以同情心为例,低年级小学生往往因某人、某物的可怜样子而产生同情心;而高年级小学生就可能去寻找可怜的原因,由此决定是否值得同情。

(二) 情感稳定性增加,自控能力增强

在集体生活和独自学习活动的锻炼和影响下,小学生控制、调节自己情绪的能力开

始发展起来。一般来说,小学低年级学生的情绪仍很不稳定,控制自己情绪的能力还很弱,其情感带有很大的情境性,容易受具体事物、具体情景的支配,情感易于外露,情感表达的方式比较单纯,不善于掩饰。例如,想买某样东西,家长没有答应,他就大哭大闹,非立即购买不可。作业写得不工整,受到教师的批评,恨不能立刻将作业本摔到地上。小学高年级学生已逐渐能意识到自己的情绪表现以及随之可能产生的后果,情绪的稳定性和平衡性日益增强,冲动性和易变性逐渐消失,逐渐理解并遵守社会公德,能根据学校的纪律要求约束自己的情感,学会了如何恰当地表达自己的情感。尤其是在大庭广众之下,会适当掩饰自己的不良情绪,避免对他人和自己造成不必要的消极影响。同时小学生尚未面临繁重的学习压力,因而其基本情绪状态是平静而愉快的。

(三) 情感理解能力提高

小学低年级学生一般都能体验自己的情感,对自己的喜怒哀乐体会比较明确。乔建中研究发现,面部表情判别能力在小学阶段已相当完善,而身段表情判别能力到大学阶段才达到与之相当的水平。这主要是因为面部表情受成熟因素的影响较大,而身段表情更多地受学习因素的影响①。罗峥、郭德俊、方平研究了小学生对情绪社会调节作用的理解,发现小学生认为愤怒、悲伤和恐惧情绪标志着表达者不同的人际地位,会诱发接受者不同的情绪和后继行为:愤怒情绪标志着表达者的支配地位,会诱发出接受者的恐惧情绪和道歉认错行为;悲伤和恐惧标志着表达者的非支配地位,会诱发出接受者的悲伤情绪和目标恢复行为,恐惧情绪有时还会诱发接受者的高兴情绪。高年级学生能更好地区分愤怒、悲伤和恐惧情绪的不同的支配性和情绪结果②。随着情感的不断发展,到了中、高年级,小学生开始把移情情绪与情境相联系,并逐步能设身处地地考虑他人的情绪和情感,主动调节自己的行为,采取利他行为。

(四) 高级情感进一步发展

小学生入校后,开始学习思想品德、社会和自然等学科,并参加了各种各样的班集体活动、少先队活动、社会公益活动等,其情感体验慢慢和国家、民族、社会等大集体联系起来,高级情感进一步发展起来。

1. 道德感的发展

小学儿童的道德情感处于不断发展的过程中。低年级儿童主要是以社会反应尤其是重要他人的反应作为自己情感体验的依据,中年级儿童则主要是以一定的道德行为规范为依据,而高年级儿童则开始以内化的抽象道德观念作为依据。小学三年级是道德情感发展的一个转折期。小学儿童的道德情感具有不平衡性和个体差异性,义务感、良心等较早发展起来,也发展的相对较好,而爱国主义情感等则发展得相对较晚,水平也较低。

2. 理智感的发展

小学生理智感的发展主要表现在求知欲的扩展和加深上,主要表现如下③:从对学

---

① 乔建中. 表情判别能力的发展特点与影响因素[J]. 心理科学,1998(1).
② 罗峥,郭德俊,方平. 小学生对情绪社会调节作用的理解[J]. 心理发展与教育,2002(3).
③ 冯维. 小学心理学[M]. 重庆:西南师范大学出版社,2013.

习过程、学习的外部活动感兴趣,发展到对学习的内容、对独立思考的作业更感兴趣。从笼统的、泛泛的兴趣,逐渐产生对不同学科内容的初步的分化性兴趣。从对具体事实的兴趣发展到初步探讨抽象和因果关系知识的兴趣;阅读兴趣从课内阅读发展到课外阅读,从童话故事发展到文艺作品和通俗科普小读物。从对日常生活的兴趣,逐步扩大和加深到对社会和政治生活的兴趣。

3. 美感的发展

随着生活、学习范围的扩大,小学生的美感进一步发展。但其美感体验能力的发展,一是明显地受制于对客观事物外部特点和内部特征的领会和理解,如容易被颜色鲜艳、比较新奇的事物所吸引,在评价时会认为凡是与实物十分相像的作品就是好的,否则就是不好的。他们还不会欣赏抽象的、概括化的艺术作品,在欣赏过程中,更多注意的是具体事物和事实,对作品的艺术水平很少注意。二是受制于在一定社会生活条件下形成的对美的不同需要,经常接触具有明显美的外部特征的客观事物容易使小学生产生美的体验。随着年龄的增长,通过绘画、音乐、舞蹈表演、阅读文化作品等教育活动,小学生的美感体验会越来越丰富。

二、培养小学生健康情感的重要意义

(一)有利于激发学习动机,提高学习效率

积极的情绪情感可以激励人的行为,提高人的行为效率。研究表明,情绪情感的强度和行为效率之间存在倒"U"形曲线的关系,当情绪的唤醒水平达到最佳状态时,认识活动的效率最高,因此,适度的情绪兴奋,可以使身心处于活动的最佳状态,进而推动人们有效地完成工作任务;消极的情绪,如过度紧张和焦虑,会对大脑皮层和机体活动产生一定的抑制,干扰、阻碍人的行动,影响学习的效率。因此,要培养小学生积极乐观的情绪情感。

(二)有利于指导行为,养成良好的行为习惯

情绪情感对其他心理活动具有组织作用,这种作用表现为积极情绪的协调作用和消极情绪的破坏、瓦解作用。中等程度的愉快情绪有利于增强认知活动的效果,而消极情绪如恐惧、痛苦等会对认知活动产生负面影响。当人们处在积极、乐观的情绪状态时,更容易注意事物美好的一方面,行为也比较开放,愿意接纳外界的事物;而当人们处在消极的情绪状态时,则容易失望、悲观,放弃自己的愿望,甚至产生攻击行为。良好的情感总是能够激发起学生内在的学习动机和学习兴趣,让学生带着兴趣走进课堂,并且在学习的过程中进一步发展自己的兴趣品质,调整自己的行为,趋向真、善、美,有利于养成良好的行为习惯。

(三)有利于协调人际关系,促进良好沟通

表情是进化的产物,也是适应的手段,情绪情感是有机体适应生存和发展的一种重要方式。情感在人际关系中起着重要作用,是人际交流的润滑剂或阻滞剂。良好的情绪状态使小学生乐意与他人交往,建立良好的合作关系。总之,情绪情感可以影响小学生的身心健康,影响他们的学习、行为等,从而促进或阻碍个体的身心发展。

三、小学生情绪情感调控能力的培养

6~7岁的儿童刚刚进入小学学习,这一时期的情感和社会性发展会对他们今后的学校生活乃至一生的社会适应能力、人际交往能力和良好社会行为的形成都起到重要作用。《中小学心理健康教育指导纲要(2012年修订)》中也明确提到要增强中小学生调控情绪、承受挫折、适应环境的能力。教师应注意对小学生进行情感教育,以培养其积极情绪情感。

(一)树立以人为本的教育理念,从学生的自我情感体验出发

"以人为本"是尊重人的个性和价值选择,是不断唤醒人的个性追求,培养积极的人生态度。情感培养依赖个体的感受和体验,在体验基础上获得的认知会更稳定、更深入、更有个性。情感培养强调学生是学习的主体,教师的作用在于引导学生体验生活。教师不可能代替学生感知,代替学生体验,代替学生观察、分析和思考,不可能代替学生获得幸福感和理解人生的真谛。教师只能启发引导学生去感受、观察、分析、思考,从而使学生自己明白事理。教师也不能把自己的价值观念等强加给学生,应指导学生在实践过程中慢慢建立自己的人生观、价值观。

(二)通过专门课程进行系统教育

情感是以认识为基础的,它是伴随着认识过程产生和发展起来的。情感同认识相联系才能深刻而持久。小学生知识贫乏,经验少,辨别是非能力差,容易感情用事。因此学校要进行系统安排,设置专门的相关课程,如我国的思想品德课、国外的积极行动课程等,进行责任感教育、生命教育、挫折教育、爱国主义教育等多方面内容,以扩大学生的知识面,提高明辨是非、对正确的思想意识的判断能力。具体来讲,情感培养的目标体系应包括:积极的学习态度,即培养学生的求知欲和好奇心,探索精神及克服困难的勇气等;良好的道德品质,即培养学生的责任心、助人为乐的精神及集体主义和爱国主义精神等;健康的审美情趣,即培养学生形成正确的审美观,具有欣赏美、创造美的能力[1]。

(三)充分发挥各科教学在情感培养中的积极作用

教师也可以积极挖掘和发挥各科教学在情感培养中的积极作用。在日常教学中,教师应根据课程的内容来选择教学方法,使学科教学和情感的培养能够有效地结合起来。例如,在以培养学生情感为重要内容的教学中,教师应多采用角色扮演、案例分析、课堂讨论、情境模拟等教学方法。这些方法可以有效地激发学生的学习兴趣,促进学生积极参与和思考,真正引起学生认知的变化,最终使他们形成良好的行为习惯和健康向上的品格。

(四)通过开展丰富多彩的实践活动培养积极情感

高级的社会情感在个体身上并不是自发形成的,而是在一定的社会实践情境中发

---

[1] 张文静,李鹰.中小学生情感培养:内涵、问题与对策[J].当代教育科学,2013(10).

挥教育的影响,在相应的情绪体验的基础上产生、发展、巩固的,只有在实践中培养和发展起来的情感,才是稳固的情感,才能使之化为顽强的意志。因此,教师可以有意识地设计有关教育的实践情境。比如,经常举行多样化的班会、少先队中队会活动、兴趣活动等,利用班集体的力量进行教育,同时让学生在班级事务的管理实践中树立主人翁责任感;布置实践作业在劳动实践中培养其热爱劳动的情感,体会"劳动最光荣"的意义;让小学生多参观爱国主义教育基地,多了解英雄、模范和身边的好人好事,发现并总结其中的真、善、美和假、恶、丑,这样既能增长知识,提高知识,还能陶冶学生的情操。实践活动应该是多层次、多渠道、多形式的,具有开放性的,使学生有更多接触社会的机会,允许学生自我探索,在实践活动中进行自我总结。需要特别注意的一点是,为使实践活动更有教育意义,教师要给以充分的指导,把握活动的大方向,解答学生们的疑问,但不可代替学生进行选择。

(五)通过策略训练指导小学生掌握调控情绪的方法

随着小学生年龄的增长,知识经验的增多,教师应不失时机地教给小学生学会控制和调节情绪的方法,引导他们按照当时的情境和社会化的要求,对自己的情绪加以调控。如小学生在情绪激动的时候,总是想着眼前发生的事情和发生矛盾的人,这时可以引导其采用注意转移的方法,把目光从对方身上移开,读书、写日记、与朋友交谈、欣赏音乐、想想自己最喜欢的小吃等,激动的情绪就会逐渐平稳下来,之后再指导孩子如何处理当前的事情。也可以指导小学生通过体育运动释放自己的压力,宣泄不良的情绪。同时,学生在经历挫折和克服困难的过程中,学会控制自己的情绪,从而提高抗挫折和调控情绪的能力,减少不良情绪的影响。

总之,情感教育的方法有很多,可以在专门开设的思想品德课中进行,也可以在语文、音乐、美术等课程中渗透进行,还可以在师生课下的交往中潜移默化地进行。教师应采取科学的方法让学生主动体验、感受,通过师生间的平等交流,培养学生健康的情感和健全的人格,在此过程中教师自己也会得到提升。

课外阅读

活动设计[①]

一、活动目的

人非草木,孰能无情。情绪是人精神活动的重要组成部分,在人类的心理生活和社会实践中有着极为重要的作用。了解自己的情绪生活,并在此基础上学会调节自己的情绪,不但有利于个体改善自己的精神生活,提高自己的主观幸福感,也有助于个体在工作和学习中取得成功。通过本次活动,我们希望帮助同学们实现如下两个目的:① 掌握和了解自己情绪的方法;② 学会调节和控制自己的情绪,做情绪的主人。

---

① 许远理,孙天义.公共心理学教程[M].上海:华东师范大学出版社,2010.

二、活动过程

1. 自制情绪天气图

第一步:完成下面的表格

让自己安静下来,待心情平静后认真回忆自己过去一周内的情绪生活,并完成下表。

		上午	下午	晚上
星期一	体验的情绪			
	情绪的性质			
星期二	体验的情绪			
	情绪的性质			
星期三	体验的情绪			
	情绪的性质			
星期四	体验的情绪			
	情绪的性质			
星期五	体验的情绪			
	情绪的性质			
星期六	体验的情绪			
	情绪的性质			
星期日	体验的情绪			
	情绪的性质			

完成表格时应注意:

第一,开始的时间应为活动的前一天,比如今天是星期四,那么就从星期三开始,然后是星期二,依次进行至上一个星期四。

第二,在反省回忆每天的情绪生活时,应先回忆所经历的事情,然后回忆所经历的情绪。

第三,情绪的性质包括积极的情绪和消极的情绪。积极的情绪包括开心、愉快、欢乐、欣喜、满足、痛快等。这些情绪犹如良好的天气,有利于人们的社会活动和身心健康;消极的情绪包括气愤、不满、愤怒、紧张、慌乱、害怕、痛心等。这些情绪就像不好的天气,会影响人们的社会活动和身心发展。

第二步:统计积极情绪和消极情绪的数量,并计算各自所占的百分比。然后在此基础上确定自己在过去一周内情绪天空是晴空万里,是晴间多云,还是阴雨霏霏、电闪雷鸣。

第三步:总结

在过去一周内,我的情绪生活是这样的:_____

_____。

2. 情绪疗养院——学会控制和调整自己的情绪

当你心情不好、处于消极情绪状态时,请到情绪疗养院,学会分析和调节自己的情绪。

第一步:请完成下面的表格。

不良情绪	发生原因	不良影响	应对措施	措施是否有效
1.				
2.				

完成表格时应注意:

第一,发生原因一栏要求剖析自己的情绪是如何产生的,并在此基础上分析自己情绪的产生是否合理。

第二,不良影响一栏要求回忆自己在消极情绪状态下的行为和精神状态,从中认识到消极情绪对于自身的不良影响。

第三,应对措施是指自己在消极情绪发生后是够采取一些方法和手段来调节它。

第二步:寻找有效地调节和控制情绪的方式方法。

第三节 意志的概述

一、意志的概念

意志(will)是人为了一定的目标,自觉地支配、调节自己的行动,并与克服困难相联系的心理过程。例如学生为了获得知识、提高能力而认真听课学习,家长为了给孩子提供良好的生活环境而努力工作等。意志是人类特有的心理现象,是人主观能动性最突出的表现。

首先,意志活动是有目的的行动。人在活动前,活动的结果已经作为行动的目的以观念的形式存在于人的头脑中,并且以此来指引自己的行动达到预期目的。如在盖高楼之前建筑设计师已经画好了施工图纸,在裁剪衣服之前衣服的款式已在头脑中出现,这种先形成观念后把观念付诸行动使内部意识向外部动作转化的过程是有意识地进行的,人类这种自觉的目的性,广泛地表现在认识自然,尤其是改造自然的过程中。虽然,动物在适应环境的过程中也作用于周围环境,但这与人对环境的作用,其性质是截然不同的。恩格斯说:"如果说动物不断地影响它周围的环境,那么,这是无意地发生的,而且对于动物本身来说是偶然的事情。但是人离开动物愈远,他们对自然界的作用就愈带有经过思考的、有计划的、向着一定的和事先知道的目标前进的特征。"并进一步指出:"一切动物的一切有计划的行动,都不能在地球上打下自己意志的印记。这一点只有人才能做到。"①意志是意识的能动作用,只有人才有意志活动。

其次,并不是所有自觉的有目标的行动都有内心意志努力的性质。例如,平时随便吃零食,这是有意识行动,但不一定有内心意志努力的成分。然而,在著名的上甘岭战役中,战士几天几夜喝不上水,这时吃饼干充饥就会口干舌燥难以下咽而遇到巨大的困难,就要做出巨大的意志努力。所以,意志活动总是与克服困难相联系的。就意志过程中的困难来说,一般可分为内部困难和外部困难。内部困难主要是指主体内部的障碍,包括知识经验欠缺、能力有限以及身体疾患等,此外,不良的生活习惯、不好的性格特征等都有可能成为实现活动目的的内部障碍。外部困难是指意志行动中遇到外部环境的阻碍,既可能是生活环境的局限和人际关系的复杂,也可能是恶劣的气候条件或工作条件等。一般来讲,个体克服的困难越大,意志就越坚强。

最后,意志行动是以随意动作为基础的。人的行动都是由一系列动作组成的。动作可分为不随意动作和随意动作两种。不随意动作是指不受意识支配的不由自主的动作,如手碰到火,就马上缩回来,这是一种本能的行为,还有某些习惯性动作、睡眠状态的动作等都属于不随意动作。随意动作是由意识指引的、具有一定的目的、方向性的动作,是学会了的较熟练的动作。比如打球、上课记笔记和操作仪器等。随意动作是意志行动的必要组成部分,如果没有掌握这些必要的随意动作,意志行动就无法实现,有了随意动作,人就可以根据目的去组织、调节、支配一系列的动作来组成复杂的行动,从而实现预定目的,如学生为完成作业而放弃玩耍。

二、意志与认识、情绪情感的关系

(一) 意志与认识的关系

意志和认识过程有着密切的联系。意志的产生是以认知为前提的。从意志行动目的的提出,选择达到目的的方法,以及对意志行动过程中困难的克服,都离不开知识经验的指导,都必须通过感知、记忆、思维、想象等认知活动才能实现。只有把意志行动建立在深思熟虑的认识基础上,才能有效地克服困难,实现预定目的。离开认识过程,意志就不可能产生。心理学中关于习得性无助的研究就证明了人对自己行为结果的认识会制约其意志行为的表现。赛里格曼(Seligman)等人在20世纪60年代末发现,狗在连续多次遭受电击而无法躲避的情形下,会产生一种反应,即使在可以躲避电击时也不再躲避而听任电击,即产生了习得性无助的现象②。当个体为完成某件事情付出了很多努力,但总是经历失败,这时就易形成习得性无助。如,知识基础很差的学生,考试成绩总是很低,就很容易产生"我根本就不是学习的料,我学习不行"这样的认知,从而在学习上放弃努力。另外过度管教和溺爱,或者父母经常说教、严加管制的家庭也容易提高孩子习得性无助的概率,孩子在脱离家庭后往往会倍感无助。

意志对认识过程也会产生巨大的影响。人在进行各种认识活动时,尤其在进行系

---

① 马克思,恩格斯. 马克思恩格斯选集(第4卷)[M]. 北京:人民出版社,1995.
② SELIGMAN M E P, MAIER S F. Failure to escape traumatic Shock. Journal of Experimental psychology,1967:74.

统地学习和独立的研究时总会遇到一定的困难,要克服这些困难,就需要做出意志努力。意志坚强的人能克服各种困难把认识活动坚持到底,意志薄弱的人会遇难而退,半途而废。所以,没有意志,就不可能有持久的认识活动。科学研究更离不开坚强的意志,那些意志薄弱的人,在工作和学习中往往不能深入地、持续地进行下去,不能承担复杂而艰巨的任务。

(二) 意志与情绪情感的关系

首先,情感既可以成为意志行动的动力,也可以成为意志行动的阻力。积极的情感可以使人斗志旺盛,对人的行动起促进作用,如热爱、兴奋、振作等。电视连续剧《激情燃烧的岁月》中的主人公石光荣正是因为对事业怀有强烈的热情,具有坚忍的意志品质,才使他克服了很多困难。消极的情感则会削弱人的斗志,阻碍人的意志行动的实现,如悲观、失望、厌倦等。当孩子产生厌学的情绪时,以一种"不乐意"的情绪被迫去学,缺乏主动积极的意志活动的参与,结果是可想而知的。

其次,意志可以调节、控制人的情感。积极的情感由于意志的支持,才能持久和巩固,而消极的情感则要依靠意志来克服。坚强的意志可以使学生在学习中刻苦努力,努力的结果使学生对自己的功课有更为深入、全面的认识,学生也因此可以获得一定的成就感,进而对课本知识产生浓厚的兴趣与热情。相反,意志薄弱的学生,在学习中很难获得充分的成功与成就感,容易对学习丧失兴趣与热情。意志坚强的人可以控制消极的情感,在逆境中发奋成才。"胜不骄,败不馁"就是情感服从意志的表现。

认识、情绪情感和意志是密切联系、彼此渗透的。学习是一个典型的认识过程,但同时离不开意志对行为的调节与控制,学习过程中也总伴随着一定的情绪、情感活动。任何意志过程总包含有理智成分和或多或少的情绪成分,而理智和情感过程也包含有意志成分。所谓"理智战胜情感",就是在理智认识的基础上通过意志的力量克服了与理智相矛盾的情感。不存在纯粹的、不与任何认识和情绪过程相关的意志过程。研究意志就是研究统一的心理活动的意志方面。

三、意志行动的过程

意志过程(willed process)是指意志行动的发生、发展和完成的历程。这一过程大致可以分为两个阶段:采取决定阶段和执行决定阶段。这两个阶段相互联系构成意志的完整过程。

(一) 采取决定阶段

采取决定阶段是意志行动的初始阶段,也是内部决策阶段。该阶段包括个体内部的动机斗争、确定意志行动目的、选择行动方法和制定行动计划四个环节。

人的意志行动是有自觉目的性的,任何意志行动都与一定的动机相联系,而动机又与需要相关,它们都是意志行动的内部原因和动力,决定着一个人行动的性质和方向。单纯的动机使得行动目的单一而明确,意志行动可以顺利实现,如为了获得表扬而努力学习。但现实中复杂的生活环境常常造成利益冲突,使得人们同时产生几个不同的目标或多种愿望,这时要确定目的就需要经历内心的动机斗争,产生动机冲突。意志行动

中的动机冲突具有以下四种类型:

1. 双趋式冲突

当两种目标同时吸引着人们,但仅能选择一种目标时,则会产生双趋式冲突。如鱼和熊掌不可兼得,既想考取研究生又不想放弃好工作等。

2. 双避式冲突

当两种目标都是人们力图回避的事物,又只能回避一种时,则产生双避式冲突。例如,既怕牙疼又不想看牙医,既不想挂科又不想学习等。

3. 趋避式冲突

当同一目标或物体对人既有吸引力,又有排斥力,即一方面好而趋之,另一方面又恶而避之时,就产生趋避式冲突。例如,既想当班干部又怕影响学习,既想吃美食又怕发胖等。

4. 多重趋避冲突

多重趋避冲突是指面对两种或两种以上目标,每个目标既有吸引力又有排斥力时产生的冲突。如个体在毕业找工作时,对比不同应聘单位,不知如何选择。

心理冲突,从内容上看分为原则性动机冲突和非原则性动机冲突。凡是涉及个人期望与社会道德标准、法规相矛盾的冲突,属于原则性冲突。凡是不与社会道德标准相矛盾仅属个人兴趣爱好方面的冲突,则属于非原则性冲突。一个意志坚强的人,对于原则性冲突,能坚定不移地使自己的行动服从于社会道德标准,而对于非原则性冲突能根据当时的需要毅然决定取舍,否则就是意志薄弱的表现。

目的的确定之后,就要选择达到目标的行动方式和方法,拟定行动计划。有时行动方法同行动目的有直接联系,无须选择。但在许多情况下,达到同一个行动目的的方式和方法可能不止一种,这时个体就需要比较不同方法的优缺点,并考虑该方法是否符合社会道德,是否能够顺利有效地达到行动目的。当选择了行动方法之后,就需要制定行动计划,尤其是复杂的行动要在调查研究的基础上,综合考虑各种主客观因素,严密规划具体的行动步骤,为执行决定打下基础。

(二) 执行决定阶段

在一系列内部决策完成之后,意志行动的下一步就在于执行所做出的决定。执行决定阶段是实施所做出的决定,完成意志行动的阶段。意志行动只有经过执行决定,才能达到预定的目的。执行决定阶段是意志行动的关键环节。

首先,执行决定阶段是一个不断克服困难的过程,常见的困难有:① 执行决定的过程中通常需要付出巨大的体力或智力,甚至在一定程度上抑制自己的兴趣爱好,如,为考上心仪的大学需要在一定时间内放弃玩游戏,减少看手机的时间,更需要努力学习、持久的思维探索,为保持健康的体魄需要坚持长期的体育锻炼。② 完成意志行动需要克服个体已形成的消极的人格特征,如懒惰、骄傲、保守、坏习惯等。③ 在执行决定的过程中,暂时受到压抑的期望、目标可能重新出现,引诱个体产生了新的心理冲突。④ 在执行决定的过程中,还可能产生新期望、新意图和方法,它们也会同预定的目标发生矛盾,干扰行动进程。⑤ 在做出决定时考虑不充分,没有预见到事物的发展变化或者出现新情况新问题,如资金设备的短缺,时间、空间上的不利因素,甚至还可能是人为的干扰和破坏。这些矛盾都会妨碍意志行动。只有解决了这些矛盾才能将意志行动贯彻到底,达到预定的目标。

其次,执行决定阶段还要接受成败的考验,要有对待成败的正确态度,"胜不骄,败不馁"。当意志行动达到预定目标时,又会增强克服困难的毅力,提高克服困难的勇气。优良的意志品质,正是在克服困难的实际斗争中锻炼和培养起来的。

第四节　小学生意志的发展与教学

意志在人的个体发展中相对来说形成较晚,意志品质的真正发展是从小学阶段开始的。学校情境中的学习,要求小学生克服一定的困难,有意识地调控自己的行动,付出意志努力才能保证各项活动的顺利开展。因此,教师要在了解小学生意志发展特点的基础上主动培养小学生良好的意志品质。

一、小学生意志发展的特点

(一)意志的自觉性较差,受暗示性和独断性明显

意志的自觉性是指一个人在行动中具有明确的目的性,认识到行动的社会意义,使自己的行动服从于社会要求方面的品质。与自觉性相反的品质是受暗示性和独断性。在整个小学时期,儿童的自觉性基本上处于较低水平,受暗示性和独断性十分明显。尤其是一、二年级小学生往往难以主动地去完成任务,如写作业时易受到无关事物的干扰,还不能在调节、支配自己的行为以实现目的的过程中坚持自己的独立意识,需要在成人的督促下才能完成。到了中高年级,小学生意志行动的主动性和自觉性逐渐发展起来,能够自觉完成教师布置的作业和分配给他们的任务。开始喜欢独立思考,并逐渐相信自己的判断,但由于思维还不够成熟,容易固执己见,盲目拒绝别人的劝告和意见。所以小学生的意志行动常需要教师、家长的启发帮助和具体的督促检查。

(二)意志的果断性不足,易草率

意志的果断性是指一个人善于明辨是非,迅速而合理地采取决定并执行决定的品质。与果断性相反的是优柔寡断和草率决定。随着年龄增长和教育的影响,小学生意志的果断性逐步提高,但是对于整个小学阶段而言,要求他们按照一定原则,深思熟虑、果断地处理学习和生活中的问题,还是比较困难的。小学生不善于仔细、全面和周到地考虑问题,在做决定时往往较为冲动,容易情绪化,考虑不周就很快做出决定,采取行动。这种意志特点,表面看来好像很果断,其实和果断有本质的区别。随着年级的升高,特别是三年级以后,小学生思维的批判性、敏捷性开始发展,在此基础上,意志果断性提高的幅度也较明显。大多数学生能理解自己行为的重要性,能在掌握知识、技能的基础上,预见行动的可能结果,但由于尚未具备足够的力量去克服种种矛盾,有时也容易摇摆不定,或担心自己的行动可能会造成不良影响,从而表现出优柔寡断,需要家长和教师的引导。

(三)意志的坚持性随年级升高迅速发展

意志的坚持性是指一个人在意志行动中,百折不挠地克服重重困难,完成既定目的的品质。与坚持性相反的是顽固执拗和见异思迁。坚持性是最重要的意志品质,学习和工作的成败与坚持性息息相关。小学生意志的坚持性随年级的升高而迅速发展,其中一年级至三年级发展最为迅速,三年级以后有一个缓慢发展的阶段,到了五年级又开始了一个新的发展阶段。低年级小学生做事决心很大,喜欢下决心、立誓言,但是由于他们缺乏对行动目的、意义的深刻理解,同时有意注意较弱,情绪稳定性较差,自控能力和心理调节能力相对较弱,行动缺乏毅力与坚持性,他们在学习中遇到困难时容易放弃。中高年级小学生有意注意、情绪调控能力有了较快的发展,开始能够有意识地抵抗不符合行动目的的主客观因素的干扰,能够较长时间地维持活动,完成意志行为。

(四)意志的自制性随年级升高逐渐增强

意志的自制性是指一个人善于控制和支配自己行动的品质。与自制性相反的是任性和怯懦。自制力强的人,善于控制自己的思想,调节自己的行为,克制情绪冲动,抵抗内外诱因的干扰,自觉遵守纪律,执行决定。随着年级的升高,小学生抵制内外诱因干扰的能力逐渐增强,但是,由于小学生思维发展不成熟,易受情绪的影响,行动上往往存在盲目性和冲动性,不能很好地控制自己的行为,小学一年级教师在课堂上需要花费相当多的精力管理课堂纪律。在教学活动和学校纪律的约束下,小学生的自制力会逐渐发展起来,这种品质最先表现在服从成人的要求,按照父母或教师的要求去行动。

二、小学生良好意志品质的培养

意志作为非智力因素,对学生的智力发展起着维持和调节作用,良好的意志品质是小学生学习成功的保证。小学阶段是培养学生良好意志品质的最佳时期[①],学校是培养、训练小学生意志的主要场所之一,教师在教学中应注重对学生良好意志品质的培养,增强学生面对各种问题的心理承受能力。

(一)树立榜样,引导小学生树立远大理想

理想作为动机中一个重要成分,能激发人的斗志,克服困难,充分发挥主观能动性以实现目标。长期的、远大的理想能推动一个人持续地从事相关活动。观察、模仿是小学生学习的一种重要方式,在儿童行为发展中具有重要作用,教师可通过有意识地给小学生提供观察学习的榜样来帮助其树立远大理想。如讲授革命领袖和时代楷模的先进事迹、学习身边优秀的同龄人,尤其需要注意的是,家长和教师是学生最先模仿的对象,其言谈举止对学生具有潜移默化的作用。学生有了学习的榜样,就会像许多名人、伟人那样树立远大理想,面对困难时才能有勇敢和毅力坚持下去。

(二)培养小学生行动的目的性,减少其行动的盲目性

小学生按照一定原则、观点来调节自己行为的能力相对较低,还需要教师的指导和

---

① 孔德英.小学阶段是培养学生良好意志品质的最佳时期[J].教学与管理:小学版,2010(3).

监督。因此,教师要逐步提高小学生的自觉性。在教学过程中,每一项任务、每一个要求都要对学生讲清楚目的和重要性,引导学生采取决定时要充分估计主客观条件,做到合理可行,以便确定既有益于社会也有益于个人的行动目的。执行决定要态度坚决,有始有终,坚持不懈。

(三)创设困难情境,培养受挫能力

意志是与克服困难相联系的,坚强意志力的训练离不开克服困难。教师在学校可通过创设一系列的困难情境,为其意志的培养提供机会。如有些小学在一年级开学时便进行了军训以增强小学生的纪律性,还有的学校会举行冬令营、夏令营、远足、体验贫苦生活、意志训练游戏等。组织和引导儿童参加体育运动也能培养小学生的意志品质,如,长跑、滑冰、滑雪、游泳可以锤炼小学生的顽强性和坚韧性,而跳水、登山等可以锻炼小学生的勇敢和果断性。在日常学习中,教师和家长也要经常地、系统地向儿童提出要求,以磨炼儿童的意志品质。当然,要求应符合儿童的实际水平,过难或过易都不利于儿童自信心的培养。

(四)加强日常行为训练,培养良好的行为习惯

意志的训练离不开日常良好行为习惯的培养,行为习惯应该从小事上开始训练。在教学中,教师应利用课堂常规和课堂纪律培养意志品质,如要求他们必须按时到校、专心听讲、认真做作业、发言要举手、上课时不讲闲话、不搞小动作等。这些外部的要求是小学生意志品质形成的基础和前提。家长在生活中也要严格要求儿童,如要求儿童完成一项任务就一定要完成,不要半途而废,先写作业后玩耍,写完作业后要求儿童自己整理书包等。也就是说,培养小学生的意志品质首先必须通过和利用"他律"来进行。同时要注意经常有意识地培养小学生抗干扰的能力,使他们在执行规定的过程中,即使遇到各种干扰,也能够控制自己,努力按既定规则办。

(五)增强自我锻炼,培养小学生自制力

教育过程中小学生意志品质的形成,既需要教师的教育、家长的协助、环境的助力,更需要个体的主观努力。良好意志品质的培养,最终应落实到学生的自我锻炼、自我检查、自我监督、自我鼓励上来。通过制订切实可行的自我锻炼计划,从小处入手,从克服缺点开始,制订个人学习生活、体育锻炼以及公益劳动计划,在实施计划的行动中持之以恒,培养顽强的毅力。对完成任务的儿童要给予鼓励,以强化其积极性。

本 章 小 结

本章按照情绪情感的概念与分类、小学生情绪情感发展特点与教学、意志的概念与意志行动过程、小学生意志的发展特点与教学的顺序展开。在学习过程中,讲授和自学相结合,以学定教,在理解基本概念原理的基础上,理论联系实践,思考如何培养小学生健康的情绪情感和良好的意志品质,以帮助学生顺利渡过小学阶段,并为其个性和社会性的发展奠定基础。

思考训练

1. 什么是情绪情感？对认识活动有何影响？
2. 简述小学生情绪情感发展特点，并设计一节情感教育课。
3. 什么是意志？意志与认识、情绪情感有何关系？
4. 案例分析：小学生小华和小强是好朋友，期末考试快到了，老师要求大家认真复习各门功课。小强每天回到家也很想学习，但是总是一会儿翻翻这个，一会儿看看那个，妈妈让他写作业，他总是把会写的作业写完后就跑出去玩了，不愿意写不会的题，妈妈给他讲解的时候他也很没耐心听。而小华回到家，根据自己的各科情况制订了一份详细的计划，每天都按照计划学习，考试得了个双百，而同样聪明的小强两科成绩却都只有七十几分，同学们都嘲笑他。小强的妈妈批评小强说："你看人家小华学习那么好，你们俩天天在一起玩，你怎么就不会学学人家呢？"小强很是伤心，好些天都不愿意再找小华玩，做其他事情也提不起精神。请从意志的角度分析小强的行为并提出相关建议。

第八章
小学儿童个性和社会性发展

 **内容提要**

小学是个体开始系统接受教育、心智德能全面发展的重要时期。小学儿童社会自我逐步形成,社会性认知逐渐趋于客观和深刻,社会关系更加复杂。通过本章学习,了解个体个性心理的概念和构成,掌握小学生自我认知和社会性认知的发展规律和影响因素,从而根据儿童的能力差异、认知方式差异以及性格差异进行针对性地教育和引导。

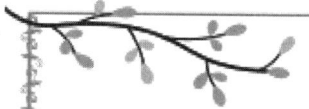

教育中的"以人为本"理念要求满足每个学生的个别需求,尊重学生的个性,以实现每个人的最优发展。然而,任何好的教育方法都不能同样适合所有的学生。只有在一般教育、教学的基础上,同时顾及每个学生的智能发展水平,认识活动的特点以及他们的兴趣、爱好、性格、习惯等,采取相应的个别教学措施,才能使所有学生都能有效地掌握所学的知识技能,形成良好的个性品质。

第一节 个性心理概述

人是社会的个体,是某一社会享有一定权利的成员,能够且应该承担与此相应的社会角色并履行义务,从而实现其自身的潜能。每个人的精神面貌都不相同,各自记录着自己的生活史。个性是指一个人的总的精神面貌,它是通过个人的生活道路而形成的,反映了人与人之间稳定的差异性特征。个性的心理结构包含极复杂的成分,可以把个性结构划分为三个主要的子系统:个性心理特征、个性倾向性和自我。

一、个性心理特征

个性心理特征是人的多种心理特征的一种独特的组合,它集中反映了一个人的精神面貌稳定的类型差异。个性心理特征包括能力、气质和性格。

1. 能力是保证人顺利完成某种活动的必要心理条件

有的人聪明,有的人愚笨;有的人有高度发展的数学才能,有的人有高度发展的音乐才能;这是能力上的差异。能力标志着人在完成某项活动时的潜在可能性上的特征,是先天遗传因素和后天环境教育综合的结果。

2. 气质是人们平常所说的性情或脾性

有的人活泼好动、反应敏捷;有的人直率热情、情绪易冲动;有的人安静稳重、反应迟缓;有的人敏感、情绪体验深刻、孤僻;这是气质上的差异。气质是人的心理活动稳定的动力特征,了解人的气质类型有利于因材施教,科学选拔人才。

3. 性格是人在行为方式中表现出来的稳定的心理倾向

有的人果断、坚韧不拔;有的人优柔寡断、朝三暮四;有的人急功近利;有的人疾恶如仇;这是性格上的不同。性格显示着人对现实的稳定的态度和行为方式上的特征。

二、个性倾向性

个性倾向性是推动人进行活动的动力系统,是个性结构中最活跃的因素。它决定着人对周围世界认识和态度的选择和趋向,决定着他追求什么,什么对他来说是最有价值的。个性倾向性主要包括需要、动机和价值观。需要是个性倾向性的基础。人有各种需要,如生理需要、安全需要、交往需要、成就需要等。个性是人在活动中满足各种需要的基础上形成和发展起来的。人的一切活动,无论是简单的或是复杂的,都是在某种内部动力推动下进行的。这种推动人进行活动,并使活动朝着一定目标的内部动力,称为动机。动机的基础是人的各种需要。对一个人来说,什么是最重要的?想要怎样生活?又必须怎样生活?由此而产生的愿望、态度、目标、理想、信念等,都是由这个人的价值观所支配的。价值观是一种浸透于人的所有行动和个性中的支配着人评价和衡量好与坏、对与错的心理倾向性。价值观的基础也是人的各种需要。如果说需要是个性倾向性的基础,那么价值观则处于个性倾向性的最高层次。它制约和调节着人的需要、动机等个性倾向性成分。

三、自我

自我即自我意识,是个人对自己的自觉因素。自我意识是一种多维度、多层次的心理系统。从心理形式上来看,自我意识表现为认知的、情绪的和意志的三种形式,属于认知的有:自我观察、自我概念、自我认定、自我评价等,统称为自我认识。自我认识使个人认识到自己的身心特点、自己和他人及自然界的关系、个人在不断变化的条件下和他一生的时间内他始终是他自己。自我认识主要涉及"我是一个什么样的人?""我为什么是这样的一个人?"等问题。属于情绪的有:自我感受、自爱、自尊、自恃、自卑、责任感、义务感、优越感等,统称为自我体验。自我体验主要涉及"我是否满意自己""我能否悦纳自己"等问题。属于意志的有:自立、自主、自制、自强、自卫、自信、自律等,可统称为自我控制。自我控制表现为个人对自己行为活动的调节、自己对待他人和自己态度的调节等。如"我怎样节制自己""我如何改变自己的现状,使我成为自己理想中那样的人"等。自我意识的上述三种表现形式综合为一个整体，便成为个性的基础——自我。自我使一个人的个性心理特征和个性倾向性等诸成分成为统一的整体。如果自我发生障碍，人就有可能失去自己肉体的实在感，或者感觉不到自己的情感体验、觉得自己陷入了麻木不仁的状态，或者感到自己不能做主，总是受人摆布等，导致人格障碍。个性结构中的诸种心理成分不是无组织的、杂乱无章的，它们是由自我进行协调和控制而成为一个有组织的、稳定的整体。

总之，从人的心理特征的整体性、稳定性和差异性上来看，一个人总的精神面貌就是他的个性。个性是一个多维度的、具有层次结构的心理构成物。

四、心理过程与个性心理的关系

心理过程和个性心理是密不可分的。一方面，心理过程在每个人身上表现时，总具有个人的特点。也就是说，个性心理是通过心理过程在实践的基础上逐步形成和发展起来的，心理过程是个性形成的条件和基础。如果没有对客观事物的认识，没有对客观事物的情感体验，没有对客观现实积极改造的意志行动，人的个性是难以形成的。另一方面，个性心理要通过人的心理过程表现出来，并制约着心理过程的发展。例如，具有不同兴趣和能力的人，对同一事物的认识及解决问题的水平常常是不同的；性格不同的人，在处理同样的问题时，常常表现出不同的行为特点。

可见，人的心理过程和个性心理是既有区别又密切联系的统一整体，二者相互融合、相互制约、相互促进，从而形成了一个人完整的心理面貌。

同时，需要指出的是，还有一种比较特殊的心理现象叫作注意。注意不是一种独立的心理过程，而是伴随着人的各种心理活动过程存在的一种意识倾向。

我们可以把心理学研究的心理现象做如下的概括，见图8-1。

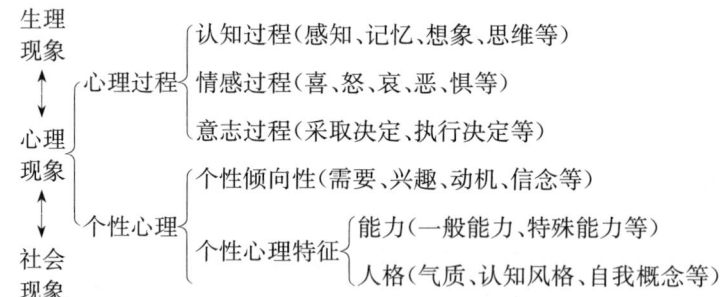

图8-1 心理过程与个性心理

法国著名作家雨果说过，世界上最浩瀚的是海洋，比海洋还要浩瀚的是天空，比天空还要浩瀚的是人的心灵。由此可见，人的心理现象和精神现象是丰富多彩、复杂多样的，远比一切物理现象更为复杂，更为高级。因而，研究人的心理活动规律，要比研究物理地理现象的规律复杂、艰难得多。但是，按照辩证唯物主义的哲学观点，人的心理活动的发生发展同样是依从于一定条件的，是有规律可循的，从简单的感知到复杂的思维，从心理过程到个性心理特征，它们发生发展所依从的条件，产生的生理机制，以及活动的规律，是可以研究和认识的。

第八章 小学儿童个性和社会性发展

第二节 小学儿童的个性和社会性的发展

在新的社会生活中,新的要求、新的环境,新的交往关系都促使小学儿童进一步加深对自我、对他人的认识和了解,使其个性和社会性有了新的发展。

一、小学儿童的自我意识

自我意识的发展过程是个体不断社会化的过程,也是个性特征形成的过程。自我意识的成熟往往标志着个性的基本形成。在小学时期,儿童的自我意识正处于所谓的客观化时期,是获得社会自我的时期。在这一阶段,个体显著地受社会文化影响,是角色意识建立的最重要时期。角色意识的建立,标志着儿童的社会自我观念趋于形成。

我国心理学家通过问卷调查,发现小学儿童自我意识的发展表现出如下趋势:① 一至三年级处于上升期,1~2年级的上升幅度最大,是上升期中的主要发展时期;② 三至五年级处于平稳阶段,年级间无显著差异;③ 五至六年级处于第二个上升期。①

随着小学儿童抽象逻辑思维的逐渐发展和辩证思维的初步发展,他们的自我意识更加深刻。他们不仅摆脱对外部控制的依赖,逐渐发展了内化的行为准则来监督、调节、控制自己的行为,而且开始从对自己的表面行为的认识、评价转向对自己内部品质的更深入的评价。

可见,小学儿童自我意识的发展是随着年龄的增长从低水平向高水平发展的。在整个小学时期,儿童的自我意识不断发展,但不是直线的、等速的,既有上升的时期,又有平稳发展的时期。

(一) 自我概念的发展特点

自我概念是个人心目中对自己的印象,包括对自己存在的认识,以及对个人身体能力、性格、态度、思想等方面的认识,是由一系列态度、信念和价值标准所组成的有组织的认知结构。自我概念把一个人的各种特殊习惯、能力、观念、思想和情感组织联结在一起,贯穿于经验和行为的一切方面。

自我概念在儿童发展的多方面有重要的作用,积极自我概念的养成在儿童教育目标中具有特殊地位,自我概念的发展是儿童社会性发展的核心构成部分。② 一项对三至十一年级儿童的追踪研究,采用多水平模型验证了不同性别儿童自我概念的变化。

小学儿童的自我描述反映其对自我的认识。一些研究发现,小学儿童的自我描述是从比较具体的外部特征的描述向比较抽象的心理术语的描述发展。如回答"我是谁"这样一个问题时,小学低年级儿童往往提到姓名、年龄、性别、家庭住址、身体特征、活动特征等方面。而到小学高年级,儿童则开始试图根据品质、人际关系以及动机等特点来描述自己。但即使到小学高年级,儿童对自己的认识仍带有很大的具体性和绝对性。

---

① 朱智贤.中国儿童青少年心理发展与教育[M].北京:中国卓越出版公司,1990.
② 金盛华.自我概念及其发展[J].北京师范大学学报,1996(1).

对小学年级儿童自我认识的研究发现:四至六年级儿童自我认识的积极程度表现出随着年级的升高而下降的趋势;城市儿童的自我认识得分高于县镇和农村儿童;发达地区和中等发达地区儿童的自我认识得分高于欠发达地区儿童。

自我概念是在经验积累的基础上发展起来的。最初它是对个人的和才能的简单抽象认识,随着年龄的增长而逐渐复杂化,并逐渐形成社会的自我、学术的自我、身体的自我等不同的层次。哈特要求儿童在认知能力、社会能力、运动能力、普通的自我价值四个方面评价自己的能力。结果发现:第一,小学三年级儿童已能在喜欢或不喜欢的项目上认识自己,这表明儿童的自我情感在小学已能很好地建立起来。第二,儿童能对其不同领域的能力做出重要区分,因此其自我评价依赖于情境。例如,一个儿童可能认为自己的运动能力较差,但学习能力较强。第三,儿童对自我的评价与教师评价、同伴评价相一致。这表明,随着年龄的增长,儿童逐渐能较客观地评价自己。

有人对小学高年级儿童的自我概念发展在量和质两方面进行了分析。结果认为,小学儿童自我概念的发展趋势视性别而定。女生开始关注自己的身体和相貌,同时性成熟使容貌和身材成为女生间重要的比较内容,她们注重在他人眼中的形象和表现,开始对身体的许多方面不满意。因此,女生的自我接受程度与自我谐和程度表现为随年龄的增长而渐减的趋势:年龄越大,自我接受度越弱,且真实自我符合理想自我的程度也越小。相反,男生身体迅速发育,运动能力的增强、性魅力的出现提高了他们的身体自我概念水平。因此,高年级男生身体自我概念水平明显高于女生。另有研究表明,父母和教师对孩子数学能力的评估是有性别偏见的,这种偏见会进而影响孩子对数学的态度和数学能力,也就是说,父母和教师对儿童能力的评价对儿童自我概念的形成有明显的影响。

不同群体儿童的自我概念发展存在显著差异。例如,再婚家庭儿童与完整家庭儿童的自我概念发展存在显著差异。其中,在同伴关系、亲子关系、阅读、数学、一般学校表现、总体非学术、总体学术和总体自我八个方面,再婚家庭儿童均明显差于完整家庭儿童,在运动能力、生理外貌以及自我的一般性看法上没有显著差异。① 学习不良儿童与一般儿童在自我概念各个维度上均存在显著差异。学习不良儿童自我调节总体水平较差;同时,学习不良的女生在自我概念的发展上优于男生。②

(二)自我评价的发展特点

自我评价能力是自我意识发展的主要成分和主要标志,是在分析和评论自己的行为和活动的基础上形成的。大量研究证明,自我评价能力在学前期就已经产生了。

进入小学以后,儿童能进行评价的对象、内容和范围都进一步扩大,其自我评价能力进一步发展起来:① 从顺从别人的评价发展到有一定独立见解的评价,自我评价的独立性随年级升高而提高。儿童逐步减轻对他人评价的依赖性,独立地进行自我评价的能力在不断发展。② 从比较笼统的评价发展到对自己个别方面或多方面行为的优

---

① 董奇等.再婚家庭儿童自我概念发展的特点[J].心理发展与教育,1993(2).
② 俞国良,瓮亚君.10~15岁学习不良儿童自我概念发展的研究[J].心理发展与教育,1996(2).

缺点进行评价。③小学儿童开始出现对内心品质进行评价的初步倾向。值得注意的是,直到小学高年级,儿童所进行的抽象性评价(如我认为一个好学生应该有爱国主义和集体主义精神,有远大理想和抱负,能分清真善美和假恶丑)和对内心世界的评价(如表里一致、谦虚、热情、诚实等)仍然不多。④在整个小学阶段,儿童的自我评价处于由具体到抽象、由外显行为到内部世界的发展过程之中,儿童的抽象概括性评价和对内心世界的评价都在迅速发展。⑤小学儿童自我评价的稳定性逐渐增强。

哈特和巴丁通过调查得出了以下几点结论:

第一,儿童至少从五个重要且各自独立的领域来直接评价自己:学业成绩、运动能力、社会接纳性、身体外表和行为表现。

第二,儿童对自我价值的评价可以反映出他们的能力和抱负与志向之间的差异。同时,他人对儿童的态度对其自我评价有直接且重要的影响。

第三,对每个儿童来说,上述五个领域的重要性并不是相等的,因而各领域能力的高低对儿童的影响程度是不相同的。身体外表对小学儿童是一个最为重要的因素,而行为表现则是最不重要的。

第四,某些社会支持因素起着更为重要的作用。对小学儿童来说,对自我评价最重要的支持因素是父母和同学,而不是朋友和教师。

第五,对自我价值的评价与情感有密切的联系。喜欢自己的小学儿童是最快乐的,对自己评价不高的儿童经常产生悲哀、沮丧等消极情绪。情感评价分数的高低与自我评价分数的高低有正相关。

戴蒙和哈特认为,小学儿童的自我意识系统包括四个自我的范畴,即身体的自我、活动的自我、社会的自我和心理的自我。儿童关于这四个方面的认识是其能力感的基础。小学时期的成败经验与成年后的自信心有关,小学儿童的自我评价与学业经验的关系比与非学术活动的关系更为密切。

自我评价与儿童的交往也有的一定相关性。有的研究结果认为,高自我评价的男孩更富创造性,能更快地被社会团体所接受并成为领导者,他们更为自信、坦率,愿意表达自己的意见,善于接受批评,学业成绩也较好,而低自我评价的男孩往往比较孤独、有不良的行为习惯,学习成绩不好。

(三) 自我体验的发展特点

自我体验主要是自我意识中的情感问题,包括对自己所产生的各种情绪情感的体验。一般来说,愉快感和愤怒感发生较早,自尊感、羞愧感和委屈感发生较晚。

研究指出,自我体验的发展与自我意识的发展总趋势比较一致。在小学阶段,自我体验与自我评价的发展具有很高的一致性。可见,在这个时期,自我情绪体验的发展与自我认识、自我评价发展密切相关。随着儿童理性认识的增加和提高,他们的情绪体验也逐步深刻。

自我体验的一个表现形式即儿童的自尊心。自尊心强的儿童往往对自己的评价比较积极,相反,缺乏自尊心的儿童往往自暴自弃。

二、小学儿童的社会性认知

所谓社会性认知,是指对自己和他人的观点、情绪、思想、动机的认知,以及对社会关系和对集体组织间关系的认知,与认知能力发展相适应。儿童对物质世界的理解是随年龄增长而不断发展的,儿童对社会的认识也表现出同样的趋势。

如前所述,小学儿童自我意识的发展是从具体的、片面的认识向抽象的、较为全面的认识过渡。与此同时,随着儿童认知中的自我中心成分的逐渐减少,儿童对他人的认识也逐渐趋于客观和深刻。

学前儿童受自我中心的限制,尽管能区分自己与他人,但仍然认为他人对世界的看法和自己相同。随着社会交往经验的日益增多,小学儿童逐渐注意到他人与自己对世界的认识和反应是不同的,开始认识到他人不仅有与自己不同的思维和情感,而且在相同情况下可能有不同的反应,儿童开始理解他人行动的目的性。

许多研究表明,儿童的社会性认知发展具有如下几个趋势:① 从表面到内部,即从对外部特征的注意到对更深刻的品质特征的注意;② 从简单到复杂,即从看到问题的某个方面到多方面、多维度地看待问题;③ 从呆板的思维到灵活的思维;④ 从对个人及即时事件的关心到关心他人利益和长远利益;⑤ 从具体思维到抽象思维;⑥ 从弥散性的、间断性的想法到系统的、有组织的综合性的思想。

(一)角色采择能力

在小学儿童认识、理解他人的行为过程中,角色采择能力的发展起着重要的作用。所谓角色采择能力,也称观点采择能力,是指儿童采取他人的观点来理解他人的思想与情感的一种认知技能。在小学时期,儿童的角色采择能力有了显著的发展。

塞尔曼认为,儿童的角色采择能力的发展表现出五个阶段。

阶段0:自我中心的或无差别的观点(3～6岁)。儿童不能认识到他人的观点与自己不同,因而往往根据自己的经验来做出反应。

阶段1:社会——信息角色采择(6～8岁)。儿童开始意识到他人有不同的观点,但不能理解这种差异的原因。认为他人所做的即是其所想的,而不能了解他人行动前的思想。

阶段2:自我反省角色采择(8～10岁)。儿童逐渐认识到即使得到相同的信息,自己和他人的观点也可能会有冲突。儿童已能考虑他人的观点并预期他人的行为反应,但还不能同时考虑自己和他人的观点。

阶段3:相互角色采择(10～12岁)。儿童能考虑自己和他人的观点,并认识到他人也可能这样做,能够以一个客观的旁观者的身份来解释和反应。

阶段4:社会和习俗系统的角色替换(12～15岁)。儿童开始运用社会系统和信息来分析、比较、评价自己和他人的观点。

显然,塞尔曼所提出的角色采择能力的发展阶段与皮亚杰的认知发展阶段密切相关。

张文新、林崇德采用经过标准化处理的观点采择故事考察了幼儿园大班和小学二、四、六年级儿童的社会观点采择能力。结果表明:6岁左右的儿童开始初步克服认识上的自我中心主义,能够初步认识到个人对于某一事件的观点取决于其所得到的特定信息,但在准确推断他人观点方面还存在着较大困难;6~10岁为儿童社会观点采择能力快速发展的时期,10岁儿童已经能够根据有关信息准确推断他人的观点,基本具备了社会观点采择能力;10岁以后,儿童的社会观点采择能力处于一个相对较稳定的阶段,发展速度相对减慢①。研究者对儿童社会观点采择的结构进行了探讨,发现儿童社会观点采择包含认知观点采择和情感观点采择两种亚类型。儿童认知观点采择能力和情感观点采择能力的发展趋势基本一致,但后者的发展水平显著地落后于前者②。

情绪理解力中的对他人情绪的理解是小学儿童情感观点采择能力的一个重要方面。关于小学儿童情绪理解力发展的研究表明:7~11岁儿童在不同层次情绪理解的发展上存在差异,7岁时在面部表情的识别、情绪原因的理解、基于记忆的情绪理解以及基于信念的情绪理解上处于较高水平,而在情绪调节、混合情绪和道德情绪的理解上则相对处于较低水平;8岁可能是混合情绪理解和道德情绪理解发展的关键期;10岁和11岁儿童在道德情绪理解任务上的得分显著高于7岁和8岁儿童③。另有研究表明:大部分小学儿童能够借助情绪类型和情绪成分理解情绪概念,儿童提名的一般情绪词平均为3~4个,女生提名的数量显著多于男生;儿童识别他人情绪的线索主要是表情、言语及副言语和身体动作;儿童对积极情绪的理解具有社交性和亲社会性的特点,对消极情绪的理解具有攻击性和消极破坏性的特点;儿童对自己和他人情绪隐藏能力的理解存在明显差异,认为自己的情绪隐藏能力高于他人④。

角色采择能力是随年龄增长而发展的,是与儿童社会经验有关的认知发展的技能。有些儿童的角色采择能力低于同龄人,这是其产生过失行为或不良行为的一个影响因素。训练在一定程度上可以提高儿童的角色采择能力。一项研究针对小学低年级学生社会观点采择的特点编制了一套心理活动课程,并实施了为期半年的干预。活动课程包括合作活动训练、认知训练、情感训练等,主要采用角色扮演技术、移情训练技术,综合采用讲故事、做游戏、多媒体教学等方法。经过半年干预训练,实验班在认知取向的移情、情感取向的移情和总的情感观点采择能力方面均有极为显著的提高,而对照班各方面与半年前相比无显著的差异⑤。

(二) 对社会关系的认识

儿童对他人的认识首先是了解其外部的、具体的特征,如姓名、身体特征、财产及公开的行为。7岁以下的儿童通常处于这个水平。他们也通常使用普通的评价词,如"好""坏""一般"等。从8岁开始,儿童逐渐增加使用描述行为特征、心理品质、信仰、价值和态度的抽象形容词。儿童开始较少局限在人们的外表方面,越来越能抽取不同时间和场合下的行动规律,推论他人行为的动机。在12~14岁,儿童的描述较少考虑自

---

① 张文新,林崇德.儿童社会观点采择的发展及其与同伴互动关系的研究[J].心理学报,1999(4).
② 张文新,郑金香.儿童社会观点采择的发展及其子类型间的差异的研究[J].心理科学,1999(2).
③ 马伟娜等.学龄儿童不同层次情绪理解的发展及其与同伴接纳的关系[J].心理科学,2011(6).
④ 寇彧等.小学中高年级儿童情绪理解力的特点研究[J].心理科学,2006(4).
⑤ 林彬等.儿童社会观点采择能力发展的干预研究[J].心理科学,2003(6).

己与他人的关系,更多地使用限定词,如"有时""常常"等,表明他们开始理解人的特质不是绝对的、不变的。

儿童对他人行为的归因往往受情境因素和人格品质的影响。5～6岁的儿童在考虑他人的行为原因时开始同时考虑这两个因素,但给予这两类原因的比重在变化。成人和较大的儿童则往往将他人的行为归于稳定的品质因素,而把自己的行为归于情境因素。

在小学时期,儿童开始根据他人的行为来了解其观点,并进行评判。随着自我意识的加强,儿童更加关心他人对自己的看法。

儿童的友谊概念反映了儿童对社会关系的认识,主要反映了儿童对同伴关系的认识。儿童对友谊特性的认知结构由五个维度组成,即个人交流和冲突解决、榜样和竞争、互相欣赏、共同活动和互相帮助、亲密交往。对友谊不同维度的认知发展趋势有很大的年龄差异,6～8岁儿童只能认识到友谊特性中一些外在的、行为的特征,以后才能逐渐认识到那些内在的、情感的特征。小学高年级儿童的好友群体逐渐趋于稳定,这样有助于他们从交往经验中形成对好友可信度的稳定期望,从而提高自身信任水平[1]。

儿童对权威关系的认识则更多地反映了儿童对成人—儿童关系的认识。儿童对父母的服从随着年龄的增长而有所变化,在不同的生活领域,儿童对父母权威的评价及服从有所不同。例如在道德方面,儿童认为父母规定具有至高的合理性,但在生活习惯和个人交友方面,认为父母是权威的儿童的人数明显下降。在每个领域,儿童对父母规定的听从率都高于对其合理性的评价,这反映了父母权威的强制性[2]。

大约在8岁,儿童出现了一种比较成熟的看法,认为权威是一种相互关系,应该服从权威人物,因为他对儿童有所帮助。到9岁,儿童认为服从权威基本上是自愿的和合作的,权威人物和地位低的人具有相同的权利,但前者对后者的幸福负有责任。到11或12岁时,儿童认为权威关系是完全合作性的,是由同意建立起来的,并和特殊的情境有关,在接受某人为权威时,除了需要考虑特殊的能力和知识外,还要考虑情境的要求。

第三节 个体社会化与个体差异的教育

一、影响个体社会化的因素

个体社会化是指个体在社会影响下通过社会知识的学习和社会经验的获得,形成一定社会所认可的心理行为模式,成为合格的社会成员的过程。影响个体社会化的因素综合起来主要有父母教养方式和同伴关系。

(一) 父母教养方式

1. 父母教养方式的类型

教养方式是指父母将社会价值观、行为方式、态度体系及社会道德规范传递给儿童

---

[1] 李庆功. 好友可信度与9～12岁儿童信任的关系及其发展[J]. 心理发展与教育,2013(3).
[2] 张卫. 5～13岁儿童权威认知的发展研究[J]. 心理科学,1996(2).

的方式。一般将父母的教养方式归为两个维度：其一，父母对待儿童的情感态度，即接受—拒绝态度；其二，父母对儿童的要求和控制程度，即控制—容许程度。根据两个维度的不同可以形成四种教养方式，详见表 8-1。

表 8-1 四种教养方式的表现与评价

教养方式	情感态度	控制程度	表现	评价
权威型	接受	控制	父母树立权威，对孩子理解、尊重，与孩子经常交流及给予帮助的一种理解且民主的教养方式。	这种权威来自父母对孩子的理解与尊重，来自他们与孩子的交流及对孩子的帮助；父母对孩子有较高的要求，对不同的行为表现奖惩分明。
专断型	拒绝	控制	父母要求子女绝对服从自己，对子女所有行为都加以保护监督的一种高控制型教养方式。	这是一种高控制型教养方式，在情感方面，父母常以冷漠忽视的态度对待孩子。
放纵型	接受	容许	父母对子女报以积极肯定的，但缺乏控制的一种教养方式。	父母对孩子报以绝对肯定的情感，对孩子缺乏控制，父母放任孩子自己做决定。
忽视型	拒绝	容许	父母对子女缺乏爱的情感和积极反应，又缺少行为要求和控制的一种教养方式。	父母对孩子既缺乏爱的情感和积极反应，又缺少行为方面的要求与控制，因此亲子间的互动很少。

2. 父母教养方式对儿童的影响

一般来说，父母教养方式对儿童社会化的影响主要体现在以下三个方面：

第一，学业成绩。如果父母关心孩子、体谅孩子，同时对孩子有较高的要求，原本成绩良好的学生会更加努力，取得更大的成就。但如果父母采取的教育方式为埋怨、放弃、不管不问或严厉惩罚，这不仅严重影响孩子的身心健康，而且会使原本成绩差的孩子越来越差。

第二，自我价值感。儿童所感受到的来自父母的情感温暖与理解越多，其自我价值感的水平就越高；而当感受到父母的严厉惩罚、拒绝否认以及过分保护越多时，其自我价值感的水平就越低。

第三，心理健康。如果父母对待孩子缺少情感温暖和理解，过多采用惩罚和拒绝否定的教育方式，则孩子易形成孤独、学习焦虑和对人焦虑的心理障碍；相反，如果父母在家庭中注重亲子间的情感交流，则可以大大减少孩子的孤独感和对人的焦虑感。

（二）同伴关系

同伴关系在个体发展中具有成人无法替代的作用，同伴交往是个体归属感和安全感的源泉。

第一，满足儿童多种心理需要。如安全的需要、儿童归属与爱的需要，儿童成就感的需要等。

第二，为社会能力发展提供背景。

第三，促进自我意识的发展。

二、能力差异与教育

(一) 资质优异儿童的教育

资质优异儿童是指智商140分以上,或在特殊性测验上有突出表现者,或在文艺、绘画、音乐等方面有超群能力者。这些学生身体发育、情绪表现、学业成绩、社会适应、道德观念均比一般学生更佳。他们观察敏锐,想象丰富,善于抽象推理和领悟复杂的关系,好奇心强,富有创造精神;兴趣广泛、乐观开朗,有强烈的成就动机,喜欢竞争,为实现预定目标能努力克服困难。

为了使天赋优异的学生能得到充分发展,除了让他们与同龄学生一样,受到共同的教育之外,还应该实施必要的特殊教育。从我国中小学教育现状的实际出发,可实施以下特殊教育政策:

1. 加速制教学策略

加速制教学策略的特点是,天赋优异学生所学内容与一般学生相同,只是加速其进度,缩短修业年限。可采取提前入学跳级的方式进行。但这种做法最大的缺点是,可能有些学生过分偏重知识学习而忽略其他方面的要求和发展。因此学校教师必须对这部分学生予以正确地教育和引导。

2. 充实制教学策略

充实制教学策略是让天赋优异学生留在正规的班级中,与同龄其他学生保持相同的教学进度,又由教师为他们提供较多较难的教学内容或作业,使之学到更多的东西。

3. 特殊班级制教学策略

特殊班级制教学是"集英才而教之"的一种策略。它把天赋优异学生集中在一起,编成特殊班级,由有专长的教师或"专家"实施教学。教材内容教学进度和教育方法都与普通班有区别。

(二) 学习困难学生的教育

学习困难学生是指理解或使用语言文字和所学的知识都异常困惑的学生。其困惑一般表现在聆听、思考、阅读、书写或运算方面。其困惑现象包括知觉障碍、思维障碍、记忆障碍、语言表达障碍等。学习困难并不包括下列因素造成的学习问题:视觉、听觉、动作残缺障碍、智能不足、情绪困扰或环境失利等。

对学习困难学生的教导有两大困难:一是同属学习困难,其形成原因和表现各不相同;二是迄今尚无令人满意的教学模式。因此,对学习困难学生的教学,仍以个别施教为主,并不断进行新教学方法的实验探索。由于学习困难学生在学习活动中有较明显的行为表现,因此国内外的教育心理学家们都主张从改善学生的行为错误入手。最常采用的教学措施是行为修正法,并配合以药物治疗。

(三) 能力的性别差异与教育

从智力结构的各因素综合来看男女两性无明显的性别差异。

1. 感觉和知觉方面

有人考察了31对男女青少年,发现男生的空间视觉能力高于同龄女士0.4个标准差;而女生的听觉能力、声音辨别能力明显优于男生,听高音的能力也优于男生,但在听觉时间判断方面却不如男生。吉尔伯特的研究证实,如果给男女两性同样两秒钟的持续听觉刺激,让他们求出 2 倍的时间长度,结果,在 6~17 岁年龄阶段,男生准确率较高。

2. 注意品质

男孩的注意多定向于物,喜欢摆弄物体,并探究物体的奥秘,在物上的注意稳定,并能持续较长时间。女孩则偏重定向于人,对人与人之间的关系很注意,也很敏感。

3. 记忆能力

男孩理解记忆和抽象记忆较强,他们不习惯机械地背诵学习材料,而喜欢在理解的基础上按自己的意思复述记忆材料;女孩则机械记忆和形象记忆能力较强,保持着对具体形象材料记忆的优势。

4. 思维能力

男孩多偏于逻辑思维类型,这类思维特点是倾向于分析、比较、抽象与概括,倾向于逻辑意义性。所以男孩多喜欢数学、物理、化学等学科。女孩多偏于形象思维类型,这类思维的特点是倾向于直接印象的鲜明性、生动性。所以女孩多喜欢语文、外语、历史、地理、生物等。

5. 想象能力

男孩由于思维偏于逻辑性故而想象也常带有逻辑性。女孩由于思维偏于形象性,故而想象也常有形象性。男孩的想象表象偏于物与物之间的关系,女孩的想象表象则偏于人与人之间的关系。因此,男生的创造想象多在自然科学和工程技术领域中显露,女生则在文学、艺术、教育、心理、医学等领域中显露出来。

6. 言语能力

一般女孩说话比男孩略早一些,在幼儿和小学时期,女孩的说话能力一直略优于男孩。到了青少年时期,女孩词汇的丰富程度、口语表达方面均略高于男孩。有人做过 26 个大范围的比较研究,男、女生平均成绩相差 0.2 个标准差。

当前,在教育领域里不同程度地存在着忽视智力发展的性别差异,不甚重视两性智力的优势发展。在教学过程中,教师首先要改变旧的传统观念,对男女学生一视同仁,帮助女生从旧的传统观念中解脱出来,不要妄自菲薄。同时要采取各种有效的教育措施,有针对性地开发男女生各自的智力,使他们的智力在各自基础上得到有效发展。

知识拓展

特殊儿童的心理与教育

在学校教育中,特殊儿童是指那些在教育上有特殊需要的儿童。特殊儿童在儿童中占有非常大的比例。

特殊儿童分为资质优异儿童,智力落后儿童,盲、聋、哑儿童,情绪困扰儿童和学习困难儿童(学习障碍或学习失能)等几种类型。对于他们的教育原则,要遵循发展性原则、个别化原则和系统化原则。其教育方式主要有随班就读、普通班加资源教室、普通班加巡回班、设置特殊班等。

三、认知方式的差异与教育

认知方式又称认知风格,是个体在知觉、思维、记忆和解决问题等认知活动中加工和组织信息时所显示出来的独特而稳定的风格。学生间认知方式的差异主要表现在场独立型与场依存型、沉思型与冲动型、辐合型与发散型等方面。

1. 场独立型与场依存型

场独立型是指很容易将一个知觉目标从它的背景中分离出来的能力。场依存型是指在将一个知觉目标从它的背景中分离时感到困难的知觉特点。两者的差别如表8-2所示。

表8-2 场独立型和场依存型的差别

分类	参照物	知觉方式	学习策略	学科兴趣	反馈来源
场独立型	内部参照	善于运用分析的知觉方式	内在动机,独立自主学习	自然科学	内部反馈
场依存型	外部参照	非分析的、笼统的整体知觉方式	外在动机,易受暗示	社会科学	外部反馈

2. 沉思型与冲动型

沉思与冲动的认知方式反映了个体信息加工、形成假设、解决问题的速度和准确性。具有沉思型认知方式的学生在碰到问题时不急于回答,倾向于深思熟虑,用充足的时间考虑、审视问题,权衡各种问题的解决方法,评估各种可替代的答案,然后从中选择一个满足多种条件的较有把握的最佳答案,因而错误较少。具有冲动型认知方式的学生在解决问题时,往往很快形成自己的看法。在回答问题时,往往根据问题的部分信息或未对问题做透彻的分析就仓促做出决定,反应速度很快,但容易发生错误。

3. 辐射型与发散型

美国心理学家吉尔福特,将认知方式分为辐射型和发散型两种认知方式。具有辐射型认知方式的学生,在回答问题时,先搜集或综合信息,缩小解答范围,直到找出最适当的唯一正确解答。具有发散型认知方式的学生,在回答问题时,会使思维发散到各个方面,产生多种可能的答案,而不是唯一正确的答案。

四、性格差异与教育

学生的性格差异是客观存在的,但在教育教学中教师往往注重学生智力的培养而忽视对学生性格的塑造。而性格差异中比较突出的问题是性格缺陷。学生的性格缺陷如果不能被及时发现并加以矫正,将会阻碍学生心理的健康发展。

(一)学生性格缺陷的表现

在学校中学生的性格缺陷有很多表现,以下分别阐述。

1. 孤僻

性格孤僻的学生常常有强烈的自卑感,自我评价较低,自我情绪体验消极进而形成扭曲的自我形象,既不能正确评价自己,也不能正确对待别人,以至于不能接受自己。

性格孤僻的学生往往缺少朋友,他们不能自如地与他人交往,唯恐被别人轻视和排斥,当恐惧感超过亲近别人的欲望时,就会压抑自己的欲望,对他人采取冷漠的态度,把自己封闭起来。

2. 自卑

自卑是由自我评价过低而引起的一种消极的、不适当的自我否定态度,存在自卑感的学生总是看不到自己的价值,觉得自己低人一等,自己处处不如别人,别人都比自己聪明、能干,对自己什么都不满意。在这种情况下很容易导致"自卑情结"的形成进而在自我评价中经常伴随着消极的情绪体验,如内疚、害羞、不安、胆怯、失望、忧伤等。以后随着年龄的增长,在学习生活中再次遇到挫折时,自卑情绪很容易被重新唤起,若经常体验到自卑情结的痛苦,很容易转变为自卑性格。

3. 粗暴

粗暴的核心是冷酷无情,容易冲动而又意志薄弱的学生,容易形成粗暴的性格。在不和睦的家庭中,父母经常争吵、打闹,极易使孩子产生冷酷、悲戚的心情,并由此导致惊慌、恐惧、心绪不宁的情绪。同时家庭成员间的争吵、打闹也会成为儿童观察学习的榜样,久而久之,就会形成儿童粗暴的性格。

4. 怯懦

怯懦的核心是害怕、胆怯。感情脆弱、意志薄弱的学生若遇到学校适应不良,就容易形成怯懦的性格。它的基本特征是胆小怕事,容易屈从他人,无反抗精神,在困难面前惊慌失措;感情脆弱,经不住挫折和打击;常常表现为孤僻、胆怯、畏缩、敏感等。

(二) 如何对性格缺陷学生进行教育

1. 教师的教育态度要端正

性格有缺陷的学生常常会存在学校适应不良的问题,对于这些学生教师一定要注意教学态度。如果教师对他们采取专制的态度,批评他们,训斥他们,就可能强化他们已形成的孤僻、自卑、粗暴、冷漠,会导致他们情绪紧张、言行不一、缺乏主张精神。而教师采取民主的态度,关心他们、尊重他们,就可以使他们的情绪稳定、主动性强、增强克服困难的信心。

2. 运用期待效应激发学生的自信心

教师对学生的期待,对于学生的性格与适应性有明显的影响。适应不良,有性格缺陷的学生往往更敏感,消极的体验使他更加远离教师,而教师也容易主观地认为这些学生没有发展前途,对他们的期望值过低,这无疑会进一步强化他们的自卑感,使他们各方面越来越差。所以,应该相信每个学生都有发展前途,对他们寄予厚望,使学生从教师那里得到更多的关怀、指导和帮助,进而激发他们对生活、学习、人际适应的信心,使他们向着老师所期望的方向发展。

3. 教师对学生的评价要公正、客观

教师的评价对性格缺陷的学生影响非常大。凡是得到教师肯定的学生,往往更加积极乐观,对生活充满信心和渴望;而遭到教师否定的学生,则会更加冷漠、敌对、自卑。

4. 加强学生自我教育训练

自我教育是个人有目的、有计划、有步骤地提出性格的自我教育目标,并以实际行动完善自己性格的过程。自我教育的起点在自我,但动因来自社会。社会通过父母、教师、舆论的形成使孩子知道应该做什么,应该如何做。有性格缺陷的学生自我评价、自我反省的能力一般较差,教师应帮助和引导学生进行自我教育,帮助他们认识自己的性格特征,针对自己的性格缺陷,制定自我教育计划,并对学生进行自我教育、自我塑造方法的指导。

此外,组织学生多参加丰富多彩的课外活动也可以陶冶良好的性格。长跑、爬山可以锻炼毅力;绘画、吟诗、读书可以陶冶情操。课余生活越丰富,越有益于学生的身心健康。

本章小结

6岁到12岁是儿童开始进入小学学习的时期,也是儿童心理发展的一个重要转折期。本阶段小学儿童的个性与社会性有了新的发展,表现为自我意识更加深刻,逐渐发展内化的行为准则来监督、调节、控制自己的行为,开始从对自己的表面行为的认知、评价转向对自己内部品质的更深入地评价。我们要能根据小学生的个性社会化特点进行因材施教,差异化教学。

思考训练

1. 小学生自我意识的发展具有什么特点?其社会性认知水平如何?
2. 影响个体社会化的因素有哪些?
3. 如何正确认识男女学生的能力差异?
4. 学生的性格缺陷有哪些表现?如何对有性格缺陷的学生进行教育?

第九章
小学生的个性心理

 内容提要

在现代社会中,我们常听到或看到人们会用"个性"这个概念来描述与说明这种现象。无论在日常生活之中,还是在哲学、社会学、伦理学、心理学、神学、法学及人类学等领域中,"个性"这个概念已屡见不鲜。人们不但在论及或评价人的个体差异及行为连贯性时,常用"个性"这个概念,而且在谈论与个人独特性有关的其他事物时,也用"个性"的概念加以描述显然,可以看出,个性问题是科学研究的一个重要领域。

> 2002年1月29日、2月5日和23日,22岁的清华大学机电系学生刘海洋在北京动物园先后用硫酸泼伤了5只熊。事件曝光后,在社会上引起极大反响。据了解,2002年1~2月间,刘海洋先后两次在北京动物园熊山黑熊、棕熊展区,将事先准备的氢氧化钠(俗称"火碱")溶液、硫酸溶液,向上述展区内的黑熊和棕熊进行投喂、倾倒,致使3只黑熊、2只棕熊(均属国家二级保护动物)受到不同程度的损伤。
> 你认为他的人格健全吗?刘海洋存在哪些心理问题?

第一节 小学生的个性倾向性

随着心理的发展,小学儿童的个性结构中的各成分都在发展之中,他们的需要、动机、兴趣、信念和价值观发展出自身的特点,构成影响他们的态度和行为的个性倾向性。

一、小学生的需要

(一)需要的概念

需要是人脑对生理需求和社会需求的反映。人为了求得个体和社会的生存与发展,必须要求一定的事物。例如,食物、衣服、睡眠、劳动、交往等。这些需求反映在个体头脑中,就形成了他的需要。需要被认为是个体的一种内部状态,或者说是一种倾向,它反映出个体对内在环境和外部生活条件的较为稳定的要求。

(二)需要的作用

需要是个体行为和心理活动的内部动力,它在人的活动、心理过程和个性中起重要作用。

1. 需要是个体行为积极性的源泉

人的需要是推动人们从事各种活动的最根本的动力因素。个体活动的积极性,根源于他的需要。需要和人的活动紧密联系,需要越强烈,由此引起的活动就越有力,它是个体活动的动力。没有需要,也就没有人的一切活动,而且需要永远具有动力性,它不会因暂时的满足而终止。研究表明:有一些需要明显带有周期性的特征,如对饮食和睡眠等的需要;而有一些需要满足后,又会产生新的需要,新的需要又推动人们去进行新的活动。在活动中需要不断地得到满足,又不断地产生新的需要,使活动不断地向前发展。例如,学习科学文化的需要,欣赏艺术的需要,通常是每一次需要的满足都会产生新的、更高的需要。

2. 需要对个体的心理过程的影响

需要是个体认识过程的内部动力。人们为了满足需要必须对有关事物进行观察和思考。需要调节和控制着个体认识过程的倾向。需要对情绪和情感影响很大。人对客观事物产生情绪和情感,是以客观事物是否满足人的需要为中介的。凡是能够满足人需要的事物,则产生肯定的情绪和情感,否则产生否定的情绪和情感。情绪和情感就是人对客观事物与人的需要之间关系的反映。需要推动意志的发展,个体为了满足需要,从事一定的活动时要用一定的意志努力去克服困难。人在克服困难的过程中,锻炼了意志。

3. 需要在个性中起重要作用,是个性倾向性的基础

个性倾向性的其他方面如动机、理想、信念等都是需要的表现形式。而个性心理特征是受个性倾向性调节的。

(三)需要的分类

人类的需要是多种多样的,根据不同的标准可以分成不同的类型。

1. 生理性需要和社会性需要

根据需要的起源,可以把需要分为生理性需要和社会性需要①。

生理性需要是个体为维持生命和延续后代而产生的需要,如进食、饮水、睡眠、运动、排泄和性的需要。生理需要具有重要的生物学意义,它是保护和维持有机体生存和延续种族所必需的。如果个体在相当长的时间里,正常的生理需要得不到满足,个体就无法生存,或不能延续后代。

生理性需要是人类最原始、最基本的需要,是人和动物所共有的。但是,人的生理需要和动物的生理需要之间有着本质的区别。人的生理需要受社会生活条件的制约,

---

① 翟媛媛,徐红. 小学儿童发展心理学[M]. 济南:山东人民出版社,2014.

具有社会性。动物只能等待大自然的恩赐,只依靠周围环境中的自然物体作为满足需要的对象,而人类不仅以周围环境的自然物作为满足需要的对象,而且还在改造客观世界的过程中创造出需要的对象。人的进食不仅受机体的饥饿状态的支配,而且还要考虑各种社会行为规范。

社会性需要是人类在社会生活中形成,为维护社会的存在和发展而产生的需要,如对求知、美、道德、劳动和交往的需要等。社会性需要是在生理性需要的基础上,在社会实践和教育影响下发展起来的,它是社会存在和发展的必要条件。

2. 物质需要与精神需要

根据需要的对象划分,可以将需要分为物质需要和精神需要。

物质需要是指个体对生存和发展所必需的物质生活的需要,既包括对自然界产物的需要,又包括对社会文化产品的需要。人体的物质需要既有自然性需要的内容,也有社会性需要的内容。例如,在对服装的需要中,既有满足人们防寒、防晒等自然性需要的内容,也有满足人们自尊、追求美的需要的内容。

精神需要是指个体对生存和发展所必需的精神生活的需要。例如,对劳动、交往、审美、道德、创造等的需要都属于精神需要。随着社会的进步和社会生产力的发展,人类所特有的精神需要不断发展。人类对劳动和交往的需要是最早形成的精神需要,这些需要对人类历史的发展起着十分重要的作用。精神需要有高尚与低级趣味之分,高尚的精神需要可以使人不断取得进步,而低级趣味的精神需要则会消磨人的意志,使人走向歧途。

(四)需要的理论

1. 马斯洛的需要层次理论

马斯洛在1943年发表的《人类动机的理论》中,描述了人类不同需要的理论,认为人的需要从低级到高级可分为生理的需要、安全的需要、归属与爱的需要、自尊的需要、自我实现的需要五个层次,1954年,马斯洛在《动机与人格》一书中又把人的需要层次发展为七个,由低到高的七个层次:生理的需要、安全的需要、归属与爱的需要、尊重的需要、求知的需要、审美的需要和自我实现的需要。如图9-1所示。

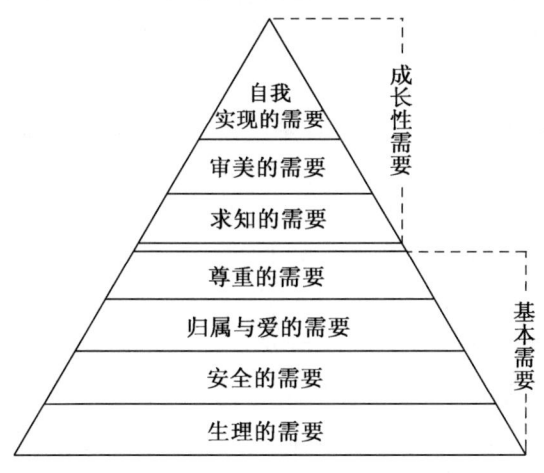

图9-1 马斯洛的需要层次说

生理需要：这是人类维持自身生存的最基本要求，包括饥、渴、衣、住、行等方面的要求。如果这些需要得不到满足，人类的生存就成了问题。在这个意义上说，生理需要是推动人们行动的最强大的动力。马斯洛认为"在一切需要之中，生理需要是最优先的。这意味着，在某种极端的情况下，即一个人在生活上的一切东西都没有的情况下，很可能主要的动机就是生理的需要。对于一个处于极端饥饿的人来说，除了渴求食物对其他事物都没有兴趣。就是做梦也梦见食物。"在这种极端情况下，写诗的愿望，获得一辆汽车的愿望，对美国历史的兴趣，对一双新鞋的需要，则统统被忘记或退居第二位。但是，当一个人有了充足的面包，而且长期以来都填饱了肚子，这时，又会有什么愿望产生呢？这时，立即会出现另外的更高级的需要。

安全需要：安全需要是人们天生地追求安全的生活和工作条件，避免天灾人祸，寻求保护，保证个体生命能够延续下去的心理需求。在现代社会，安全需要还包括了劳动保障、职业安全、生活安稳等因素。安全需要是寻求依赖和保护，避免危险与灾难，维持自我生存的需要。

归属与爱的需要：这一层次的需要包括两个方面的内容。一是归属的需要，即人都有一种归属于一个群体的感情，希望成为群体中的一员，并相互关心和照顾。感情上的需要比生理上的需要来的细致，它和一个人的生理特性、经历、教育、宗教信仰都有关系。二是爱的需要，即人人都需要伙伴之间、同事之间的关系融洽或保持友谊和忠诚；人人都希望得到爱情，希望爱别人，也渴望接受别人的爱。

尊重的需要：人人都希望自己有稳定的社会地位，要求个人的能力和成就得到社会的承认。尊重的需要又可分为内部尊重和外部尊重。内部尊重是指一个人希望在各种不同情境中有实力、能胜任、充满信心、能独立自主。总之，内部尊重就是人的自尊。外部尊重是指一个人希望有地位、有威信，受到别人的尊重、信赖和高度评价。马斯洛认为，尊重需要得到满足，能使人对自己充满信心，对社会满腔热情，体验到自己活着的用处和价值。

求知的需要：又称求知与理解的需要，是指个体对自身周围世界的认知、了解与探索的需求，是理解及解决疑难问题的需求。马斯洛将其看成克服障碍和解决问题的工具，比如追求好奇心和求知欲的满足就是认知需要的满足。

审美的需要：是指人们欣赏与追求美好事物的需求，并希望周边的事物有秩序、有结构、顺自然、循真理等心理需求，以及存在于某些人身上的对行为的完美的需求。

自我实现的需要：这是最高层次的需要，它是指实现个人理想、抱负，发挥个人的能力到最大程度，完成与自己的能力相称的一切事情的需要。也就是说，人必须干称职的工作，这样才会使他们感到最大的快乐。马斯洛提出，为满足自我实现需要所采取的途径是因人而异的。自我实现的需要是在努力实现自己的潜力，使自己越来越成为自己所期望的人物。

马斯洛把需要层次理论中下层的四种需要称为基本需要，即低级需要或缺失性需要，如果得不到满足将会使满足这些需要的动机增强，但基本需要满足后，需要程度降低。上层三种需要称为成长需要，即高级需要。高级需要不是维持个体生存所绝对必需的，因此这种需要的满足可以稍做延迟。但是，高级需要也不是与人的健康毫无关系,满足这种需要可以使人健康长寿、精力充沛。高级需要比低级需要更复杂,满足高级需要,需要较好的外部条件。

2. 奥尔德弗的需要理论

心理学家奥尔德弗(C. P. Alderfer)根据大量的调查研究,提出个人存在的三类基本需要:生存需要、关系需要和生长需要。这种理论被称为 ERG 理论,其中,E 为 Existence(生存)的第一个字母,R 为 Relatedness(关系)的第一个字母,G 为 Growth(生长)的第一个字母。生存需要即个人的基本物质生存条件的需要。当人的生存需要得到满足后,就会产生人际关系的需要;当人际关系的需要得到满足后,就会产生在事业和前途上发展的需要。这三种需要是相互联系的,可以由低级需要向高级需要逐步发展,在发展中也可以越级,也可能在发展中因受到挫折而倒退、下降。

(五)小学生需要发展的特点①

儿童入学以后,在新的学校环境和教育任务面前,必定要发生重要的心理改变。其中,需要的发展占有十分关键的地位。据我国心理学工作者的研究,小学生的需要的发展"并不是单一的,而是具有多角度、多层次的统一体",各类需要层次的强度趋向是在不断变化发展,其总的趋势是由低向高发展的。

1. 小学儿童活动需要的发展

在整个小学阶段,儿童有着强烈的活动的需要,这一点应受到教师和家长的高度重视。虽然,小学儿童对活动的需要与幼儿相比已有所不同。幼儿主要是对活动过程本身有兴趣,而小学儿童则开始注重活动的结果;他们也逐步地表现出更喜欢对抗性、竞赛性的游戏和运动,并且对智力游戏也日益感兴趣,如下棋、猜谜等。他们尤其喜欢结合教学开展一系列活动。这些活动既能满足他们对活动的需要,也能满足他们认识的需要。我国学者研究小学生课外活动的需要时发现,小学二年级的儿童把玩小动物、做游戏作为第一位的需要,而年长的儿童则较注重课外读物和文体活动。

小学儿童对游戏和运动的强烈需要,是儿童身心发展固有特点。他们都处在长身体时期,肌肉和骨骼都在日益增长,尤其是小学高年级儿童接近于青春期,身体的发育进入第二次加速期(第一次生长的加速期在婴儿期),活动对于他们的生理和心理的发展和身体健康是必不可少的。

2. 小学儿童认识需要的发展

认识需要是小学儿童的主导需要,表现在他们对学校生活的向往、热爱和对学习任务的重视和完成等日常行为中。学生是一个特定的社会角色,具有一定的责任和要求。因此,儿童一入学,便在社会(包括家庭、学校)的要求下,产生掌握读、写、算、画、唱等技能和获取新知识的主导需要。据我国学者的研究,小学儿童认识需要的发展,表现为由低级向高级发展的趋势。小学低年级儿童把有一位好的老师、好的课本、学好功课作为认识需要中最主要的内容,而高年级儿童则把探求丰富的知识、培养多方面的能力、培养优秀品质作为认识需要中最重要的内容。

---

① 郭健华. 中小学心理健康教育[M]. 哈尔滨:黑龙江人民出版社,2009.

小学儿童的认识需要的内容是变化的,有些需要变成个性的稳定特性,形成个人行为的动机,表现出对某些事物持久的特殊的兴趣,如有些儿童从小就爱绘画,直到长大后变成画家;而有些需要到一定的时候则会消失。

3. 小学儿童交往需要的发展

当代儿童心理学高度重视儿童的交往需要,有些学者甚至把它看作是一种先天的需要。通常认为,交往需要是一种最基本的社会需要。

儿童入学之后,交往需要主要向教师和同学两个方面发展。小学儿童与教师交往需要的发展,是婴幼儿期与父母交往需要的延续。婴幼儿对父母产生一种稳定情感关系,称作依恋。在他们心目中,父母处于一种权威状态,儿童不得不表现为服从。儿童入学后,心目中权威人物逐渐转移到教师身上。他们尊重教师的作用,接受教师的劝告,执行教师的指示,学习教师的言行,重视教师的评价。尽管儿童与教师之间的交往需要在不同年龄阶段有不同的表现形式,但就本质而言,小学儿童很重视与教师的交往,一般来说是乐于接近教师的。

小学儿童与同学之间的交往需要,是促进同伴关系发展的内因,也是保证儿童个性形成的重要条件。在整个小学期间,与同学之间的交往需要日益强烈,表现为儿童日益重视同学之间的评价,日益增加集体内部的共同活动,以及如果交往失败对儿童心理发展产生消极影响日益加剧。满足儿童的交往需要,既能使儿童在社会生活(如班集体)中产生安全感、归属感,体验到他人和集体的爱,同时,也有助于儿童通过他人的评价,正确认识自己、评价自己。此外,交往需要的满足也有利于儿童智力发展和学习成绩的提高。国外学者研究小学生独立阅读过程中成人与儿童谈话的结果显示,实验组的儿童在阅读时,可以与教师交流阅读计划,并从教师那儿得到阅读示范、表扬和引导,而控制组的儿童没有与成人交谈。结果发现与成人交谈的实验组比控制组儿童阅读了较多的书,成绩也较好。可见,交往需要的满足对儿童的学习具有激励的效果。

4. 小学儿童成就需要的发展

成就需要是交往需要与自我实现需要相结合而产生的一种具体表现,是一种克服障碍、施展才能、力求尽好尽快地解决某一难题的需要。儿童在学校的学习成绩乃至今后工作成就,不仅有赖于他们的能力,而且有赖于他们的成就需要。小学生的成就需要主要表现在学业成就范围内。研究表明,小学儿童入学的最初几年对于成就需要的发展尤为重要。

小学儿童在入学早期阶段,成就需要的发展表现为:

第一,儿童的期望变得更加现实。小学二、三年级儿童对学业成就期望通常是高于现实的,尽管他们中的不少人经受过学业上的失败,但儿童对于成功的可能性仍抱乐观态度。直到小学后几年,儿童对自己作业成绩的估计才越来越多地考虑到过去的客观成绩的反馈。表现在对自己能力的知觉上,儿童自二年级开始对自己的能力有了较为切实的认识,整个小学阶段,儿童对自己能力的知觉呈下降状态,这种状态一直持续到初中阶段。

第二,儿童越来越多地使用社会比较来评价自己的成绩。一年级的小学儿童往往把学习成绩——分数看作是使自己和父母高兴的东西,而不太懂得分数与自己掌握的知识之间的关系。中、高年级的儿童才逐步地懂得把自己的学习成绩与学习任务相联系,与教师和班级的评价相比较,使用社会比较来评价自己的学习成绩。

第三,随着年龄的增长,儿童的抱负水平有所提高。具体表现在低年级儿童倾向于选择低难度的任务,并且热衷于重复他们曾获得成功的任务;而年长的小学儿童倾向于选择中等难度或高难度的任务,并且倾向于重复他们曾经失败过的任务。

第四,儿童对学业失败的焦虑增长。刚入学的一年级儿童,某种程度上还保留着幼儿注重操作过程忽视结果的特点。但随着学习环境的要求和儿童对学习认识的发展,他们对自己的努力程度、能力高低、成绩好坏日益关注,并对自己的学业能否符合标准产生不同程度的焦虑。通常,那些有高度焦虑的儿童比只有轻度焦虑的儿童的成绩差。而且,有高度焦虑与有轻度焦虑儿童之间的差异,随着儿童的成长变得更加显著。在一般情况下,中等程度焦虑有助于促进儿童取得较好的成绩。

二、小学生的动机

同桌小刚和小利在班里是同学,也是很要好的朋友,他俩的能力不相上下,每次考试的成绩也都很好。但在学习活动中他俩的表现却大相径庭。

小刚很重视每次的考试和分数,很少主动参与课堂讨论等活动,除非讨论也给加"分"。而小利在课堂学习上非常投入,渴望参加各种课堂活动,把学习当作一种愉快的享受。由此可以看出,小刚和小利在学习这件事情上的动机是不一样的。

动机是激发人去行动或抑制行动的愿望或意图,这是一种推动人的行为的内在心理动力。学习动机是直接推动学生学习的一种内部动力,是引起活动的动力机制,是学习积极性的最直接因素,是学习得以维持发生、完成的重要条件。

(一)动机的概念

动机是推动人从事某种活动,并使该活动朝向某一目标的心理倾向或内部动力。动机往往以愿望、兴趣、信念、理想等形式表现出来,它是推动人去行动的直接原因。

(二)小学生动机发展的特点及激发

1. 小学生动机发展的特点

在小学阶段,低年级学习动机大多是外部学习动机,好好学习可能仅仅是为了得到教师和家长的赞赏,得到同伴的尊重和认可。随着年级的升高,由外部动机为主导向以内部学习动机为主导转化。知识经验不断积累增多,自我意识和自我调控能力也不断增强,对学习的需要、求知欲等内在因素在学习动机占比例也越来越大,并逐步占有支配地位,学习动机也随之发生了变化,好好学习不仅仅是为了得到赞赏,而且也是为班级争光,甚至是为社会做贡献的愿望①。

2. 小学生动机的激发

根据小学生动机特点,教师培养学生的学习动机是义不容辞的责任,教师要极大地激发学生学习的动机,才能调动学生学习的积极性,进而提高学习质量。

---

① 朱海,申健强. 中小学心理健康教育[M]. 重庆:西南交通大学出版社,2015.

激发小学生学习动机的方式主要有以下几种。

第一,教师要培养学生明确学习的目的和意义。有意识地通过学习目的教育,以此启发学生的求知需要,培养学生争取成功克服失败的意向。比如,要把当前的学习与未来理想、与实际应用联系起来,以激发自己的求知欲。要让学生努力学习,首先要让他拥有一个真正属于自己的梦想。要把学习动机贯穿于整个学生学习活动的全过程,要让他们在学习中感受到必要的轻松和快乐,不要给孩子过大的学习压力。

第二,教师要帮助学生设定中等难度的学习目标。中等难度的学习目标是指学生通过努力可以实现的目标。设定中等难度的目标,个体容易体验到成功感,从而导致学习兴趣的产生,激发学习动机。过易的目标不能满足自己的成就感,不足以激发动机;难以实现的目标,容易使学生畏难、气馁。

第三,教师要注意培养良好的班集体。良好的集体氛围对学生的学习动机、个性有重要影响。个人的行为在很大程度上取决于集体的要求和期望,个人的学习动机由于想得到所在集体的重视而受到激发,学习效率也可以由此而提高。所以,努力形成一个相互竞争又相互理解和支持的集体氛围,对培养和激发良好的学习动机有着积极的作用。

三、小学生的兴趣

瑞士著名儿童心理学家皮亚杰曾深刻指出:"儿童是有主动性的人,他的活动受兴趣和需要的支配……一切有成效的活动须以某种兴趣作为先决条件。"

兴趣是人们对一定事物有趋向性的心理特征,是带有感情色彩的一种积极的认识倾向。学习兴趣是学生对学习活动或学习对象的一种力求认识或趋近的意识倾向。它是认识的欲望,是学习的直接动力。一个人对某种事物感兴趣,就会使各种感觉器官、使大脑处于最活跃的状态,自觉地将注意力集中到那一项事物上。一个爱好数学的学生会特别注意每一种新方法、新技巧,会经常考虑一些数学问题,会为解决每一个数学问题感到喜悦。

(一)小学生兴趣发展的特点[①]

第一,小学生的兴趣由直接兴趣逐渐向间接兴趣转化,小学生的好奇心是很强的,他们对于许多事物都感到新鲜、有趣,从而趋向于接触它们、认识它们、掌握它们。但是,他们的兴趣是要经历一个发展过程的。在低年级,由于知识的贫乏,活动的目的性差,因而他们的兴趣往往容易受当前具体生动的形象所吸引和诱惑,总是从对事物本身的喜爱出发来认识事物。比如,他们的学习兴趣并不是由于对学习活动的意义和结果的认识而产生的,而是对学习过程本身产生的兴趣。例如,教学中的游戏,教师讲的动人的故事,能站起来回答教师的问题,能受到教师的赞扬,甚至于教师和蔼可亲的态度都能引起儿童的兴趣。到了中、高年级,他们的认识水平提高了,对活动的目的性不但有所认识,而且能主动去关心它。这时,他们对于事物的兴趣就不完全是由于事物本身

---

① 胡振坤.小学心理学[M].武汉:华中科技大学出版社,2001.

的新异、动人引起的,而是由于他们的某些目的、需要所激起的,这样间接兴趣便得到发展。例如,学生对某门功课或某种活动不感兴趣,但能在教师的帮助下认识它的意义,从而积极参加,并取得成效。但是,由于他们理想尚未形成,生活和学习的目标还是短暂的,因此,间接兴趣的发展还是有局限性的。

第二,小学生的兴趣广度逐渐扩大,但缺乏中心兴趣。学生入学以后受到教育教学的影响,学习活动的兴趣范围逐步扩大,从课内的学习兴趣逐步扩大到课外的学习兴趣;从阅读童话故事的兴趣扩大到阅读文艺作品的兴趣;从对玩弄小玩具的兴趣扩大到对科技活动的兴趣;从对校内活动的兴趣扩大到校外活动的兴趣。学生兴趣的范围是扩大了,但还未形成兴趣中心。教师应注意培养他们的中心兴趣,然后指导他们围绕中心兴趣扩大兴趣范围,增长知识,开阔眼界。

第三,小学生的兴趣逐渐由不稳定向稳定发展。儿童的早期兴趣是未分化的,随生随灭,到小学低年级仍不稳定,兴趣可以很快发生,也可以很快地消失。如他们一时喜欢写字,一时喜欢画图,一时喜欢阅读,一时喜欢计算。到了中、高年级,兴趣的稳定性稍好一些,保持时间可长一点,已经形成的兴趣可以保持得很久,有些兴趣,如对音乐、美术、体育的兴趣甚至可以保持终生。

第四,小学生的兴趣效能是由消极兴趣向积极兴趣发展。儿童对活动的目的要求,是在入学以后逐步明确的,所以对各种活动的兴趣逐步由消极向积极发展。低年级学生认识范围有限,动手动脑能力较差,对一切活动还不能采取积极行动。只有对活动的表面兴趣;到中年级以后由于活动能力增强,逐步发生有效的兴趣,构成实际活动的动力,取得一定的成效。如低年级只有玩航模的兴趣,到中、高年级就有制作航模的兴趣了,甚至还兴致勃勃地去探索航模的新奥秘,进而有所创新。

(二) 小学生兴趣的培养

1. 引导小学生在各种活动中发展兴趣

兴趣是在实践活动中产生并发展的,同时也可以在实践活动中改变兴趣的方向。因此,要为儿童创造参加各种实践活动的机会,使他们在活动中发展兴趣。例如,在课外活动或少先队活动中,组织智力竞赛,开展各种模型制作,到校外参加少年宫的各种文艺、体育、科技小组活动,都是培养学生兴趣的重要活动。

2. 善于激发和保护小学生有益的兴趣

小学儿童有旺盛的求知欲和好奇心,愿意学习知识、探索真理。一般说来,在教学上教师只要能用内容丰富、逻辑严谨、生动有趣的知识武装学生,只要学生感到学习是一种乐趣,是他力所能及的而不是负担,那么,小学儿童的兴趣是不难建立起来的。当儿童一旦对某一方面有极大的兴趣,教师就有责任加以扶植和保护。例如,有的学生喜欢课间的剪纸游戏,这既有利于发展智力,又可以达到积极休息的目的,但纸屑又会弄脏教室。对这类活动,教师不应消极地禁止,而要积极加以引导,提供发展剪纸游戏的便利条件,并教育学生注意环境卫生整洁,使他们的正当有益的兴趣得到发展。

3. 利用兴趣迁移来培养学习兴趣

心理学研究表明,在学生缺乏学习兴趣的情况下,可以将学生喜欢游戏或听故事等活动的兴趣迁移到学习上,促使学生对学习产生兴趣。学校里学习较差的学生可能由于基础差,对学习的意义认识不足,或没养成良好的学习习惯,导致他们对学习不感兴趣。但是,学生往往各有其优点:有的爱劳动,有的喜欢文艺活动,有的喜欢体育活动,有的擅于手工等。有经验的教师要善于把这些活动与学习联系起来,把学生参加这些活动的兴趣迁移到学习上,使他们逐步产生学习的需要。这种利用原有的兴趣迁移培养学生学习兴趣的经验,对后进生的教育有特殊的意义。

4. 加强正性评价,以激发学习兴趣

在学生学习取得成功时,教师对学生的学习成绩给予正确的评价,及时给予表扬和鼓励,就能提高学生的学习兴趣。研究表明,对学生的学习赞许优于责备,而责备又比没有评价好。因为赞许能加强学生学习的积极性,责备也会使一些学生振奋起来,如果不做任何评价,学生对自己学习成绩好坏一无所知,学习兴趣也就无从产生。

5. 加强新旧知识的联系,引起学习的兴趣

那些与旧知识经验相联系的新知识最能引起学习兴趣。学生对完全不熟悉的事物不会发生兴趣,对很熟悉、平淡无奇的事物,也会失去求知的兴趣。只有在旧知识的基础上产生的新知识才能调动起学生求知的兴趣。

四、小学生的价值观

(一) 小学生价值观的发展特点

小学生价值观的特点表现为从个人价值观向群体价值观过渡。一般说来,幼儿的价值判断以直观感觉为标准。这种标准属于个人的体验,是以自我为中心的。处于青春期的少年的价值观是一种群体价值观,如同伴团体内的规则、共同的决定等。而小学生的价值观处于从以自我为中心向群体价值观的过渡阶段,集中表现在小学生的价值观逐步倾向于同伴关系的协调和团体准则的维护。小学二、三年级的学生由于渡过了适应学校环境和学习任务的阶段,与同班同学的关系密切,不仅开始形成同伴团体,而且班集体在其共同活动中也逐渐形成,并有了共同的目标和利益,因而他们变得注重与同伴和集体的关系。例如,比较明显的表现是学生对老师或家长在同学面前提出的批评意见极为敏感,并力图改正,以便改善自己在同学心目中的形象和提高自己在集体中的位置。小学生对班集体的荣誉、集体的利益也变得日益关注,许多小学生成了社会工作的积极分子。

小学生的群体价值观的发展不仅促进了他们的交往活动,而且有利于形成他们正确的自我评价。研究表明,小学生的自我评价是在同伴交往中形成和矫正的。在班级中有良好形象的小学生往往对自己的评价比较客观,或者稍有偏低,而适应不良的小学生则往往有自我拔高的倾向。教师要善于发现学生自我评价的特点,培养学生全面公正对待自己的态度,学会分析和控制自己言行的技能。这对于小学生价值观的发展具有重要意义。

(二) 小学生价值观的培养

"人之初,性本善",小学生天性善良,正处于价值观、道德观、人生观逐步形成的关键时期,对于他们来说,教育引导具有奠基和导向作用。在价值多元化的今天,不可避

免地存在着追求物质第一、贪图享受等社会不良风气。小学生由于年龄小,是非观念不强,出现不良的思想倾向也是正常现象。因此,教师更要注重对学生进行正确价值观的引导,在珍视他们自由感悟的同时,或启发争论思辨,或进行富有人情味、说服力的耐心引导,努力培养价值辨析、价值选择的意识和能力,引导他们在多元价值中做出正确合理的选择。

在小学阶段开展价值观教育,需要把握好教育的针对性、渗透性和实效性。①

1. 价值观教育的针对性

价值观教育的针对性就是要针对小学生心理发展水平开展价值观教育。虽然小学生基本不能理解"人生""价值"等概念的确切含义,但可以向学生传递一些较浅近的人生、价值观点,诸如"心中有他人,心中有集体""努力学习、争取上进""爱祖国、爱人民、爱劳动、爱科学""有理想、有道德、有文化、守纪律"等。

2. 价值观教育的渗透性

价值观教育的渗透性就是要把价值观教育渗透到小学生学习和生活的方方面面,与日常行为规范教育相结合。因为日常行为规范中的许多内容本身就是最初级的价值观。同时,可以借助生动有趣的故事、易于感染的榜样事迹、朗朗上口的诗歌、歌曲,结合教师对班级、学校中的偶发事件处理,向学生阐述一些较浅近的价值观点。

3. 价值观教育的实效性

价值观教育的实效性就是要回归生活。在教学活动和少先队活动课程中,挖掘公民教育的元素,突出人类普适的价值观念。要创设机会,通过参与活动的方式日积月累。让学生感受、体验与内化,引导小学生价值观的形成,提高价值观教育的实效性。

总之,小学生价值观的发展是教育适应身心发展的结果。作为思想意识的核心,小学生的价值观是社会经济和文化发展的产物。现代社会高速发展,到处充斥着小学生难以分辨的不良文化。加强对小学生价值观的培养,尤其是将社会主义核心价值观融入小学教育中,意义深远。

第二节 小学生的能力

一、能力的概述

(一) 能力的内涵

能力是直接影响人的活动效率的心理特征,它是使活动任务得以顺利完成的必备心理条件。人在完成某项活动时,必须以一定的心理和行为方面的条件作为保证。这种基本条件即能力。例如,想要唱好歌,就必须具备曲调感、节奏感等音乐能力;而想要成为一名受学生欢迎的好教师,就需要具有言语表达能力、教学组织能力等。

---

① 胡志海. 小学生心理学[M]. 合肥:合肥工业大学出版社,2011.

于完成教学任务相关的能力活动而言,单一的能力是不足以完成某种活动的,需要多种能力相结合。例如,单纯地利用色彩感受能力,要想顺利进行绘画活动是不可能的,它还需要依靠观察力、想象力、线条感、形态感等多种能力的组合。在各种能力组合中,可能有些能力占据更加突出的地位,起着更重要的作用,尤其在一些简单活动中更是如此。这也反映了人在完成活动任务时,各种能力是彼此有机地组合在一起的,而不只是简单地相加。这些能力结合成一个系统,并以整体的方式运用于个人的活动。

我们通常所谓的才能就是多种能力的独特结合,使之能够最有效地去完成某种活动。才能的高度发展即天才,天才并不表示一个人的全部能力超群,而只是指他在特定的活动领域中是表现非凡的。如莫扎特是音乐天才,但并不表示他在其他活动中也能表现出同样的才华。影响能力形成的条件有四个方面:遗传素质、环境、教育、个人努力。

(二) 能力与知识、技能能力

在现实生活中,人们往往分不清能力、知识和技能的关系,有人甚至把能力等同于知识、技能或二者之和。拥有丰富的知识就代表一定能力超群吗? 如何解释现实中的"高分低能"现象? 能力、知识与技能的关系究竟是怎样的? 能力和知识、技能既相互区别又紧密联系,它们的区别与联系在于如下方面。

1. 三者的内涵不同[①]

知识是人脑对客观事物的主观表征。知识有不同的形式:一种是陈述性知识,即"是什么"的知识;另一种是程序性知识,即"如何做"的知识,如修理汽车的知识、操作计算机的知识等。技能是指人们通过练习而获得的动作方式和动作系统。按活动方式的不同,技能可分为操作技能和心智技能(智力活动)。操作技能(如修车等)的动作是由外显的机体运动来呈现的,其动作对象为物质性的客体,即物体;心智技能(如数学运算等)的动作通常是借助于内在的智力操作来实现的,其动作对象为事物的信息,即观念。操作技能的形成依赖于机体运动的反馈信息;而心智技能则是通过操作活动模式的内化形成的。能力是学习者对学到的知识和技能内化的产物,是使活动顺利完成的个性心理特征。

2. 三者的发展不同步

一个人知识的多少不能完全表明他的能力大小,因为具有同等知识的人,其能力水平可能不同。能力较强的人在学习这些知识时比较轻松自如,能力较弱的人就要花一番力气、下一番功夫了。知识在不断积累,能力的发展有停滞和衰退的阶段。例如,婴儿掌握的知识和技能虽然不多,但其能力的发展却很快;而年长者的知识经验丰富,有很高的技能熟练程度,但其能力的发展却逐渐减慢。

3. 三者相互依存、相互制约

概括起来,能力与知识、技能的相互关系主要表现为以下三个方面。

第一,能力是掌握知识、技能不可缺少的前提。人们依靠自己的感受能力才得以获

---

① 李迎春.心理学[M].北京:北京希望电子出版社,2014.

得各种丰富的感性知识,并在抽象、概括、推理和判断能力的基础上,去领会和掌握各种理性知识。例如,一个学生由于具备推理和计算方面的能力,才使得他有可能掌握更多数学知识。

第二,能力的高低影响着掌握知识、技能的难度、速度和程度,并影响其对知识、技能的运用。例如,同一个班级的学生,虽然得到同样的教育机遇,但对知识的掌握、领会程度可能有很大的差别。这种差别除了与他们原来的知识水平、用功程度有关之外,也还包含了能力方面的差异。

第三,知识、技能的掌握也会对能力的发展起到促进作用。如果一个学生在语文知识和写作技巧方面掌握越多,那么他的写作能力也会相应变得更好。同样,丰富的数学知识也可以使一个学生的计算、推理能力得到提高。

能力与知识、技能虽然关系密切,但并非存在绝对的因果制约性。也就是说,能力的高低还受到个性等其他因素的影响。例如,中等智力水平的学生,由于勤奋和努力使得他的学习成绩超越常人;而在成绩一般的学生中,也许包含着不少智力优秀的人。可见,能力只是个体完整个性心理的一个组成部分。

(三) 能力的种类

1. 一般能力和特殊能力

一般能力是指人们在一切活动中必须具备的基本能力,也即是认知能力,包括观察力、注意力、记忆力、思维力、想象力等。这些能力通常称为智力,其中以思维推理能力为核心。

人们要完成某种活动任务,都和这些能力的发展紧密联系,特殊能力是指人们能顺利从事某种专业活动所表现出来的能力,也即是从事某种特殊职业必备的能力。例如,科学家的科技研究能力,画家的色彩辨别能力和空间想象能力,理论家的抽象逻辑能力,教师的语言表达能力和组织教育、教学的能力等都属于特殊能力。

一般能力和特殊能力彼此不是孤立的,它们有着十分密切的关系。一般能力的发展为特殊能力的形成提供了有利的条件,而特殊能力的发展又会促进一般能力的发展。例如,在教学过程中,学生参加每一项具体活动,一般能力和特殊能力常常是共同发挥作用,很难截然分开。而且每个学生在活动中都带有不同的能力倾向,各种能力的发展也不均衡。另外,一般能力又是特殊能力的组成部分。例如,人的一般视觉能力既存在于绘画能力之中,又存在于对色彩的鉴别能力中。没有视觉的一般能力的发展,就不可能有绘画能力和色彩鉴别能力的发展。

2. 再造能力和创造能力

再造能力是指人们能够顺利掌握别人积累的知识经验和技能以及总结出来的行动方式所表现出来的能力。例如,学生在老师的指导下学习书本知识、掌握某种操作技能等。创造能力是指人们根据一定的目标,产生新的思想和新的产品的能力,它具有新颖性和独创性的特点。例如,科学家发明创造新的科学技术,文学艺术家创造出新的作品等。

再造能力和创造能力的关系非常密切。创造能力是在再造能力的基础上发展起来的,特别是儿童,在活动中一般都是先有再造(即模仿),后才有创造。例如,儿童学语言,就是先模仿大人的发音,后学说单个的词,再后才学会说话;又如学习绘画、书法,是先学习临摹才有创作,待绘画和书法有了良好的基础,才可能进一步形成自己的独特风格。

3. 认知能力、操作能力和社交能力①

认知能力是指人们认识客观世界、获得各种各样的知识的能力。就是人们平常说的智力,如观察力、记忆力、思维力、想象力等。其主要功能是人脑对信息的加工、储存和提取。操作能力是指人们在意识的调节下运用肌体完成各种各样的动作的能力。例如,体育运动中的竞技能力、演员的艺术表演能力、劳动能力、实验操作能力等。操作能力是在训练和形成操作技能的基础上发展起来的,是顺利掌握操作技能的重要条件。操作能力与认知能力有着密切的联系。通过认知能力对一定知识、经验的积累,促进了操作能力的形成和发展。反之,已经形成和发展起来的操作能力又为认知能力的发展提供了条件。社交能力是指人们在社会交往活动中表现出来的一种能力。这是人们参与社会生活,实现人与人之间的交往,彼此保持协调不可缺少的能力。例如,学生从事的学习活动,参加团队活动以及社会公益劳动等都要表现这种能力。人们的社交能力对于组织社会团体,促进人际交往和信息沟通等都有重大作用。

(四) 能力的差异

小学儿童在能力发展和表现上存在各种个别与群体差异。

1. 小学儿童能力类型的差异

人通过运用各种能力与客观环境建立联系,而每个人在运用能力时有各自的特点。例如,在观察时,有的学生善于分析细节,但缺乏整体概括的本领;而另一些学生虽然能概括地看待现象,却容易忽略细节。在记忆时,有的同学善于视觉记忆,有的善于听觉记忆,有的人对形象的东西能过目不忘,另一些人则最能记住抽象逻辑性强的东西。在一些特殊能力上也存在明显个别差异,如有的学生绘画能力突出,而另一些儿童则善于动手操作各种机械及器具,还有的能歌善舞,对音乐、韵律特别敏感。个体间的能力差异是一个普遍现象。

这些差异提醒我们在教育活动中要注意观察每个儿童的特殊能力倾向,并给予适当的激发和关怀。事实上几乎每个学生都有他自己特定的能力类型,我们可以通过仔细观察或各种专门能力测验加以鉴别。当然,对于多数儿童而言,这种能力类型的差异虽然存在但并不显著,只有少数人的这种类型特征非常突出明显,对于某种能力超群的儿童要引起特别关注并请有关专家给予鉴定。

2. 小学儿童能力发展水平的差异

小学儿童能力发展水平差异除了能力类型差异之外,在能力发展水平上也存在不均衡现象。绝大多数儿童的能力发展正常,但有少部分儿童的能力水平是高于常态,也有少部分儿童的能力水平低于常态。这里的能力指的是人的一般能力,即智力。智力包括六大因素:观察力、记忆力、思维力、想象力、语言能力、创造力,其中核心因素是思维力。

---

① 刘桂春,王双全,赵晓英. 新编心理学教程[M]. 北京:北京邮电大学出版社,2014.

所以这种智力发展水平符合统计学上所谓的正态分布或常态分布特点。如图9-2①，它的分布特点为处在中间位置上，即中等水平的人数居多，处在极高或极低这两个极端水平上的人数较少。

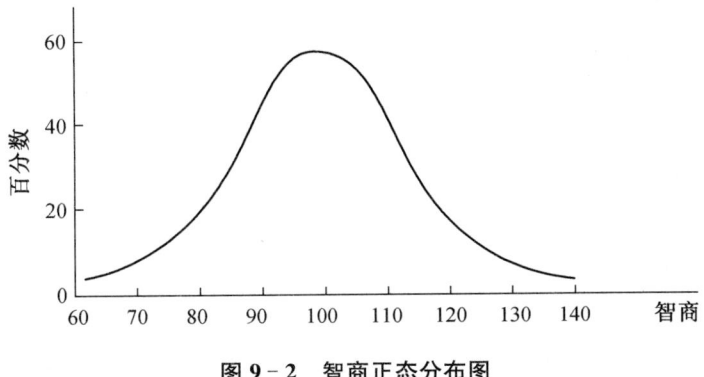

图9-2　智商正态分布图

智力发展水平可通过智力测验获得。智力测验是能力测验的一种，主要测验人的一般适应能力。传统上使用最多的有"比奈智力测验"与"韦克斯勒智力测验"。每种智力测验都包含几组测量不同能力的题目，形式包括文字的和非文字的两种。测验结果所得分数经过计算、转换之后便可取得一个智力的数量指标即智商（IQ）：IQ＝MA（心理年龄）/CA（生理年龄）×100。应用这种方法可以更为直观地表示出某位儿童的智力水平在全体同龄儿童中的相对位置。

理解这样一种能力分布现象，对于教育工作者至少有两个方面的重要意义。一是要注意把教育的着眼点放在属于中间能力水平的大多数人上，适应他们的特点并施加教育影响。在一般学校中，施行英才教育，只会导致揠苗助长的后果。二是要有效地分辨出能力的高、中、低分布与能力水平简单挂钩。事实上，在许多情况下，这两者是不统一的，尤其当学生在对所学内容兴趣及努力程度上有差异时更是如此。只有通过长期观察和科学测量方法才能得出可靠结论。

（五）能力的形成和培养

1. 影响能力形成的因素

人的能力是在先天素质的基础上通过环境与教育的作用，在社会实践活动中形成的。许多研究表明，影响能力形成的主要因素有以下几点：

（1）遗传因素与早期营养

遗传因素是指决定父母性状通过无性繁殖或有性繁殖传递给后代，从而使后代获得其父母遗传信息的现象的原因或者条件。遗传素质是能力形成和发展的自然前提或物质基础。没有这个前提或基础，任何能力都无从产生。例如，生来双目失明者，就无法形成绘画才能；先天的聋哑人，也难以发展音乐才能；先天脑畸形者就不可能有正常的智力。特别是中枢神经系统的特征对个体能力的形成和发展有重要的影响。神经活

---

① 李宁萍.小学心理学[M].银川：宁夏人民教育出版社，2015.

动强、平衡而且灵活型的人,知觉速度快、广度大,注意分配能力强,注意转移的快,思维灵活,操作能力和交往能力都较强。而神经活动是弱型的人,知觉速度慢,注意的广度小并且不善于分配自己的注意力,思维迟缓,动作缓慢无力,交往能力差。

此外,近年来的研究表明:胎儿和婴儿的营养状况会影响他们脑细胞的数量,进而影响他们的发展。英国学者的一项研究表明,缺乏营养的儿童,记忆力差,并且缺乏好奇心和探索精神。美国学者发现,婴儿如果缺乏营养会对以后智力发展产生持久的影响。

(2) 教育教学

遗传素质是能力发展的自然前提,它为能力的发展提供了可能性。只有通过教育和社会实践才能使能力发展的潜在性变为现实性。

学校教育是一种有计划、有目的、有组织地按照学生的年龄和心理水平来确定教学内容、选择教学方法的教育形式,它在儿童、青少年的能力发展中起主导作用。例如,通过数学教学活动,不但使学生掌握了数学知识,而且还培养和发展了计算、推理和逻辑思维能力;美术教学活动,在培养学生的线条感、形态感、观察力、想象力、创造力、审美能力等方面有着极其重要的作用。然而在教育与教学中发展能力需要依赖一定的条件,不适当的教育与教学还会妨碍学生能力的发展。只有正确的选择教育与教学内容,合理安排教育与教学过程,恰当运用教学方法,巧妙运用教学艺术,才会使能力的培养取得良好的效果。

(3) 社会实践活动

环境和教育不管多么优越,如果不通过个人的努力和实践活动,能力的形成就成为一句空话。能力是人在认识世界、改造世界的实践活动中形成和发展起来的。学生的能力是在生活和学习实践中逐步形成和发展起来的;成人从事着各种各样的劳动实践,不同的实践活动对人们有不同的要求,人们在满足这些要求、完成实践任务的过程中发展相应的能力。例如,作家的言语表达能力、科学家的严密的逻辑推理能力、教师的观察力、画家的视觉记忆力、音乐家的节奏和旋律感觉能力、工程技术人员的创造想象能力等,都是在他们各自从事的实践活动中锻炼和发展起来的。可以说,实践活动是能力形成和发展的决定性条件,它制约着能力发展的性质和水平。

此外,个人的勤奋努力在能力的形成与发展中也起着极其重要的作用。

2. 能力的培养

尽早地丰富儿童的知识经验,对他们能力的形成与发展是有十分重要的意义。美国心理学家本杰明·布鲁姆在总结前人大量研究成果后提出,智力发展的一般情况是:与17岁达到的智力水平相比,4岁就大约达到发展的50%,其余的30%是在4~8岁时获得的,20%是8~17岁获得的。因此,在整个小学阶段,教师要重视能力的培养。

首先,在能力培养的内容上,要着重抓观察力、记忆力、思维力与实际操作的能力。前三种能力,以上已做了介绍,实际操作能力,主要是指分析问题和解决问题的能力。不能养成学生那种"只动口不动手"的毛病。要注重实践,教师要有计划、有组织地让学生在实践活动中增长聪明才干。要积极贯彻党的教育方针,从小学起,学生就要上好劳动课,自然常识实验课,参加学科或科技小组的活动,承担一定的集体工作。有条件的高年级学生,可适当地参加些试验田、初级科学实验活动,也可适当地参与社会调查。

其次,在能力培养的方法上,要求教师选择良好的教学法,从"双基"入手,提高小学生的能力。加强学生的基本知识的教学和基本技能的训练,把外部的教学和学习的方法逐步转化为内部的思维操作。教学法是过河的桥梁,良好的教学方法可以把似乎是缺少能力的学生塑造成材。苏联心理学家列昂节夫在那些似乎缺乏音乐才能的学生中应用特殊的训练方法,使他们形成了音乐听觉。还有许多心理学家采用特殊的方法,在低年级下放较高年级的数学教材,结果大多数学生能够掌握这些高年级的课程大纲,并且他们思维能力也得到了一定的发展。小学生的可塑性强,练习是他们能力形成与发展的基本途径。因此教师要利用这个特点,引导学生明确练习的目的要求,教会他们掌握正确的练习方法,有计划有步骤地组织学生进行练习,促进他们某个方面能力的提高。

再次,培养学生勤奋的品质是发展小学生能力的基础。小学教师要善于引导学生培养这一品质。如何引导呢?一是讲清意义;二是启发学生要从小事做起,如平时认真完成作业,刻苦钻研科技作品和模型的制作等;三是养成独立的习惯,如独立思考,独立完成作业,独立工作等;四是使学生经常知道自己努力活动的结果,看到成绩,做出评价,并克服错误的技能技巧,不断巩固和发展良好的品质。

最后,启发小学生的好奇心,发展他们的求知欲,培养他们的兴趣与爱好是促进他们勤奋自强,提高能力的动力。兴趣与爱好又该如何培养呢?① 既要发展学生的广泛兴趣,使小学生喜爱各门学科,积极参加各项活动,又要注意珍视他们的中心兴趣,即对某一种活动和某一学科的特别兴趣。促使他们的兴趣既广泛而又有中心。② 要培养学生兴趣的巩固性。如果一个人兴趣虽很广泛但不固定,容易转换,那么在任何方面都不可能有所成就。③ 既要培养学生直接(眼前)兴趣,更要发展间接(长远)兴趣,特别是从小培养学生对某种科学领域的兴趣,不断提高他们对这种兴趣的意义和重要性的认识,不断使他们在情感上获得体验,使他们积极向往或热情地去从事有关的工作。

第三节 小学生的气质

一、气质的内涵

气质是人心理活动的稳定的动力特征。所谓动力特征主要指心理过程的强度(如情绪体验的强弱,意志努力程度等),心理过程的速度和稳定性(如知觉速度、言语速度、思维的灵活程度、注意集中时间的长短)以及心理活动的指向性(如内向或外向)等方面的特点。在现实生活中我们会发现:有的人脾气暴躁,有的人性情温和;有的人行动灵活敏捷,有的人动作迟缓、呆板;有的人安静、沉默,有的人活泼、好动。这些都是气质特征的外在表现。

气质不是偶然表现在心理活动和行动方面的特点,而是一种典型的、稳定的心理特点。具有某种气质特征的人常常在内容完全不同的活动中显示出同样性质的动力特点。例如,一个易于激动的人,常常难以控制自己的情绪;而一个沉着稳重的人,在任何场合都能心平气和,冷静处事。气质会影响个体活动的方方面面,仿佛使一个人的整个心理活动都涂上个人独特的色彩。

气质是每个人独特的个性心理特征,它具有天赋性,与遗传关系最密切。这种特点在妇产医院就能看到。有的新生儿活泼好动,哭声响亮;而有的孩子则声微气小,害怕生人。新生儿的这种特征在以后的游戏、学习和人际交往中也会有所表现。

由于气质受遗传因素的制约,因此与其他个性心理特征(如动机、兴趣、性格、能力)相比,具有更加稳定的特征。俗话说"江山易改,禀性难移",指的就是气质具有不易改变的特点。但这并不是说它是一成不变的。在生活实践和教育条件影响下,人的气质也会有所改变。例如,生活的磨难和事业的挫折,可能会使一个活泼开朗、热情、乐观的人变成一个寡言少语、冷漠、悲观的人。可见,气质既有稳定性的一面,又有可塑性的一面,是稳定性和可塑性的统一。

人的气质还随年龄而变化,一般来说,少年期爱兴奋、抑制弱,表现为好动、敏捷、热情、积极、急躁、轻浮;壮年期兴奋与抑制平衡,表现为坚毅机智、活泼深沉;老年人则兴奋弱、抑制强,表现为沉着、冷静。

二、气质与高级神经活动类型的关系

古希腊医生希波克利特和古罗马医生盖伦认为,人的气质是由人体不同体液成分所占比例的多少决定的。他们认为人体内有四种体液:血液、黄胆汁、黑胆汁和黏液。在体液中,血液占优势的人为多血质,黄胆汁占优势的人为胆汁质,黑胆汁占优势的人为抑郁质,黏液占优势的人为黏液质。显然,用体液来解释气质的原因是缺乏科学依据的。但是他们把人的气质表现分为四种基本类型则比较切合实际,心理学至今仍沿用希波克利特以体液命名的四种气质概念。

对气质的生理机制作科学解释的是苏联生理学家巴甫洛夫。巴甫洛夫通过实验研究,发现神经系统具有两个基本过程:兴奋过程和抑制过程。这两个过程有三个基本特性,即兴奋与抑制活动的强度,兴奋与抑制活动的均衡性及兴奋与抑制转移的灵活性。所谓兴奋与抑制的强度是指神经细胞能接受强烈的刺激或具有持久的工作能力。兴奋与抑制的均衡性是指两种神经过程的力量对比。如果兴奋过程与抑制过程的强度相差无几,它们基本的神经过程就属于均衡型。如果二者的强度相差悬殊,就属于不均衡型,即兴奋活动占优势或抑制活动占优势。兴奋和抑制活动的灵活性,是指对刺激反应的速度和兴奋与抑制相互转换的速度。它们在条件反射形成或改变时得到表现,由于在个体身上存在各不相同的组合,从而产生了各自神经活动类型,其中最典型的有四种[①]。

第一,强、平衡而且灵活型。条件反射形成或改变均迅速,且动作灵敏,又叫"活泼型"。

第二,强而不平衡型。兴奋占优势,条件反射形成比消退来得更快,易兴奋、易怒且

---

① 王振宇.心理学教程[M].北京:人民教育出版社,1998.

难以抑制,又叫"不可遏制型"或"兴奋型"。

第三,强、平衡而不灵活型。条件反射容易形成且难以庄重、迟缓且有惰性,又叫"安静型"。

第四,弱型。兴奋与抑制都很弱,感受性高,难以承受强刺激,胆小且显神经质。

这四种神经活动类型,恰恰与古希腊希波克利特所划分的四种气质类型相对应。它们的神经系统特征及表现如表9-1。

表9-1 气质类型及行为特征表

神经系统的特征及类型					气质
强度	平衡性	灵活性	特性组合的四种类型	气质类型	主要心理特征
强	不平衡（兴奋占优势）		不可遏制型（兴奋型）	胆汁质	容易兴奋 难以抑制 不易约束
	平衡	灵活	活泼型	多血质	反应敏捷 活泼好动 情绪外显
		不灵活	安静型	黏液质	安静沉稳 反应迟缓 情感含蓄
弱	不平衡（抑制占优势）		弱型（抑郁型）	抑郁质	对事敏感 体验深刻 孤僻畏缩

由表9-1可以看出巴甫洛夫的四种神经活动类型与四种气质类型有紧密的联系。高级神经活动类型是气质类型的生理基础,气质是高级神经活动类型的心理表现。

三、气质类型的特征

1. 多血质

多血质的人适应新环境的能力强,善于交际,活泼好动,热情亲切,表情丰富,情绪发生快而多变,思维言语动作敏捷。兴趣易变,浮躁轻率,具有外倾性。敏捷、好动、乐观是其主要特色。这种气质类型的小学生,在学习和劳动中计划性强,热情适度,效率较高;参加各种活动时,精力旺盛,组织纪律性较强,能约束自己;上课时积极发言,注意力集中,但坚持性不够;考试和完成作业的速度快而且注意质量;在和老师或同伴交往时热情并有礼貌,有助人为乐的精神①。

2. 胆汁质

胆汁质的人对环境有较强的适应能力,情绪发生快而强,言语、动作急速而难以自制,直率、热情、精力旺盛。心境变化明显、剧烈,急躁、易怒,具有外倾性。兴奋而热烈是其特色。这种气质类型的小学生,在学习、劳动和与同伴交往等活动中,热情高涨,富

---

① 张嘉玮.小学生心理发展特点[M].哈尔滨:东北师范大学出版社,1999.

于情绪化,脾气暴躁,喜欢的事愿意干,不喜欢的事就不愿意干;参加活动时,精力充沛,善于出谋划策,喜欢热闹,但自控能力差,行为容易越轨;课堂上思维敏捷,反应快,表现活跃,但有时粗心大意,缺乏深思熟虑;考试或写作业时力求迅速,由于缺乏耐心,有时不注意质量,经常出现错误;同老师及同伴交往时独立性较强,喜欢直来直去,较少接受他人暗示。

3. 黏液质

这种气质类型的人适应环境的能力差,安静、稳重、情绪发生慢而弱,思维、言语、动作迟缓、沉默寡言、情绪不易外露,注意稳定但又难以转移,善于忍耐,自制力强,执拗、淡漠,具有内倾性。缄默而沉稳是其主要特色。这种气质类型的小学生,在学习和劳动中善于动脑思考,喜欢选择最佳方案,效率高,有吃苦耐劳的精神,能出色地完成任务;在活动中,善于控制自己,纪律性较强;上课时爱动脑思考,有钻研精神,在有把握的情况下喜欢回答问题;在与老师、家长和同伴的交往中注意礼貌,能团结他人,善于听取他人的意见,能吸取他人的长处,但应变能力较差。

4. 抑郁质

这种气质类型的人在新环境里会感到拘束不安,难以适应。柔弱易倦,多愁善感。情绪发生慢而强,体验深刻、持久。言语、动作细小无力,孤僻、胆小、怯懦,具有内倾性。敏感而羞涩是其主要特色。这种气质类型的小学生,在学习和劳动中很细心,肯花费时间,能耐住性子,注重学习或劳动的质量,不盲目追求速度;在学习功课时喜欢钻研,对问题理解深刻,但上课时很少发言;情绪反应深刻,但一般不外露,喜欢安静,不愿表现自己,爱害羞,有时在生人面前表现得不知所措;在与老师和同伴交往时,表现不主动、谨小慎微。

在现实生活中,具有典型气质类型的小学生是极少数,多数小学生都是混合的气质类型。

四、不同气质类型学生的因材施教

1. 针对不同气质类型的心理特点,因势利导

每一种气质类型的人都有各自的长处和短处,关键在于如何帮助每一个学生发挥气质优势,避免消极心理特点。如胆汁质的学生要引导他们发扬大胆、坦率、热情的优点,尽量克服易粗心、莽撞和刚愎自用等不良品质;多血质的学生应引导他们发扬活泼开朗、机敏灵活的优点,克服不够踏实、心思多变的缺陷;黏液质的学生应引导他们发扬比较稳定、踏实、有耐心的优点,克服不够活泼、比较固执、迟缓等缺点;抑郁质的学生应发扬细致、谨慎、多思多想优点,克服怯懦、孤僻、易退缩等缺点。

2. 教育应根据学生不同气质类型的特点采取不同的教育方式

气质具有相对稳定性,不是一朝一夕就可改变的,而且也不一定都需要改变。在教育教学过程中根据学生不同气质类型的特点采取不同的教育方式不仅必要,而且也更有成效。在教育教学工作中,教师要根据气质类型特点,采取适合这些特点的方式方法,有区别地对待各类学生。对于胆汁质的学生不要轻易激怒他们,耐心启发和帮助他们养成自制;对于多血质的学生不要放松要求或使他们感到无事可做,让他们在多种有

意义的活动中养成扎实、专一和克服困难的精神；对于黏液质的学生要热情，不能求之过急，要给他们留出考虑问题和做出反应的足够时间；对于抑郁质的学生不要在公开场合指责、批评他们，要根据他们的精力、体力和能力提出适度的要求，让他们大胆地参加集体活动，增强信心。同时，课堂教学策略也应该照顾学生的气质特点。例如，课堂提问，最先举手的大多是多血质或胆汁质的学生；从不举手或很少举手的总是黏液质或抑郁质的学生。有经验的老师就会根据学生的气质特点决定发言的次序和要回答的问题的难易度。对于胆汁质的学生每次让他们先发言，示意他们耐心等候或想好再回答；对于多血质的学生既要发挥他们的发言积极性，还要对他们的回答的质量提出更高要求；对于黏液质的学生可以后提问，让他们有思考余地；对于抑郁质的学生可有意提出简单的或他们有把握的问题。

3. 注意和防止一些极端气质类型小学生的病态倾向的发展

抑郁质和胆汁质的小学生，如果稳定性发展过差，不能很好地控制自己，便会表现出一些病态倾向。通常，抑郁质的学生容易发生紧张、胆怯、恐惧、强迫等具有神经症焦虑倾向的障碍，而胆汁质的学生则可能产生具有攻击性和破坏性的行为。教师应更多地关心这两种类型学生的情况和问题，采取些特殊措施，如使胆汁质学生多得到工作与休息的交替机会，使抑郁质学生在集体中获得真正的友谊与生活乐趣。

第四节　小学生的性格

一、性格的内涵

性格是表现在人对现实的稳定态度和与之相适应的行为方式中的个性心理特征。

人在生活实践中，对作用于他的客观现实，通过认识、情感、意志等心理过程，反映在头脑中并逐渐固定下来，形成经常的态度和相应的行为方式，也就是其性格特征。例如，一个人在劳动中经常兢兢业业、埋头苦干，逐渐形成了勤劳的性格特点；而经常偷懒、敷衍塞责，便会养成懒惰的性格特征；顽强刻苦、孜孜不倦的学习，便会形成坚毅勤奋的个性特点；而畏惧困难和不思进取容易使人逐渐养成了怯懦、懒散的性格。像勤劳、坚毅、谦虚、慷慨、懒惰、怯懦、吝啬等都是人的性格特点。性格在人的个性中起着核心的作用，反映着人的个性的本质。

人的性格是在后天获得的。一个人做什么和怎么做，总和人与人之间的关系相联系，并受制于一定的社会道德规范。人们常用社会道德标准来评价性格，符合大多数人的利益。有益于社会的性格，如见义勇为、诚实正直、公正无私等被认为是好的性格；损害他人利益、危害社会的性格，如见利忘义、虚伪狡猾、自私自利等则被认为是坏的性格。因此，性格是有好坏之分的。

性格是人在长期的生活环境和社会实践中逐渐形成的。它一旦形成就比较稳定，并且贯穿于人的全部行动之中。一个吝啬的人，会处处表现得斤斤计较，而一个自负的人，也会常常高傲自大、盛气凌人。性格是稳定的，但也不是一成不变的，它仍然具有可塑性的一面，例如，集体生活可能使一个自私、吝啬的学生变得慷慨大方；特定的职业可能使一个懒散、粗心的人变成一个勤快、细心的人。性格是在人与环境的相互作用过程中形成的，同时又在人与环境的相互作用过程中发生缓慢的变化。

性格是指表现在人对现实的态度和行为方式中具有稳定倾向（或经常性）的心理特征，而不是偶然表现出来的特点。例如，一个工作一贯认真负责、一丝不苟的人，在某种情况下也有疏忽大意的表现，我们不能因为这种偶尔的表现而认为他是一个敷衍了事、粗心大意的人。

二、性格、能力与气质

性格、能力与气质是三种不同的个性心理特征，彼此间存在着本质的区别。但它们在人的实践活动中交替发生、相互制约，彼此融汇，密不可分。

（一）性格与能力的关系

1. 性格制约能力的形成和发展

良好的性格特征能促进能力的形成和发展；不良的性格特征会阻碍能力的形成和发展。例如，勤奋、自信、谦虚、认真负责、持之以恒等性格特征，能促进能力的形成和发展，或者补偿某方面能力的弱点，"勤能补拙"就说明了性格对能力发展的补偿作用。相反，缺乏事业心和责任心、懒惰、得过且过的人，能力发展就受到一定的限制。

2. 能力影响性格的形成和发展

人在社会生活实践中在不断形成和发展着各种能力，同时也形成或巩固着性格。例如，在培养学生观察能力、思维创造能力的同时，也就形成和发展了学生一丝不苟、勤奋刻苦、持之以恒、勇于创新和实事求是的性格特征。在发展操作能力和交往能力的基础上，也就易于形成和发展勤学苦练、吃苦耐劳、尊重他人、正直诚实等性格特征。

（二）性格与气质的关系

1. 性格与气质既有区别又有联系

性格与气质的区别表现在：① 气质受先天因素影响大，并且变化比较难、比较慢；性格是后天形成的，受社会因素影响大，变化比较容易。② 气质是行为的动力特征，与行为的内容无关，因此气质无好坏善恶之分；性格涉及行为的内容，表现个体与社会的关系，因而有好坏善恶之分。

2. 性格与气质彼此渗透，相互制约，紧密联系

第一，气质影响性格形成和发展的速度。例如，多血质的人较易形成自信、慷慨、待人亲切等性格，较难形成忍耐与坚持的性格；胆汁质的人较易形成勇敢、创新、正直等性格特点，较难形成自制、细心的性格；黏液质的人较易形成任劳任怨、顽强、坚毅等性格，较难形成主动交往、果断处事的性格；抑郁质的人较易形成虚心、和善的性格，较难形成勇敢、主动的性格。又如要形成自制力的性格特点，胆汁质者需要经过极大的克制和努力，因而形成较慢，而抑郁质者本来就善于克制和忍耐，因而就较难形成。

第二，气质可以使同一性格的人表现出不同的行为特点。例如，同样具有勤劳的性格特点，在完成任务的过程中，多血质者常常是兴高采烈，热情洋溢；胆汁质者往往是激情满怀,动作麻利;黏液质者是不动声色,从容不迫;抑郁质者则表现为小心谨慎,仔细认真。

第三,性格可以制约气质的表现,也可以影响气质的改变。例如,具有高度事业心和责任感的领导干部,在工作中常用顽强的性格品质克制着自己急躁、冲动的气质特征。

三、小学生性格发展的特点

我国心理学家采用问卷法对中国儿童青少年的性格发展进行了研究①。小学生的性格发展水平是随着年龄的增长而逐渐升高的,但其发展速度表现出不平衡、不等速的特点。

小学二年级至四年级发展较慢,表现为发展的稳定时期,四年级至六年级发展较快,表现为快速发展时期。这主要是因为小学低年级学生正处在适应学校生活的过渡时期,繁重的课程和作业的压力使他们焦虑、紧张,常常感到力不从心。小学中高年级的学生已经适应了学校里以学习活动为主的特点,集体生活范围逐步扩大,同伴交往日益增加,教师、集体、同伴对儿童的性格越来越产生直接的影响,使小学生的性格特点日益丰富和发展起来。到小学六年级,小学生开始步入青春期,青春期的身心巨变对小学生性格发展产生深刻的影响。因此,在小学生的性格发展中,小学六年级是性格发展的关键期。这个时期的学生,情绪的强度和持久性迅速增长,求知欲发展很快,但自制力显著下降,思维灵活性的发展偏慢。他们既有强烈的情绪体验,对人对事非常敏感,又缺乏自我分析、自我宽慰的能力,因而,其性格处于一种非常矛盾和严重的不平衡之中。

四、小学生性格培养

小学阶段正处在性格发展和初步形成的时期,一方面,小学生还没有形成稳固的社会观念和态度,有相当大的模仿性和受暗示性,极易受到环境中的各种影响,另一方面,他们又极易把各种习得的态度或行为方式变为习惯巩固下来形成性格特点。因此,这一阶段,教育者应特别注意对小学生性格的养成的培养。

(一) 创设良好的环境

气氛良好的家庭环境和校园环境对小学生性格的形成有直接影响。从家庭因素来看,父母的文化程度、教养方式、生活习惯等对小学生性格的影响是很大的。从学校环境来看,校园的自然环境、校园的风气、班级的氛围、教职员工的言行举止等,都可对小学生性格的形成产生潜移默化的作用。和谐温馨、互相关爱、自然亲切、活泼生动是对小学生所生活的良好环境的一些基本要求。

(二) 抓紧性格发展的关键期进行教育

引导性格发展有几个关键期,教育者应采取针对性措施对学生进行教育引导,以培育小学生良好的性格特征。如小学低年级学生主导心境是小学期间最差的,学校和教

---

① 朱智贤.中国儿童青少年心理发展与教育[M].北京:中国卓越出版公司,1990.

师应设法减少课程分量和难度,减轻作业负担,降低其焦虑和不满水平还儿童以欢乐。又如小学六年级,是意志特征中的独立性的最高峰,又是自制力的最低峰,主要受青春期来临的影响,应针对这时期的特点加强引导。小学四年级至六年级是性格的理智特征的快速发展期,教师应抓住这一契机,培养其良好的认知和思维方式。

(三)开展教育和各种实践活动

小学生良好的性格特点是通过个体的实践活动逐渐形成和发展起来的。因此,课堂内外的学习和实践活动,如劳动活动、少先队活动,对小学生形成对人、对事、对社会的态度从而逐步养成良好的行为习惯具有重要的意义。如学习活动是培养小学生良好的性格特征的途径,活动课和游戏活动是培养小学生性格的情绪特征和意志特征的重要途径。

(四)培养良好的行为习惯

播下行为的种子,就收获习惯;播下习惯的种子,便收获性格……良好的生活习惯是优良性格养成的起点。良好习惯的养成,应从吃、喝、拉、穿、睡、洗、说、问等小事抓起,一点一滴的积极鼓励和严格要求。比如:小学生应该养成自己洗脸、穿衣、吃饭、睡觉等日常行为习惯;吃饭时不要大声说话;不要随地吐痰;应当养成整理物品,有秩序地存放物品,不随手乱扔东西的习惯;应当使用礼貌用语等。同时,当向小学生提要求时,不允许的事一开始就要坚决拒绝。这样,小学生就不会感到痛苦,也不会出现情绪反复。

(五)引导小学生通过自我教育培养良好的性格[①]

培养小学生性格的一个重要途径是教他们学会自我教育。教师可以根据小学生的年龄特点,通过以下途径引导小学生自我教育,提高他们对自身性格培养的积极性和主动性。

1. 自我评价

小学生的自我评价是指他们对自己思想、愿望、行为和性格特征的认识和评价。引导他们善于发现自己的长处,了解自己的短处,既不要自我夸张,也不要自我贬低。

2. 自我反省

引导小学生经常反省自己的思想和言行。发现自己不好的举止言行要敢于否定和改正;发现自己的优点要发扬光大,从而使自己的性格不断得到优化。

3. 自我调节

小学生的自我调节是指他们对自己的心理和行为主动地掌握和随时调整。让小学生在正确自我评价和自我反省的基础上不断地坚持好的、改正坏的,使自己的性格朝着理想的方向发展。

本章小结

本章主要介绍了小学生的需要、动机、兴趣、能力、气质、性格等心理特征,了解小学

---

① 赖日生,丁洁. 中小学生心理发展与引导策略[M]. 长春:吉林文史出版社,2013.

生个性心理的具体发展特点。通过本章学习,掌握激发小学生学习动机的方法;学会如何培养小学生的能力、兴趣;善于根据小学生的气质类型因材施教;学会培养小学生良好的行为习惯,培养其良好的性格。

1. 心理学的个性概念与日常生活中的"个性"有什么区别?
2. 为什么说个性最本质的特点是社会的?
3. 请简述小学生需要的发展包括哪几个方面。
4. 案例分析:小学五年级学生张某,由于父母离婚,加之父亲长期在外打工,使他的性格比较自卑,情绪比较冲动,总觉得自己低人一等。上课不敢发言,参与班集体的活动也不积极,与同学的交往接触少,经常对同学发脾气,常常流露出对父母的不满,觉得自己长得不帅,学习成绩也不好,同学们都瞧不起自己,不想读书、不想学习。请分析张某这种性格形成的原因,教师应如何针对他的性格问题进行教育,提出你的见解。

第十章 小学生的品德

 **内容提要**

通过本章的学习,理解品德的含义、组成成分及相互关系,了解影响品德形成的主客观因素,理解小学生品德发展的规律和特点,并能分析解决小学生常见的品德发展问题。

> 小学生乐乐聪明好动,但自身有很多坏毛病,如:经常迟到,上课不遵守纪律,不注意听讲,坐不了几分钟就动桌摇凳、摇头晃脑、东张西望,影响别人上课,也经常不能按时完成作业。课余时间还特别爱搞"恶作剧",欺负其他同学。在家也很任性、冲动,稍不如意就大喊大叫,家长根本管不了他。老师找他谈话,希望他能遵守学校的各项规章制度,以学习为重,知错就改。他口头上虽然答应了,但还是一如既往、毫无长进。如果你遇到这样的小学生会怎么教育他呢?

第一节 品德的概述

一、品德的概念

要理解品德,需要先了解什么是道德。道德是人类社会所特有的一种现象。在人们共同的社会生活中,为了协调彼此间的关系、维持相互间的利益、保证社会生产与生活的正常进行,便产生了一些行为规范和准则(如习俗、法律、规矩等),其中某些规范的遵守是依靠舆论和内心(良心、同情心等)的力量所驱使的,这些行为规范和准则就是道德。当一个人按自己所处社会生活中的行为规范或行为准则去行动时,就会受到集体舆论的赞许,反之则会受到集体舆论的谴责,自己也会感到内疚和不安。道德不同于法律。法律虽然也是对人们行为的一种规范,但法律规范是随国家的产生而产生,由国家机关强制人们遵守的。而道德之所以能够调节人们的行为,不是凭借强制的力量,而是通过社会舆论、传统、习惯以及人们的内心信念来起作用。

道德是人类社会历史发展的产物,随着社会历史的发展而改变,人类社会之外自然界的生死无所谓道德。由于不同的社会阶级和阶层对是非善恶的判断标准和立场不同,因此道德具有阶级性和阶层性。

品德,也叫道德品质、德行或品性,是个体依据一定的道德准则行动时所表现出来的稳固的心理特征,属于人格特点的一部分,通俗来说是指人格中跟道德有关的那部分心理特征。品德就其实质来说是道德规范在个体身上内化的结果,内化的结果有好有坏,通常当一个人的心理和行为特征符合一贯的道德行为规范时,人们就认为他品德好,若经常违反道德准则,就可能是品德不良。从其对个体的功能来说,如同智力是个体智慧行为的内部调节机制一样,品德则是个体社会行为的内部调节机制[①]。

品德和道德既有密切的联系又有严格的区别。说它们有联系,是因为品德是道德在个体身上的表现,离开道德就谈不上个人的品德,因此评价某个人品德的好坏总是基于特定社会、特定时期、特定群体的道德标准的,例如对于自由恋爱的道德评价在封建社会和现代社会是截然不同的,不同宗教团体对自由恋爱的道德评价也是大相径庭。再如目前我国《公民道德建设实施纲要》中提出的公民基本道德规范是,爱国守法、明礼诚信、团结友善、勤俭自强、敬业奉献,而我国古代封建社会对人的要求是"仁义礼智信、温良恭俭让"。社会道德也只有通过个体品德才能真正地发挥作用,道德要求只有通过个人的品德行为才能表现出来,个人品德尤其是公众人物在一定程度上也构成并影响着社会道德的面貌或风气。说它们有区别,第一,两者研究的范畴不同。道德是社会现象,是人们行为的规范和准则,是社会学、伦理学的研究对象。品德则是社会道德规范在一个人身上的具体体现,是个体现象,是教育学、心理学研究的对象。第二,两者的形成和发展的条件不同。道德的形成与发展受社会发展规律的制约,不以个人品德有无而转移,具有明显的社会历史性和阶级性。品德的形成与发展不仅受社会的制约,还受个体生理、心理活动的制约。所以,尽管有相同的社会、社会阶层、教育环境,但每个学生的品德行为表现也可能不一致。第三,道德与品德的内容也不尽相同。道德是一定的社会伦理行为规范的完整体系,包含内容非常广泛,如不同职业有不同的职业道德,社会对不同人群的道德期望也不相同,而品德只是道德的部分表现,如我们是不会评价没有工作的儿童是否有职业道德的。虽然品德和道德的概念并不相同,但在某些情况下人们在使用时并没有将两者进行严格区分。

二、品德的构成

一般认为,品德包含四种心理要素,即道德认识、道德情感、道德意志、道德行为。

道德认识也称道德观念,是指人对道德规范及其执行意义的认识。包括对道德概念、原则的理解、道德信念的形成以及运用。人们根据自己的道德认识,判断他人的是非善恶并对自己的行为进行调节和控制。道德认识是品德形成的基础,是道德情感和

---

① 莫雷.教育心理学[M].北京:教育科学出版社,2007.

道德意志产生的依据,同时它与道德情感、道德意志结合起来对道德行为的发生起着定向和调节的作用,因此道德认识是个体品德的核心。道德认识与道德情感、道德意志相结合,形成了坚定的道德信念,能够激发人产生道德需要,形成道德动机,导致道德行为。由于个人经历、家庭环境等因素的影响,即使生活在同一个道德文化背景下的个体对于同样一件事也会有不同的道德认知,例如尊老爱幼虽然是中华民族的优良传统,但在公交车上究竟是否应该给老年人让座在大学生当中也有不少分歧。道德认识是品德形成的基础,道德认识水平的高低直接影响到品德的水平,所以品德教育中首先要强调的因素是"晓之以理"。①

道德情感是伴随着道德认识而产生的一种内心体验,是关于人的举止、行为、思想、意图是否符合社会道德规范而产生的情感体验。当道德现象符合自己认同的道德观念时就产生积极的情感,否则就产生消极的情感。道德情感会影响道德认识的形成及其倾向性,它是道德认识上升为道德信念的重要心理因素。同时,道德情感会对道德行为的强度产生影响,成为推动行为的动力之一。正如苏霍姆林斯基所说:"没有情感的道德就变成了干枯的、苍白的语句,这语句只能培养伪君子。"道德情感是品德形成的动力因素,尤其是评价自己的道德行为时产生的道德情感——"良心",是一个人重要的内部道德自我监督力量,起到了内心的"道德法庭"的监督作用。所以,品德教育中也要强调"动之以情"。

道德意志是人自觉地调节行为、克服困难、实现预定道德目标的心理过程,是调节道德行为的内部力量。这种力量通常表现为在实现道德目标时的积极进取或坚忍自制。道德意志调节和控制着一个人的道德行为,保证人能够抵御现实中的各种诱惑,不以外界环境为转移,克服困难,坚持到底,最终达到目标,形成良好的道德习惯。道德意志通常表现为进行道德动机冲突的抉择和克服困难的坚持和忍耐两种形式。所以,品德教育中也要强调"持之以恒"。

道德行为是人在活动中对他人和社会有道德意义的实际表现,是融合道德认识、道德情感、道德意志的外部表现,也是衡量一个人道德品质的重要标志。正如列宁所说:"判断一个人,不是根据他自己的表白或自己的看法,而是根据他的行动。"道德行为具体表现为道德行为技能和道德行为习惯。人的品德最终是以其道德行为来表现和说明的。所以,品德教育中也要强调"导之以行"。

品德心理结构的这四种成分简称为"知、情、意、行",这四种成分互相联系、互相渗透、互相影响、有机结合、缺一不可。道德认识是道德情感产生的基础,而道德情感又影响着道德认识的形成和倾向性。道德动机在道德认识和道德情感的基础上产生,并要引发一定的道德行为。道德意志调节和控制一个人的道德行为,使之贯彻始终,成为道德习惯。品德的四个成分及其相互关系是品德教育中"晓之以理、动之以情、持之以恒、导之以行"的心理学依据。在品德教育和培养中,只有保证这四种成分的协调发展,才不会造成品德结构上的缺陷,进而保证品德的健康发展。

---

① 李宁萍.小学心理学[M].银川:宁夏人民教育出版社,2015.

三、影响小学儿童品德发展的因素

与其他心理功能一样,影响小学儿童品德发展的因素也大致可以分为两类,即外部因素和内部因素,外部因素主要包括家庭、学校、社会、同伴团体等,内部因素包括遗传条件、生理状况、个人主观能动性等。

(一)影响小学儿童品德形成的外部因素

1. 家庭

家庭不仅是儿童活动的主要场所,而且是对其产生影响最早、最连续和最持久的外部因素。家庭结构是否完整、家长的职业类型和文化程度、家长的教养态度和期望水平等家庭特点都会对儿童的品德形成和身心发展产生重要影响。破裂家庭中的儿童由于缺乏应有的父爱或母爱容易形成某些不良品德。家长的教养态度和期待对子女的品德发展有显著的影响,家长是子女模仿、学习的榜样,如果家长的品德不良,将会对子女品德发展起消极作用。如果家庭充满和睦温馨积极向上的气氛,儿童就会有安全感和舒适感,这种气氛容易促使儿童奋发向上,形成良好的品德。

2. 学校

学校是有目的、有计划、系统地对儿童进行教育的专门机构,对儿童的品德发展起着主导作用。学校德育主要通过三条途径对儿童施加影响,即各科教学、团队活动和课外活动。各科教学是学校教育的主要形式,占用时间最多。如果将品德教育渗透于各科教学之中必然会对学生的品德发展产生很大的影响,其中政治思想品德课是进行品德教育的主要学科,有着其他学科不能替代的作用。在团队活动中,负责人应依据学生心理发展特点,有目的、有计划地组织内容丰富、形式多样的德育主题活动,如英模报告会、演讲会和竞赛等以促进学生品德的良好发展。课外活动是学校安排在教学计划之外的活动,也叫第二课堂,如社会调查科技小组活动和公益劳动等,对学生品德发展也有相当大的影响。

除了有组织的活动外,学校的校容校貌、校风班风等校园文化因素也会影响学生品德的发展。教师的态度对学生的品德发展也有着重要的影响。有研究发现,教师以民主的态度对待学生,学生将向着情绪稳定、态度友好和具有领导能力的方向发展;教师采取专制的态度,易导致学生的紧张、情绪冷淡、攻击性和不能自制;教师采取放任的态度意识,学生会向无组织、无纪律的方向发展。

3. 社会

家庭和学校是社会的组成部分,社会除了通过家庭、学校影响儿童品德的发展以外,还通过其他各种渠道对儿童产生直接的影响。社会的生产方式是在宏观上制约儿童品德发展的重要因素,因为社会的生产力不仅决定着上层建筑,而且决定着社会道德的性质和基本原则,而品德是社会道德在个体身上的反映,因此,品德在宏观上必然受到社会生产方式的制约,社会生产方式的变革必然会引起道德领域的矛盾冲突,从而影响儿童品德的发展变化。目前人们感叹"人心不古""道德滑坡",跟社会转型中引起的道德标准变化不无关系。

与社会生产方式相比,社会风气、社区文化、大众传媒、社会团体等社会生活因素则更直接地影响着儿童的品德发展。这些社会生活因素无处不在、无时不有,他们对儿童的影响有积极的也有消极的,有经常的也有偶然的。尤其现在正处于信息化社会,儿童很容易接触互联网中的各种信息,而这些信息泥沙俱下、良莠不齐,很容易让判断能力不强的儿童误入歧途。因此净化社会环境、调节社会生活各种因素的力量使之形成积极正确的教育合力是培养儿童良好品德的重要环节。

4. 同伴团体

小学期间同伴团体对儿童有重要影响,它为儿童提供了学习与同伴交往的机会。在团体活动中,儿童学习处理各种关系中的社会问题,社会交往可得到进一步扩展和提高。同伴团体还可以为儿童提供形成和评价自我概念的机会,同伴的拒绝与接受反应,使儿童对自己有了更清楚地认识。同伴团体能够全面影响儿童的道德认识、道德情感、道德意志和道德行为,积极向上的同伴团体对儿童品德的发展有积极的影响,消极不良的同伴团体会对儿童的品德发展产生恶劣的影响。所以教师、家长除了要关心儿童的学习外,对儿童的交友也要多加关注。

(二) 影响小学儿童品德发展的内部因素

生物因素对人格的形成和发展具有重要的影响,遗传、生理缺陷等生物因素对品德形成和发展的影响也是非常明显的。例如反社会性人格障碍患者具有高度攻击性、无羞惭感、社会适应不良等特点,这类人群常于童年期或青少年期(18岁以前)就出现品行问题,并长期持续发展至成年或终生。近年来,反社会型人格障碍的遗传学因素在犯罪学研究中越来越受到关注,已发现人格障碍与某些基因的多态性或基因突变存在关联。动物和人体实验提示,攻击行为与中枢五羟色胺功能呈负相关,即中枢五羟色胺功能不足是攻击行为的生物学基础。[①] 生理因素也容易对品德的形成产生影响,具有生理缺陷的青少年由于自身的生理缺陷,往往不能够正确认识自己,易产生自卑心理,而自卑又容易使他们离群、孤立、丧失自信、缺乏荣誉感,外在表现则为忧郁、悲观、孤僻等。

品德的形成和提高离不开人的主观努力,即人的主观能动性。一个人刻苦努力,积极向上,从而能够形成良好的品德,而若胸无大志、饱食终日、无所事事,就难以形成良好的品德。虽然品德的形成和发展受外部因素影响非常大,但只要坚定信心、一心向上、不随世俗、洁身自爱,即使生活在逆境和恶劣的成长环境当中,假以时日能够成长为一个品德高尚的人。

四、品德的发展理论

(一) 皮亚杰的道德发展理论

皮亚杰采用对偶故事法研究了儿童的道德发展。对偶故事法即向儿童提供各种有关道德的成对故事,在每对故事中都有因某种故意或无意的行为造成的不良后果,然后

---

① 谭钊安,张建平,曾彦英等. 中国汉族反社会人格障碍人群 SLC6A 基因启动子区基因多态性的分析[J]. 南京医科大学学报,2004,24(6):630-632.

问儿童引起这两种结果的哪一种行为是"更坏的"。例如：

故事1，一个叫约翰的小男孩在他的房间时，家里人叫他去吃饭，他走进餐厅，但在门背后有一把椅子，椅子上有一个放着15个杯子的托盘。约翰并不知道门背后有这些东西，他推门进去，门撞倒了托盘，结果15个杯子都撞碎了。

故事2，从前有一个叫亨利的小男孩。一天，他母亲外出了，他想从碗橱里偷拿出一些果酱吃。他爬到一把椅子上，并伸手去拿，由于放果酱的地方太高，他的手臂够不着，在试图取果酱时，他碰倒了一个杯子，结果杯子倒下来打碎了。

皮亚杰对每个对偶故事都提两个问题：1. 这两个小孩是否感到同样内疚？2. 这两个孩子哪一个更不好？为什么？

皮亚杰发现不同年龄儿童判断的标准不同，年龄小的儿童往往根据行为后果来判断行为的好坏，很少考虑到行为的动机和目的，因而认为故事1中的约翰"更坏"，而年龄大的儿童则会根据行为的动机和目的来判断，认为故事2中的亨利"更坏"。根据自己的系列研究皮亚杰发现，儿童的道德判断是从早期的注重行为结果的评价向注重行为的动机发展的，其道德认知水平从"他律"向"自律"发展，并把儿童的品德发展划分为四个阶段。

第一阶段：自我中心阶段。此阶段大约出现在2～5岁以前。这时期儿童还不能把自己同外在环境区别开来，而把外在环境看作是其自身的延伸。规则对他来说不具有约束力。皮亚杰认为儿童在5岁以前还是"无律期"，顾不得人我关系，而是以"自我中心"来考虑问题的。

第二阶段：他律道德阶段（5～9岁），以学前儿童居多，该时期的儿童服从外部规则，接受权威制定的规范（如父母、老师），把人们规定的准则看作是固定的、不可变更的，而且只根据行为后果来判断对错（打破杯子就是坏事），而不考虑行为动机，故又称之为道德现实主义阶段（无意打破15个杯子比有意打破1个杯子更严重）。

第三阶段：自律道德阶段（9～10岁）。这一阶段的儿童已不把准则看成是不可改变的（不再盲目服从权威），他们开始认识到道德规范的相对性，同样的行为，是对是错，除看行为结果之外，也要考虑当事人的动机，故而称之为道德相对主义阶段。这一时期的儿童，日益关注其他同伴，关于平等的争端需要通过谈判解决，并做出妥协。相互尊重的态度支配着同龄人之间的关系，而不是第二阶段中对父母的单方面尊重。

按皮亚杰的观察研究，个体的道德发展是与其认知能力发展齐头并进的。因此，对一般儿童来说，自律阶段大约跟形式运算阶段（11岁以上）同时出现。

第四阶段：公正阶段（10～12岁）。这一阶段的儿童倾向于主持公正、平等。公正的奖惩不能是千篇一律的，应根据各人的具体情况进行。①

（二）柯尔伯格的道德发展理论

柯尔伯格（L. Kohlberg），美国心理学家，他采用道德两难故事，通过与儿童进行道德谈话来研究道德判断的发展特点。两难故事创设了一种道德两难情境，要求儿童作

---

① 皮亚杰. 儿童的道德判断[M]. 傅统先，译. 济南：山东教育出版社，1984.

出选择:人的行动是应该遵从规则和权威,还是应该遵从与此相冲突的他人的需要与利益?例如下面这两个两难故事。

故事一:"海因茨偷药"。一位妇女因患有一种特殊的癌症而濒于死亡,医生们认为只有一种药或许能挽救她的生命,就是镇上的药剂师最新研制的一种药,这种药的成本昂贵。这位病人的丈夫叫海因茨,他向他认识的所有人都借了钱,但仅仅够药价的一半。他向药剂师恳求,说他的妻子快死了,求求他便宜一点卖给他或者允许他以后再支付另一半的钱。但药剂师却说:"不行,我研制该药的目的就是为了赚钱。"所以,海因茨绝望了,他后来闯进了药店,为他的妻子偷了治病的药。海因茨应该这样做吗?

故事二:"警官的矛盾"。与海因茨同住一镇的警官布朗先生,夜间值班后在回家的途中,正好看见海因茨打破窗户进入药房,而且他也听说过海因茨先生缺钱买药的困境。布朗应该阻止海因茨吗?

基于不同儿童的回答,柯尔伯格和他的同事将道德判断分为六个阶段,这六个阶段又分成三种道德水平,形成了三水平六阶段的道德发展阶段论。

水平一　前习俗水平(0~9岁)

该水平的特点是个体还没有内在的道德标准,而是取决于外在的要求。他们用来作为道德判断的基准取决于人物行为的具体结果及其与自身的利害关系,是以自我为中心的。

阶段1:惩罚与服从定向阶段(将行为的后果作为是非标准)

此阶段儿童还没有真正的道德概念,个体以行为对自身所产生的后果来判断这种行为的好坏,而不管这种后果对人有什么意义和价值,认为只要被惩罚了,不管其理由是什么,那一定是错的。

阶段2:利己主义定向阶段(以个人需求是否得到满足来判断事情的好坏)

儿童评定行为的好坏,主要看是否符合自己的要求和利益。

水平二　习俗水平(9~16岁)

此阶段的儿童能够着眼于社会的希望与要求,并以社会成员的角度思考道德问题,他们已经开始意识到个体的行为必须符合社会的准则,能够了解社会规范,并遵守和执行社会规范。规则已被内化,按规则行动被认为是正确的。

阶段3:好孩子定向阶段(取悦于别人的就是好的)

该阶段的儿童,个体的道德价值以人际关系的和谐为导向,谋求大家的赞赏和认可。凡取悦于别人,帮助他人以满足他人愿望的行为是好的,否则就是坏的,他们的推理由众人的共同愿望和一致意见决定。

阶段4:法律与秩序定向阶段(合法合规的才是对的)

处于该阶段的儿童以服从权威为导向,他们服从社会规范,遵守公共秩序,尊重法律的权威,以法制观念判断是非,知法懂法。认为准则和法律是维护社会秩序的,因此,应当遵循权威和有关规范去行动。

水平三　后习俗水平(16岁以后)

该水平的主要特点是想到人类的正义和个人的尊严并已将此内化为自己内部的道德命令,其道德判断超出世俗的法律与权威的标准,不再绝对服从自己所在的团体,而是以普遍的道德原则和良心为行为的基本准则(不是所有人都能达到这一水平)。

阶段5:社会契约定向阶段(将社会价值和个人权利作为是非标准)

人们开始承认某些法律比另一些法律好。现实中有合情不合法的事,也有合法不合情的事。处于此阶段的个体相信,为了维护社会和谐人们应该遵守法律,但他们也会通过特定的程序寻求对法律的修正。

阶段6:原则或良心定向阶段(认为是非是一种个人依照普遍原则所确立的哲学)

如果一个人达到了第六阶段,他的道德判断将建立在对普遍道德行为准则的信仰之上,当法律与道德准则相冲突时,个体将依据他的道德准则做出决策而不考虑法律,决定道德的将是个体内在的良心,即人类普遍的道义高于一切。

第二节　小学生的品德发展

一、小学生道德认识的发展

婴儿期儿童,在成人的影响下,开始有一些道德判断的萌芽表现,能具体地评价某些简单的行为是"好"或"不好",并且用这些判断来调节自己的行为,但这种调节是不稳定的、容易变化的。学前儿童的道德判断虽然还带有很大的具体性和不稳定性,但是已经比较复杂一些了。他们逐步学会从社会意义上来评价道德行为。在一定的情境下可以比较主动地调节和控制自己的行为,虽然他们在很大程度上是受具体的道德范例和已经形成的道德习惯所支配的。这就是说,在整个入学以前的时期内,儿童还不能自觉地用道德原则来判断和调节自己的行为,因为他们还没有形成道德意识,进入小学后道德意识才开始产生。

小学儿童的道德认识的形成和发展主要有三个特点:

第一,在道德知识的理解上,从比较肤浅、表面的理解逐步过渡到比较精确、本质的理解。小学生低年级儿童初步掌握了一些抽象的道德概念和道德判断,但是他们的理解常常是肤浅的,表面的,具体性很强,概括水平很差。例如,他们还不能正确地区别勇敢和胆怯,会把一个虽然感到恐惧却能做出勇敢举动的儿童行为看作是胆怯。在他们看来,勇敢就是什么也不怕,一个儿童虽然能够克服自己的恐惧而做出勇敢的行为,也是不勇敢的。也常常把"谨慎"和"胆小"混同起来。把"勇敢""英雄行为"和"冒险""鲁莽"混同起来,认为在危险的高墙上走就是勇敢。在教师看不见的时候,做出一些不守规则的行动就是英雄行为。

第二,在道德行为的评价上,从只注意行为的效果逐步过渡到比较全面地考虑动机和效果的统一关系。小学儿童由于对道德知识的理解不精确、不全面,在道德评价上,常常有很大的片面性、主观性。一般说来,小学低年级,甚至中年级儿童,在评价道德行为的时候,主要是根据行为的效果,主要是看这种行为是否和预期的效果相一致,如有些儿童对一个想帮助母亲收拾餐具,但因动作失误而打破了盘子的儿童做出不好的评价。在教育的影响下,大约到了高年级的时候,儿童评价道德行为才逐渐注意到行为的动机,并把动机和效果结合起来考虑。例如,他们开始能对出于无心而犯了过错的同学,表示一种责备、惋惜、同情和谅解的复杂心情。

第三,在道德原则的掌握上,儿童的道德判断从受外部情境的制约逐步过渡到受内心的道德原则、道德信念的制约。小学儿童在很多情况下,判断道德行为还不能以道德原则或道德信念为依据,而常常受外部的、具体的情境所制约。因此他们对同一人物或事物可以在不同的地方做出不同的评价,有时取决于他们印象的强烈性,有时取决于某些品质是在什么情境中表现的。道德信念是在儿童已有的道德知识基础上产生的,它是一个人的道德观点、道德原则、道德情感相联系的道德意识的高级形态。道德知识可能成为形式主义的推动力量,也可能成为产生道德行为的推动力量,很大程度上,决定于这种道德知识是否发展成为道德信念。研究发现一、二年级的学生还没有道德信念,三、四年级开始出现初步的道德信念,五年级开始表现出具有一定自觉性、独立性和坚定性的道德信念。儿童道德信念的产生以及它的深刻性和坚定性,在很大程度上取决于学校教育、教师影响、家族教育和儿童道德经验发展水平。教师从低年级起就要抓住机会,特别是在儿童由于认识和行为不一致而产生的思想斗争中,逐步使儿童学会独立地辨别是非,并能自觉地进行自我教育,这是培养儿童道德信念的重要条件。[①]

二、小学生道德情感的发展

道德情感是人所特有的一种高级情感,它是一个人对自己或他人的动机、言行是否符合社会一定的道德行为准则而产生的一种内心体验。人对自己行为所进行的反省或情绪上的评定,如感到满意、安慰、羞耻、内疚等,被称为是良心,良心是道德情感的一种。道德情感是个人道德行为的内部驱动力,在对学生进行道德知识教育的同时,要特别注意道德情感的培养。道德情感的内容非常广泛,有涉及个人的,如自尊感,有涉及集体的,如集体荣誉感,有涉及国家的,如爱国主义和国际主义情感。道德感从形式上大致可分为三种:① 直觉的道德感。它是由对某种情境的感知而引起的,产生迅速、突然,自觉性较低。例如自己或别人由于行为失范而受到人们的讥笑,便会产生一定的道德情感体验。② 想象性的道德感。它是在想起某些有道德意义的人或事的形象时激起的、比较自觉的情感体验。如当人们想起黄继光的形象与事迹时,就会产生革命的英雄主义与爱国主义的情感。③ 伦理性的道德感,这是一种意识到道德理论的更自觉的情感体验,是把道德的感性经验和理性认识结合在一起,对道德要求及其意义有较深刻认识的最概括的情感体验,如爱国主义情感。由于认知发展水平的限制,培养小学生的伦理性的道德情感,既不能急于求成,空谈大道理,也不能满足于情感培养而不进行必要的说理。要对学生动之以情、晓之以理,然后根据他们的理解能力,逐步培养他们自觉的道德情感。

依据小学生的心理特点,可以从以下几个方面培养其道德情感:

1. 创造道德情感环境

要创造道德情感环境,利用共情作用。共情是指体验别人内心世界和情绪情感的

---

① 高岩.德育学原理[M].银川:宁夏人民出版社,2007.

能力。现实生活中我们也经常见到人们在悲伤的环境中容易落泪,在欢快的气氛中容易愉快。小学生的情绪很易受感染,直觉的道德情感占优势,因此教师要有意创造某种情感气氛,引发学生相应的情感体验。例如可以利用各科教学激发学生的情感体验,特别是语文课、音乐课等,其教学内容本身就是道德教育的良好范本。教学时,教师应进入角色,体现教学内容的思想感情,并通过表情、手势、眼神等表现出来。也可以在活动中激发情感。如通过主题班会、戴小红花活动、讲革命传统故事等,让学生沉浸在激动的情绪气氛中,使教师与学生、学生与学生之间相互感染,达到情感互动的效果。

2. 丰富道德表象

小学生模仿能力强,容易受榜样和示范的影响,也富有想象力,因此充分利用种种高尚的道德形象,丰富小学生的道德表象,给儿童留下深刻的印象,可以起长久的情感激励作用。要利用电影、电视、文学作品等,提供丰富的道德表象,激发儿童情感上的共鸣,并通过长期影响形成心理积淀,为形成高尚的道德情感打下基础。

3. 形成道德信念

认识是情感的基础,正所谓"知之深,爱之切"。培养道德情感,首先要使儿童形成正确的道德观念,并同时激发与之相应的道德情感。如批评错误行为时,教师要指出什么行为是错的,什么是正确的,并以赞赏或否定的态度,使学生产生相应的自豪或羞愧的情感体验。

三、小学生道德意志的发展

道德意志能促使人们将道德认识、道德情感外化为道德行为,帮助人们自觉地调节自己的言行和情感,克服内外部的种种困难障碍,坚持自身认定的行为,形成行为习惯。当人们坚持某种道德的正义性并决心践行它的时候,就会在内心产生一种坚强的信念和意志力,从而使人们严格要求自己,果断地做出行为抉择,并努力保持自己行为的稳定性和一贯性。小学儿童道德意志发展水平从四年级以后呈明显上升趋势。儿童自从入学后,就开始有意识地参加集体活动,并为争取成为一名符合集体要求的成员,逐步学会了有意识地调节和控制自己的行为。四年级以后,初步形成的集体责任感和义务感开始对行为起支配作用,调节和控制自己行为的能力有了较快的发展。培养小学生的道德意志可以从以下几个方面入手。

1. 培养自觉性

有些学生虽然确立了行动的目标,也有了计划,但是缺乏积极主动的精神,目标计划都会落空,这是自觉性不强的结果。作为班主任,要增强学生的自觉性。经常利用班会课组织学生学习《小学生守则》《小学生行为规范》,通过这些方法来规范学生的行为,如要求学生按时到校、专心听讲、认真完成作业、发言要举手、上课时不说话、不搞小动作等,只有当这些外部的影响和要求被学生所接受,并转化为其内部的道德需要,形成某种道德信念且表现在一定的行为中的时候,学生才开始形成自觉的能力。

2. 培养自制性

自制性是指善于克制自己的情绪,并能有意识地调节、支配自己的思想和行为能力。教师可以结合"学生一日常规"的教育,让学生懂得约束自己,引导学生切实从小事着手,强化良好的行为习惯,针对学生实际,教育学生克制自己。班主任更要善于培养其自制性,让学生能够控制自己的情绪,使自己的需要服从整体的利益,克服来自各方面的困难,冷静处理问题。

3. 培养果断性

未来社会需要的接班人要善于把握机遇,要具有果断决策的能力,而现在有的学生胆小、做事犹豫不决、懒于思考,有的冒失轻率、轻举妄动。教师要注重培养学生意志的果断性。学生自己能做的事情,教师不要全权代劳。比如,组织班队会、编排文艺节目、自制小报等,教师完全可以让学生自己组织,给学生更多锻炼的机会,让他们养成独立、自觉做事的习惯,锻炼他们果断处理问题的能力。

四、小学生道德行为的发展

道德行为是判断一个人道德是否高尚的最主要的标准,德育的最终目标是让小学生形成良好的道德行为习惯。我国教育家叶圣陶曾说:"积千累万,不如养个好习惯。"从中可以看出道德行为的规范和习惯的养成对我们人的一生是何等重要。在整个小学阶段,学生品德的可塑性很大。低年级的学生道德行为的一致性较差,还没有形成道德行为习惯,四年级以后逐步养成初步的道德行为习惯。但从总体来看,小学生的道德行为习惯还不牢固,容易变化。

人们常说:"察其言,观其行,重在行。"儿童的品德总是以道德行为来表现的,也是在不断的道德行为中形成和发展起来的,道德行为是指按照一定的道德原则和规范来约束自身行动,并使之成为自己的日常习惯。一个人把道德认识转化道德行为不是一件容易的事情,特别是小学生由于坚持性较差,自制力不强,即使初步具备了辨别是非、好坏的能力,也往往会出现错误。因此,要注重对小学生进行良好道德行为习惯的训练。

习惯是在生活和教育过程中逐渐形成与培养起来的,行为习惯的形成,一是要破坏已形成的不良习惯,二是要不断重复良好的道德行为。习惯的形成主要是依靠简单的重复和有意识的练习。因此,要形成儿童良好的行为习惯必须从这两个方面着手:第一,创造良好行为的情境,让儿童不断地进行重复,每次重复都要给予肯定或赞扬。例如,班上可设立"好人好事登记簿",鼓励和表扬儿童做好事。对不良行为必须注意不给任何重复的机会,并教育儿童与坏习惯做斗争。第二,开展一些有益的活动,让儿童在这些活动中,有意识地练习良好的行为习惯。如,开展"五讲、四美、三热爱"的活动,培养儿童的文明行为和习惯。

第三节 小学生的品德不良及转化

一、品德不良的含义

品德不良的学生是指经常违反道德准则或犯有较严重道德过错的学生,有的甚至处于犯罪的边缘或已有轻微犯罪行为。小学生中常见的品德不良包括：欺凌、撒谎、偷窥等。品德不良既不是道德过错，也不同于违法犯罪。道德过错是品德不良的前奏，其严重性、稳定性还没有达到品德不良的程度，品德不良又常常是违法犯罪的前奏，违法犯罪常常是品德不良进一步发展的结果。对品德不良学生的教育，不仅对其本人，而且对其所在的班集体、学校，乃至社会都非常重要。矫正学生的不良品德，既要了解导致其不良品德的主客观原因，还应采取科学有效的矫正方法，采取符合其心理活动规律和心理特点的教育措施。

二、品德不良产生的原因

小学生品德不良不是天生的，其影响因素是多方面的，也是异常复杂的，几乎没有任何一个因素肯定会导致品德不良，也没有任何一个因素肯定会导致品德高尚。归纳起来主要有以下几个方面。

（一）客观因素

1. 家庭因素

父母是子女的第一任教师，家庭是学生接受品德教育的启蒙学校，父母的一言一行潜移默化地影响着子女品德的形成。家庭中的某些不当教育和不良因素是形成学生不良品德的首要原因。现代家庭教育中存在的突出问题如下。

第一，言行不检点，身教、言教差。有的父母没有给子女做好表率，或者家风不正、行为不检点，或者父母关系不和，甚至父母离异造成家庭结构破裂。父母的这些行为表现对子女的品德都会产生消极的影响。

第二，养而不教，重养轻教。有些父母只重视满足子女的物质需要，而忽视对子女的品德教育。

第三，宽严失度，方法不当。有的家庭缺乏教育子女的正确原则和方法，出现种种偏向，或者管教不严，错把宽容当爱护；或者管教过严，错把粗暴当严教，有时这两种偏向还会交替出现。他们有的对子女一味溺爱娇惯，偏袒护短，甚至埋怨别人，责怪学校。相反，有的人一发现子女的缺点和错误，就动辄训斥、打骂、驱赶。这些做法，使子女对父母望而生畏，怨恨不已，甚至离家出走，在外游荡，也会造成严重后果。

第四，要求不一致，互相抵消。有的父母对子女道德要求不一致，有的放纵，有的过严，对子女行为的评价也各持己见，甚至当着子女的面唱"对台戏"，久而久之教育作用也就互相抵消。在这种矛盾的情况下，孩子往往无所适从，对道德规范迷惑不解，甚至养成表里不一的"双重人格"。

2. 学校因素

学校是专门培养人的教育机构，学生的品德主要是通过学校教育来培养的。但是，如果教师教育理念偏激，教育措施不力，教育方法不当，都可能妨碍学生良好品德的形成，造成学生不良品德的蔓延和恶化。现代学校教育中存在的突出问题如下。

有的教师对学生不能一视同仁，对学习差或者有缺点错误的学生经常讽刺、挖苦、斥责，使这些学生得不到热情关怀和及时教育，由此学生产生了逆反心理，甚至助长了错误发展的趋势。有的教师在处理学生中的问题时，采取息事宁人的态度，对问题不做彻底的处理;或者采取惩罚主义的做法,给学生以罚站、停学和其他不适当的处分。这样,不仅使学生得不到深刻教育,反而会因产生对立情绪失去改正错误的信心。少数教职工的不良品德也会给学生的品德产生直接的不良影响。学校教育与家庭教育脱节,互不配合,各行其是,削弱了教育力量,甚至互相抵消。

3. 社会因素

学生随着年龄的增长,越来越广泛地接触社会的各个方面,社会对他们的影响也越来越大。而社会影响是错综复杂的,社会上某些不健康的影响是形成学生不良品德的首要原因。譬如,现在的青少年能轻易地接触到网络,而网络上的信息良莠不齐,青少年判断是非的标准还未成形,因此很容易受到不良信息的影响。还有些势力故意利用青少年的无知和好奇,对他们进行欺骗和腐蚀,宣扬不劳而获、金钱至上、及时行乐等消极的思想意识和生活方式,如果不严格控制、正确引导,往往会使某些缺乏分析判断能力的学生在心灵上蒙受毒害,形成不良的品德。[1]

(二)主观因素

1. 错误的道德认识

小学生正处在品德形成发展的过程中,他们的道德认识还不明确、不稳定,而且缺乏独立的道德评价能力,不能明辨是非、分清善恶。因此,他们容易受社会上某些不良风气的影响从而形成某些错误认知。例如,有的学生认为,"勇敢"就是天不怕、地不怕,敢于在班上逞强闹事,违反课堂纪律。错误认知的恶性发展,使得少数学生经不起不良因素的诱惑,被强烈的私欲所驱使进而做出一些违反道德规范、损害他人利益的行为。

2. 异常的情感表现

品德不良的学生由于受不良环境和错误观念的长期影响,造成了情感上的一些异常状态。他们爱憎不明,有时情感失去理智的控制,他们同教师、父母和其他一些关心他们的人情感对立,存有戒心,而与他们的"伙伴"却情感相投。他们中有些人性情暴躁,喜怒无常。这些情感的特点既是品德不良的一种结果,也是引起新的不良行为的重要原因。在某些特殊的情境下,他们可能激愤冲动,暴跳如雷,甚至丧失理智,出现不良行为,造成严重后果。

3. 明显的意志薄弱

不良品德的学生往往由于缺乏坚强的道德意志,不能用正确的认识战胜不合理的欲望而发生不良行为。例如,有的学生明知打架、斗殴、扒窃等行为是错误的,但是由于意志薄弱,正确的认识不能见诸行动,所以"明知故犯",常常不能克制自己的这些行为。当教师对他进行教育,他刚刚表示"决心改正",往往由于缺乏自制力,经不起"伙伴"的挑动和诱惑而重犯错误,有时在改正错误的过程中,时常出现反复和曲折。

4. 不良的行为习惯

一种不良行为的发生开始可能是偶然的,但是在他侥幸得逞之后,这种不良的行为方式就会与个人欲望的某种满足发生联系,经过多次重复,便养成了不良的行为习惯。

---

[1] 徐胜三.中学教育心理学[M].北京:人民教育出版社,1993.

不良的行为习惯一旦形成,学生就会不知不觉地采取类似的不良行为,仿佛不那样做就感到不自然,甚至产生不愉快的情绪体验,于是不良的行为习惯就成了产生不良品德的内部因素。

三、品德不良的矫正

小学生正处在长知识长身体的重要时期,他们的人生观、价值观、世界观尚未固定,其品德不良的行为通过坚持不懈的教育是完全可能矫正的,但这是一个艰巨、细致、复杂的教育过程,需要家庭、社会、学校的配合,采取符合小学生年龄特点、心理倾向的教育措施,才能取得良好的教育效果。品德不良的矫正也要从道德认知、道德情感、道德意志、道德行为四个方面入手,"晓之以理、动之以情、持之以恒、导之以行",同时要注意以下几个方面。

1. 改善人际关系,增强进步信心

品德不良的学生,由于经常受到老师的批评和同学的歧视,一般都比较敏感,对老师和同学怀有戒心和敌意,与老师同学相处时或回避、或无礼,但他们又很需要理解,需要信任。要消除这些学生的疑惧心理和对抗情绪,关键在于改善师生间和同学间的关系。最重要的是老师要真心实意地爱护学生,有人说"爱自己的孩子是人,爱别人的孩子是好人,而爱别人不爱的孩子才是教师的崇高境界",要尊重和亲近他们,用班集体的合力帮助他们。教师应教育班级里的所有同学,要正确对待这些品德不良的学生,不能疏远他们,不能有任何的讽刺、挖苦、鄙视的表现,让他们体会到集体的温暖,与同学们共同进步。

2. 发现闪光点,保护自尊心

自尊心是一种个人要求社会集体和他人对自己的信任和尊重的情感。有些学生过多地受到指责、讽刺、冷漠,造成自尊心严重缺乏,因此,教师要善于发现他们身上的闪光点,有微小进步,及时进行表扬和赞许、鼓励和支持,使他们增强自信心,有勇气去克服不良的习惯。如有意识地让他们为教师或同学做一件他们认为力所能及的事,担任卫生委员、小组长、课代表等,使他们看到自己的力量和进步。同时老师还要注意在学生个人自尊心的基础上培养他们的集体荣誉感,这是激励学生团结互助、共同进步、共同成长的力量。

3. 提供正反范例,提高辨别能力

培养是非感和提高辨别是非的能力是学生自觉改正错误行为和坚持正确行为的重要心理因素。实践表明,向学生提供有正、反两方面经验教训的生动范例是提高品德教育效果的有效方法。通过现实生活中或艺术作品中的生动范例,能使学生对照自己,进而受到触动和教育,从而明辨是非,分清好坏,从内心真正意识到改正错误的重要性,在此基础上教师逐渐向他们提出进一步的要求,激起他们的进取心,明确前进的方向,树立正确的人生观、价值观,从歧途走向正道。

4. 善于区别对待,因事因时制宜

品德不良行为的学生性别、年龄特点各不相同,所犯错误的性质、情节、程度也不尽相同,因而对他们的教育要区别对待。一般来说,低年级的学生出现某些不道德行为表

现多半是由于缺乏道德认知,由于一时好奇或一时冲动而不自觉地犯了错误。因而,对他们的教育要采取正面引导的方法。高年级的学生出现不道德的行为表现大多是由多种原因造成的,对他们的教育必须根据错误的性质、情节、严重程度,选择合适的教育方法。

总之,由于小学生品德不良行为的产生原因是多方面的,因而教师在矫正时不要千篇一律,应从实际出发,遵循"一把钥匙开一把锁"的教育原则,讲求教育实效。只要我们真正地热爱关心学生,循循善诱,因势利导,学生的不良品德行为一定会得到矫正①。

本章小结

品德是个体依据一定的道德准则行动时所表现出来的稳固的心理特征,与道德既有区别又有联系。品德包括道德认识、道德情感、道德意志、道德行为四种成分,它们互相联系、互相渗透。影响小学生品德发展的外部因素主要包括家庭、学校、社会、同伴团体等,内部因素包括遗传条件、生理状况、个人主观能动性等。皮亚杰采用对偶故事法研究了儿童的品德发展,把儿童的品德发展分为四个阶段。柯尔伯格采用道德两难故事,通过与儿童进行道德谈话来研究道德发展,形成了三水平六阶段的道德发展阶段论。小学生品德不良不是天生的,其影响因素是多方面的,也是异常复杂的。品德不良的矫正也要从道德认知、道德情感、道德意志、道德行为四个方面入手,"晓之以理、动之以情、持之以恒、导之以行"。

思考训练

1. 品德与道德的关系是什么?
2. 举例说明品德的四个心理结构的区别及联系。
3. 品德不良的矫正要注意哪些方面?
4. 皮亚杰把儿童品德的发展分为哪四个阶段?
5. 简述柯尔伯格的三水平六阶段的道德发展阶段论。
6. 如何培养小学生的道德意志?
7. 影响品德不良形成的因素有哪些?
8. 在进行品德不良矫正时要注意哪些问题?

---

① 南京彩.关于小学生不良品德的矫正[J].教育艺术,2014(06):15.

第十一章
小学生的人际关系

内容提要

人际关系是社会生活的重要部分,良好的人际关系,不仅有益于小学生的心理健康,也能促进其认知能力的发展。小学生在与人交往的过程中学习社会规范和与人相处的技巧。在社会学习过程中,小学生学会了适应,在适应中又得到了发展。通过本章学习,了解小学生亲子关系、师生关系以及同伴关系的特点及影响因素,能够帮助小学生建立良好的人际关系,并针对不同类型交往障碍的孩子进行差异化教育。

一天,老师收到小明的谈心日记,上面写着:"高老师,我认为妈妈是世界上最讨厌的人,我不喜欢她,恨她。真希望她不要在我面前出现。"看了他的谈心日记,老师很震惊,小明的妈妈其实是一位非常慈祥的母亲,为什么小明会讨厌她,恨她呢?

第一节 亲子关系与小学生心理发展

父母是孩子的第一任教师,小学生虽然在学校度过了大部分时光,但对家庭仍有强烈的依赖感。父母的教养方式、对子女的关切程度、成就期待及为其提供的情感和社会资源对儿童发展具有重要影响。家庭是一个系统,在这个系统中,不只是父母会影响儿童,儿童也会影响父母的行为和教育方式。

一、父母的教养方式

父母在教养孩子时,有两个方面非常重要,一是温情,二是控制。温情是指父母对孩子做出的反应的性质和数量。有些父母对孩子的要求非常敏感并积极做出回应,对孩子亲切和蔼,当孩子有良好的表现时,热情地赞扬、肯定、鼓励他们,为他们的出色表现感到骄傲。有些父母则表现得冷漠迟钝,对孩子的表现视若无睹,很少做出反应,或者常常责备孩子。这样家庭里的孩子往往很少感受到家庭的温暖、父母的爱护,他们常常觉得自己是多余的、不受重视的。控制是指父母对儿童管理和监督的程度。有些家长对子女有很多的要求,严格要求儿童执行,并伴有赏罚措施;有些家长则给孩子较多自由发展的空间,允许孩子发展自己的兴趣、爱好,表达思想和情感。温情和控制是两个相互独立的维度,它们可以组成四种教养方式,即权威型、专制型、放纵型和忽视型,它们对儿童的认知和社会性发展均产生影响。

(一) 权威型父母

权威型父母对孩子的态度是积极肯定和接纳的,对儿童有明确而成熟的要求。他们对儿童的控制是建立在理性的基础上的,在向儿童提出要求或命令时,通常会向儿童解释这样做的理由,同时也能倾听儿童的心声,考虑儿童的需要。一旦做出决定,就要求儿童坚定不移地执行,毫不妥协。他们也给儿童相当的自由度,允许他们自主地探索。权威型父母对待儿童是民主加纪律,既关心、爱护、尊重儿童的个性与意志,又不允许他们为所欲为。这类父母的子女往往更可能服从父母的要求,更加独立与自信。他们往往有较好的学业成绩,有更高的理想与抱负,与同伴相处融洽,表现出较多的利他行为,在青少年时不太可能表现出偏差行为。

(二) 专制型父母

专制型父母对儿童严厉、粗暴,缺少温情。他们滥用权力,要求儿童绝对服从,却很少对儿童说明为什么要这么做。为使儿童服从,他们常常运用惩罚和剥夺爱的策略。生活在这样的家庭里,儿童完全受制于父母,个人意愿得不到尊重,儿童感到愤怒和拘束。由于亲子之间缺乏沟通,孩子无法向父母学到适当的社会技巧,一般不善于交往,对学校生活适应较差。有些儿童对他人充满敌意,攻击性很强,不能自控。有些儿童则是抑制、退缩的,缺乏自信,游离于群体之外。

(三) 放纵型父母

放纵型父母对儿童高度接纳和肯定,允许儿童自由表达思想和感情,但很少提出控制和要求,偶尔对儿童提出纪律要求却不能坚持下去。过度的放纵会使儿童误认为自己是世界的中心,他的愿望和要求就是法律,一旦得不到满足就会觉得全世界都辜负了他,从而心生怨恨。由于父母对孩子的迁就,他们没有学会处理问题的方法,在学校与同伴相处时的表现往往不够成熟,攻击性强。他们的责任心和独立性都较差。

(四) 忽视型父母

忽视型父母对儿童缺少关注与爱,很少提出要求与控制。对儿童的要求缺乏回应,让儿童感到受到忽视与冷落,情感需求得不到满足。这类父母的子女不仅社会交往及学业表现上皆有缺陷,也常会变成具有敌意及反叛的青少年,易出现行为偏差。

父母教养方式不当、监督不力,儿童可能会面临很多危机。专制的父母要求孩子绝对服从,并常以体罚的方式控制儿童,无疑给儿童树立了一个坏的榜样;放纵的父母对儿童的攻击与敌意行为视若无睹、轻描淡写,事实上纵容了儿童的不良行为;忽视的父母对儿童的行踪、所交的朋友和从事的活动漠不关心,儿童的不良行为得不到及时的制止与矫正。生长在这些家庭中的儿童由于得不到正确的教导,在学校中常常表现出一些破坏性的行为,因而不受欢迎。在与同伴的交往过程中常以武力而不是协商的方式解决冲突,引起同伴的反感和厌恶,遭到同伴团体的拒绝。他们在学校中找不到归属感和成功感,易过早流向社会,结交不良朋友,有可能走上违法犯罪的道路。帕特森等人提出了一个习惯性反社会行为发展模式(如图 11-1)。从这个模式中,我们不难看出父母教养方式与青少年违法行为的因果关系。

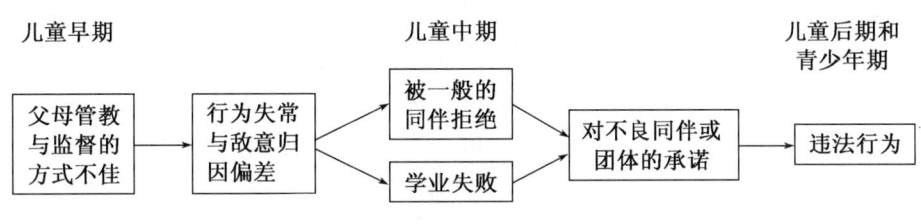

图 11-1　习惯性反社会行为发展模式

我国学者的一项关于小学二年级学生的研究表明,父母教育方式与儿童的学校适应状况有关。父母双方的严厉性教育方式都与儿童的被负提名、儿童的攻击性以及学习问题有显著的正相关;与儿童的被正提名、儿童的害羞、儿童的语文和数学成绩有显著的负相关。父亲严厉的教育方式与儿童的社交能力有显著的负相关;母亲民主的教育方式与儿童被正提名、社交能力、语文和数学成绩有显著的正相关,与儿童的攻击性和学习问题有显著的负相关。综合起来,父母管教方式为严厉型的儿童在学校的社会适应和学习方面更易出现问题,而采用民主型教养方式的父母,他们的子女倾向于更好地适应学校的学习和社会活动。① 还有学者对亲子关系、社会行为及同伴接受性进行了追踪研究。这项研究以小学二年级儿童为被试,以母亲与子女亲密和融洽程度作为亲子关系的指标,结果发现早期的亲子关系对后期儿童的攻击性有显著的负面影响,与母亲关系和睦的儿童具有更低的攻击性和破坏性;早期儿童攻击性对后期亲子关系也有显著的负面影响,即儿童的不良行为令他们与母亲的关系紧张。这说明亲子关系与儿童的影响是双向的,不仅父母会影响孩子的行为,儿童自身的行为也会影响父母对待他们的方式和情感。但是这项研究发现亲子关系与儿童亲社会行为之间无显著关系。这可能是因为亲社会行为不像攻击、破坏行为那样会对别人带来伤害性的后果,因而也就不那么引人注目,也不会引起父母的强烈的情绪反应。反过来,由于父母对儿童亲社会行为的情绪反应较低,亲子关系对儿童亲社会行为的影响可能就不大显著了。②

霍夫曼等人还专门研究了惩罚这一普遍性的教养方式对儿童社会化的影响。他们把惩罚分为强制和"爱的收回"两种。强制是指父母对儿童的体罚、冷漠地拒绝、剥夺以及威胁等。研究表明,强制方式会阻碍儿童对社会道德规范的内化,同时也会降低儿童良知的发展。之所以会产生这样的结果,是因为强制会引发孩子的敌意,同时又提供了一个表达敌意的方式,即父母的惩罚方式无意中向儿童提供了如何打人的模式。"爱的

---

① 曾琦等.父母教育方式与儿童的学校适应[J].心理发展与教育,1997(2),46-51.
② 岑果桢等.品德心理研究新进展[M].上海:学林出版社,1999.

收回"是一种心理上的惩罚方式,它表现为父母不理睬、孤立儿童,对儿童表示失望等。这种惩罚方式会导致父母与儿童感情的破裂,使儿童体验到对自身安全的威胁和焦虑感。霍夫曼等人的研究表明,父母使用这种方式,会使儿童产生过重的内疚感,刻板地而不是灵活地去遵守社会行为规则。但霍夫曼后期和金(King)的研究又指出,那些有着强烈的亲社会行为和道德责任感的儿童,他们的父母对其惩罚常富有情感性,并伴随着合理的解释,而且父母一般采用权威型的教养方式。① 切恩的研究表明,惩罚加上说理比起单纯的惩罚更为有效。他以幼儿园和小学三年级的儿童为被试,将他们分成三组:① 只有惩罚;② 惩罚加上简单的规则说明;③ 惩罚加上详细说明。当儿童独自面对这些玩具时,观察他们的表现。结果发现,第三组孩子即惩罚加上详细说明的孩子拒绝玩那个被禁止玩的玩具的次数最多,时间也最长,而且年龄越大,这种效果越明显。然而,只提出规则不加说明,年龄较大的儿童违反规则的现象也最多,因为他们已不再像年幼儿童那样慑于成人的威严,对成人的规则开始怀疑了。②

二、父母离婚对儿童的影响及教育对策

(一)父母离婚对儿童的影响

虽然同国外相比,我国的离婚率较低,但其发展呈上升趋势,这意味着已有或将有相当数量的儿童生活在父母离异的家庭中,他们只和有抚养权的一方生活在一起,有些则被交给祖父母代养,或者因父母双方均不愿养育而独自生活或流浪街头。离婚给儿童心灵带来巨大的伤痛,对儿童心理的负面影响是相当大的。

第一,他们觉得父母不再爱自己,至少是不像以前那样爱自己,否则为什么要离开自己呢?小学生虽然一般不会像学前儿童那样将父母感情失和归罪于自己,但父母争吵的景象会长期留在他们的脑海里,可能会令他们将来对婚姻生活没有信心,对婚姻产生恐惧。一项追踪研究表明,父母离婚时孩子是学龄儿童或青少年的人,虽然没有父母离婚时孩子是学前儿童的人那么痛苦,但在十年后却是对这痛苦记忆最深的人。

第二,由于父母离婚,家庭结构和关系骤然发生了变化,由核心家庭变成非核心家庭。表面上只是家中缺少了爸爸或妈妈,但亲子关系的实质已发生了改变,对孩子的社会化十分不利。国外的研究表明,父母离婚对男孩、女孩的影响大有不同。男孩的反应更为激烈,常表现出很强的攻击性。离开父亲的男孩会有较强的挫折感和失落感,因为他们过去与父亲在一起的时间较多。而女孩内心的痛苦则持续很长一段时间,她们对与男孩或男人的关系缺乏自信,在青春期易有过早的性行为。女孩在父母离婚两年后,其情绪上所受到的干扰大都能复原。男孩在相同的时间内也能有很大的进展,不过,许多男孩与父母、教师和同伴间的关系会有情绪上的苦恼和问题。研究表明父母离婚后,孩子与同性别的家长共同生活更有利于他们的适应。

第三,父母离婚可能会对儿童的人格和社会性发展产生不良影响。我国学者陈会

---

① 张丽华.父母的教养方式与儿童社会化发展研究综述[J].辽宁师范大学学报,1997(3):19-22.

② 李丹.儿童发展心理学[M].上海:华东师范大学出版社,1987.

昌调查了小学一、三、五年级902名来自离异家庭的小学生社会性发展的特点。结果发现，无论是由儿童自我评定还是由教师评定，离异家庭子女的同伴关系都明显不如完整家庭子女。他们自我报告中的亲子关系不如完整家庭子女，对家庭和父母的满意感低，自我控制力差。根据教师评定的结果，离异家庭子女在情绪、性格、品德、学习四个方面有问题行为的人数比例，也大大高于完整家庭子女。[①]

（二）离异家庭子女的教育对策

要使离异家庭子女健康成长，既需要父母的努力，也需要学校等社会支持系统的配合。作为父母，首先要抛开夫妻之间的恩怨，尽量忘却离婚给自己带来的痛苦，控制自己的情绪，为孩子创设一个和谐、温馨的家庭环境。要把成人之间的感情同亲子关系分开来，不要因为夫妻关系的结束而中止亲子关系。离开孩子的一方，要一如既往地关心、爱护孩子；与孩子生活在一起的一方也应尽量为这种亲子关系创设条件。总之，既不要对孩子不闻不问，也不要溺爱有加，放松对孩子的要求。

教师在帮助来自离异家庭的儿童心理适应方面起着重要作用。首先，教师应教育学生不要歧视父母离婚的儿童，不要讽刺和挖苦；要理解、同情和帮助这些孩子，主动与他们交朋友，给他们关爱和友情，帮助他们克服心理、学习和生活上遇到的困难，尽快适应新的生活。其次，要主动与孩子的父母沟通，让家长了解孩子的在校表现，对离异家庭子女表现出的不良心理品质和行为习惯及时引导和教育。

三、虐待儿童

通常大多数的父母对自己的孩子都关爱有加、精心呵护，但是也有极个别父母或照看者未能对孩子的健康成长提供必要的关心与照顾，甚至对孩子进行身体虐待或性虐待，从而对儿童的身体和心理造成严重的伤害，甚至导致儿童的死亡。

身体虐待是指在与儿童的交往过程中，父母或其他照看者故意地、非偶然地使用暴力使儿童受伤或致残的行为。性虐待是指成人对依赖于自己的性未成熟的儿童或青少年实施性活动，儿童不能完全理解这些活动，不能做出正式的同意，或者做出违背家庭角色的社会禁忌行为。

为什么父母会虐待自己的孩子呢？研究表明，虐待型的父母往往与孩子未能建立起安全的依恋关系。布朗发现，70％的受虐待孩子与他们的照看者之间有非安全型的依恋关系，而没有被虐待的孩子中只有26％有非安全型依恋关系。克里滕登考察了虐待型父母与孩子之间关系的表现，她访问了美国弗吉尼亚州122名母亲，其中很多人虐待过自己的孩子。研究发现，普通的母亲通常与孩子和配偶有安全的关系；与此相对，虐待型母亲似乎用权力斗争来看待各种关系，她们倾向于控制孩子，要求孩子服从，并且具有愤怒和不稳定的成人关系。

---

① 周宗奎.现代儿童发展心理学[M].合肥：安徽人民出版社，1999.

第二节 师生关系与小学生心理发展

学校是家庭的延伸,承担着为社会培养合格公民的使命。它通过为学生提供各种课程及活动发展学生的智力,培养他们的能力,陶冶他们的性情。在学校里对学生最有影响的人物莫过于教师了。教师作为课堂活动的组织者和管理者,不仅影响学生的学业成就、思想品德,也对学生的同伴关系、伙伴地位产生影响。当学生认为课堂及教育环境是同他人竞争并证明自己是强者的场所,很难期待他会与同学建立良好的社会和人际关系。在强调能力目标的课堂环境中,课堂很难成为建构理解、互相学习、互相帮助的场所。

一、教师期望与学业成就

教师对学生的学习潜力会形成一定的期望,这些期望进而会影响学生的学习进步情况。首先对这一观点进行验证的是心理学家罗森塔尔(R. Rosenthal)。教师对不同的学生怀有不同的期望,期望不同,对待学生的方式也不同。一般来说,教师常给高期望的学生布置较多的挑战性任务,上课提问的次数多,对正确的回答给予肯定和赞扬,使高期望的学生有更多的机会锻炼和提高他们的能力,并对自己有较强的自信心。当高期望的学生回答不出问题时,教师往往能够耐心地等待或给予适当的提示。当他们答错问题时,教师会重复一次问题,所有这些都会给高期望的学生一个积极的暗示,即只要再努力一些,就可以克服困难。相反,低期望的学生则没有这么幸运,他们很少有机会接触具有挑战性的任务,上课得到的提问次数少,教师等待的时间也短,回答不出问题或得出错误的答案时常受到批评。低期望的学生出现错误的时候,教师不是指导他们如何做,而是直接告诉他们答案。低期望的学生即使成功时也很少得到表扬,这些做法会令其认为自己能力低,也会降低他们追求成功的动机。研究表明,即使是小学一年级的学生也了解教师的期望,在一至五年级之间,他们会逐渐地期望自己有教师所期望的表现。

影响教师期望的因素有很多。第一,学生的外貌。研究表明,大部分教师都认为讨人喜欢的学生比不那么讨人喜欢的学生智商高,教育潜力大。甚至有些教师认为讨人喜欢的学生干了不能让人接受的事,比做了同样事的不讨人喜欢的学生更诚实、更可爱。第二,学生的性别。几乎所有的教师都认为,女生在课堂上比男生更听话,其行为更符合学校的要求。而课堂中令人不满的行为,常常是由于男生引起的。由此,女生要比男生得到更多的赞扬,在学习中得到正面反馈的机会要比男生多得多。第三,学生的家庭社会背景会影响教师对他们的期望。国外的研究表明,教师认为中产阶级家庭出身的学生要比劳工阶级家庭出身的学生获得更好的成绩。第四,学生的智力情况。有研究表明,教师往往对聪明的学生评价比较高,认为智力高的学生比智力低的学生有更多的优点。①

二、教师评定与小学生的伙伴地位

教师除了对学生的学习可能产生影响外,还会影响儿童在同伴中的声望。怀特等人做了一个实验,他们让幼儿园及小学一、二年级的儿童观看一段录像。这个录像是关于一个目标儿童在课堂中的行为的。该儿童在大部分时间里都有良好的行为表现,如注意听课,也会有破坏性的行为,如哈哈大笑或玩纸飞机。在不同的录像带中,教师对这名儿童的反应是不同的。第一组儿童看到的是教师强调好的一面,表扬目标儿童好的行为。第二组儿童看到教师强调儿童的不好的行为,并要求儿童改正,如停止玩飞机,回去工作。第三组儿童看到的是教师责骂儿童。第四组儿童看到的是教师称赞目标儿童的良好表现,但也针对不好的行为提供矫正。控制组的儿童看到的是教师对全班都说些中性的话,对目标儿童的行为没有正面或负面的回应。当儿童看过录像后,对目标儿童的可爱程度进行评定,并推断儿童会不会有协助他人的正面行为或推撞其他小孩的负面行为。研究发现,与控制组儿童相比,因良好行为被称赞的目标儿童被认为较可爱,也被认为较有可能有好的特质,如协助他人。受到责骂的儿童被认为更不可爱,更可能有不好的行为,如打人或撞人。可见,教师可以通过对儿童良好行为称赞或对不良行为的责备而影响儿童在同伴心目中的形象。

三、教学方式对儿童的影响

与父母教养方式会影响子女一样,教师的教学方式也会影响学生。勒温等人做过一个经典性研究,他们让11岁的男孩在下课后参加自己感兴趣的小组活动。每个小组都由一个成人来带领,按这些成人组织活动的方式可将他们分成专制型、民主型或放任型的领导者。专制型的领导者指派工作及工作伙伴给每个男孩,采用命令的方式,而不说明理由。民主型的领导者引导男孩选择自己的工作和工作伙伴,允许男孩参与计划的制订。放任型的领导者给男孩自由,没有太多的干涉。这些不同的领导方式对男孩有什么影响呢?研究发现,专制型的领导者会导致紧张、不安、敌意的行为以及不满意的团体经验。在专制的领导下,领导者在场时,生产率是很高的,但是领导者离开后,工作就散漫了。民主型的领导者是较有效率的,男孩对别人较友善,与领导者团体的关系也较快乐。虽然男孩的生产率不高,但在领导者离开后,仍会工作,他们产品的质量也较好。放任型的领导者常会导致冷淡的团体气氛,生产率也很低。有研究发现,学生喜爱有民主气氛的课堂,特别是对于能力较低的学生来说,他们更喜欢亲切、会鼓励人的教师,而且有弹性的、不专制的教学方式也有助于学业成就。

民主化的性格是现代教师应有的素质。具有民主化性格的教师,其特征是经常鼓励学生质疑问难,畅所欲言,不会滥用职权或以个人的好恶制约学生的看法,更不会强制学生接受和服从。民主的教师往能与学生打成一片,师生关系友好、融洽。在民主化的课堂里,学生勇于并乐于表达自己的思想,享受一种被尊重、被肯定的价值感。与民

---

① 吴康宁.课堂教学社会学[M].南京:南京师范大学出版社,1999.

主化相对的是权威主义。在学校中,教师的权威与武断表现在以下几方面。① 一致化:在作业指导方面强求学生的解答跟其心目中的标准答案一致,不允许有不同的看法,即使是创造性的见解也不接纳。② 形式化:注意表面的形式,执意强制实行,即使学生阳奉阴违也不在意。③ 专制化:自以为是,偏执武断,总喜欢发号施令、指使别人,不喜欢别人意见太多,不容学生质疑,有一种求全倾向,要求别人有十全十美的表现,对他人的缺点很难容忍。④ 保守化:墨守成规,在教学方法上因循守旧,不愿意进行新的尝试,甚至对新事物有一种抗拒的倾向。⑤ 两极化:对事物的评价采取简单的二分法,非好即坏,界线分明,因此对学生总是以"好学生""坏学生"进行划分与评价,对学生的过错难以谅解。如果教师具有权威性格,课堂气氛往往是压抑的,学生不能自由表达意见,往往会感到受挫、委屈、不被尊重,从而影响他们学习的积极性和对班级及学校的归属感和认同感。

美国的安德森将教师的课堂行为分为两类:一是控制型行为,主要包括命令、威胁、提醒和责罚;二是统合型行为,主要包括同意、赞赏、接受和有效协助。安德森的研究发现,当教师的课堂行为倾向于控制型时,学生对于学习内容存在较多的困惑,而对于教师的领导则较为顺从,但有时反抗也较激烈;当教师的课堂行为倾向于统合型时,学生则表现出较能自发地解决问题,而且也较乐意为群体贡献力量。①

教师作为课堂的组织者和领导者,如果不能正确评价学生的品德和成绩,往往会导致自身威信的降低,削弱权威地位,并引起学生的对抗行为。一般来说,学生都不喜欢不公正的教师,尤其不喜欢厚此薄彼的教师。但是在实际的课堂中,教师往往喜欢那些聪明伶俐、听话、守纪律的学生,不太喜欢淘气、学习成绩不好的学生,这往往会引起被冷落的学生的不满,从而对抗教师的教育。当学生感到教师对自己抱有偏见时,不仅会影响到师生关系的融洽程度,而且会影响到学生对于学习的兴趣和对学校及班级的归属感。由于得不到教师的重视和喜爱,这些学生往往容易产生厌学情绪。因此,教师要注意公平对待学生,用真诚的爱去教育和接纳所有的学生,真正做到有教无类。

第三节 同伴关系与小学生心理发展

同伴关系是小学生人际关系中非常重要的一部分,它对儿童社会性发展、适应未来社会生活具有重要作用。同伴关系是亲子关系和师生关系无法替代的,具有独特的性质和功能。

一、与同伴交往能够促进儿童社会能力发展

与同伴交往,儿童既可以实践从父母那里学会的社会技能,又可以学到一些在与成人交往中无法学到的新的社会技能。儿童与成人之间交往的性质是不同于与同伴之间的交往的。在与成人交往时,双方的地位是不平等的,他们的行为方式也是不同的。比

---

① 吴康宁.课堂教学社会学[M].南京:南京师范大学出版社,1999.

如儿童在与父母交往过程中,当他们有什么需求时,不等他们表达完毕,家长可能已经明白并做出了反应,儿童也可以使用撒娇等手段迫使父母满足自己的要求。但是,儿童在与同伴交往过程中要达到自己的目标就没那么容易,他也许会发现在父母那里百战百胜的策略在同伴那里完全不起作用。在与同伴交往中,他必须能够完整地表达他的需要,而且还要施展他的说服技巧,运用他的各种影响力。在与同伴交往过程中,双方的地位是平等的,彼此的行为也是相似的,只有在这种关系中,儿童才能学会如何与他人合作与竞争,才能学会解决冲突的技巧,这些技能对于儿童适应社会生活是非常重要的。

哈洛(Harlow)等人对父母与同伴对猴子的社会适应是否具有不同的功能进行了研究。他们将幼猴分为两组。一组叫作"只有妈妈的猴子",这些幼猴单独与母猴待在一起,没机会接触同伴。结果发现,这些猴子无法发展正常的社会行为模式。当它们有机会与同龄猴子接触时,会表现出逃避行为,或者表现出强烈的攻击性,这种反社会倾向常持续至成年期。另一组叫作"只有同伴的猴子",将幼猴与母猴分开饲养,但与其他同龄的幼猴待在一起。结果发现,这些幼猴之间形成了强烈的相互依附的情感,不愿去探索,长大后对团体之外的猴子有很强的攻击性。但在团体内,它们会发展正常的社会行为模式。

父母与同伴对儿童的社会发展具有不同而独特的作用。父母对儿童的需要敏感并及时回应,给儿童提供了安全感,使他们勇于探索环境、发展能力。同伴让儿童学会与相似的人相处的社会技巧,学习基本的交往规则,练习有助于将来适应社会生活的各种社会能力。

二、小学生同伴团体的形成

学龄前儿童与同伴的交往主要是以游戏形式进行的,同伴之间的联系并不十分紧密。到了小学阶段,同伴的互动开始发生了真正的变化,其中,一个最大的特点是,这些互动大部分是在团体中进行的。团体与松散的玩伴是不同的,它具有一定的特点:第一,成员之间经常有互动,一起从事具有一定规则的活动;第二,成员对团体有一种归属感,知道自己属于哪个团体,与团体荣辱与共;第三,团体具有明确或暗含的行为标准来规范团体成员的行为;第四,形成能促使成员共同合作以完成共同目标的阶层组织。小学生大都对自己的团体有明确的认同,清楚地知道自己在团体中的角色与地位,能够自觉遵守团体制定的规则。因此,小学阶段是开始建立团体的时期,也称帮派时期。

互动是儿童形成团体的前提,但是互动并不一定会形成团体,参与互动的儿童必须有共同的目标和动机才能紧密地聚集在一起。谢里夫(Sherif)曾设计了一个精巧的现场实验来观察儿童团体的形成及功能。他把来参加夏令营的 22 名 11 岁男孩分成两组,将他们安置在森林保护区的不同地方,相互不知道对方的存在。这些男孩彼此并不熟识,组织者安排了一些活动如远足、游戏等让他们相互熟悉。为了促进团体的建立,组织者安排男孩从事一项需要分工协作才能成功的工作。结果,这种需要合作的活动很快促进了团体的发展,领袖人物出现了,儿童各自都有不同的角色与地位,并形成一些规则来管理日常活动。在团体形成后,研究者又安排这两个团体"无意间"发现了对方的存在,并组织他们开展如拔河等竞赛活动。为了战胜对方,两个小组都认真地准备,团体内部的凝聚力增强,团体间的敌对情绪也不断高涨,团体成员的归属感和认同感增强。在竞赛过程中,彼此的敌意与冲突越来越强烈。为改变这种状况,组织者设计了需要两个团体相互合作才能解决的问题,以减轻团体间的敌意。如在大家都很饿的情况下,运送食物的汽车却无法启动,需要全体男孩一起推才能让车启动起来。结果发现,这种合作性互动不但有效地减轻了彼此的敌意,还有助于友谊的建立。

日本心理学家广田君美把小学儿童同伴团体的形成和发展过程分为五个时期:

第一,孤立期(一年级上半学期):儿童之间还没有形成一定的团体,各自正在探索与谁交朋友。

第二,水平分化期(一至二年级):由于空间的接近,如座位接近、上学同路,儿童之间建立了一定的联系。

第三,垂直分化期(二至三年级):凭借儿童学习水平和身体强弱,分化为居统治地位的和被统治地位的儿童。

第四,部分团体形成期(三至五年级):儿童之间分化成了若干个小团体,并出现了小团体或班级的领袖人物。团体成员的团体意识加强了,并出现了制约成员行为的规范。

第五,集体合并期:小团体之间出现了联合,形成了大团体,并出现了统率全年级的领袖人物,团体成员的团体意识加强了,并出现了制约成员的行为规范。

三、小学生同伴关系的类型

同伴关系基本上可分为两种,一种是同伴接纳,另一种是友谊关系。同伴接纳反映的是群体对个体的态度;友谊关系是个体之间的情感联系。

(一) 小学生的同伴接纳

在儿童的同伴团体中,有些儿童是非常受同伴欢迎的,很多同学都愿意和他们一起玩;有些儿童则受到同伴的排斥,别人不愿邀请他们参与游戏和活动;还有些儿童似乎被人遗忘,不大有人理睬。有些儿童在同伴中很有影响力,成为活动的领导者和组织者,大多数儿童在团体中只具有普通地位。因此反映一个儿童在团体中的价值有两方面的特质,一是声望或者称受欢迎程度,二是地位。声望与地位是不同的,受欢迎的儿童不一定在团体中具有很高的地位;一个不太受同伴欢迎的儿童也可能成为团体的领袖。一般来说,二者存在中等程度的正相关,受欢迎的儿童更可能有较高的地位。

发展心理学家通常以社会测量法来评定儿童在同伴团体中的地位或声望。研究者一般都喜欢运用一种叫作提名法的技术,即要求儿童说出三个最喜欢的同伴,或最喜欢一起玩的人,同时也提出相同数目他们最不喜欢的同伴。这样,团体中每个儿童都有正面提名(受欢迎的人)数和负面提名(不受欢迎的人)数,二者之差为儿童的社会声望或社会偏爱分数,二者之和代表儿童的社会地位即影响力,得到提名越多的儿童越有影响力。根据儿童的社会声望和社会地位这两个指标,可以将儿童分为五类:① 受欢迎的儿童:他们得到同伴许多正面提名及少量的负面提名,受到同伴的喜爱,具有较高的社会影响力。② 被拒绝的儿童:他们不受多数儿童欢迎,只有少数儿童喜欢他们,但他们有高的影响力。③ 被忽略的儿童:他们所得的正面提名和负面提名都很少,他们有低的社会影响力和中等程度的社会偏爱。④ 争议性的儿童：他们得到许多正面提名和负面提名，他们在社会偏爱的得分是中等的（正面提名数减去负面提名数），但是他们有高的社会影响力。⑤ 普通地位的儿童：他们得到的正面提名和负面提名都是一般程度的。在小学阶段，班级中大约有三分之一为普通地位的儿童，其余三分之二是前四种类型的儿童。被拒绝的儿童还可以区分出不同的类型：一类是有很强的攻击性；另一类是不具有攻击性，但是焦虑、低自尊，与同伴接触表现出退缩。后者还可以进一步划分成：① 害羞—被拒绝的儿童；② 不好斗、友善但不合作也不善于解决社会问题的儿童。

被拒绝和被忽略的儿童都没有被同伴接纳，这对于他们适应学校的生活是非常不利的。尤其是被拒绝又有很强攻击性的儿童，在学校受到同伴的排斥容易使他们流向社会，与一些不良少年混在一起，沾染不良习气。

影响儿童同伴接纳的因素有很多，归纳起来，大致有以下几种：

第一，父母的教养方式：说理、敏锐的权威型家长的子女往往是受成人和儿童喜欢的；专制型的、没有情感反应的父母的子女常常是不受同伴欢迎、不合作、具有攻击性或破坏性的儿童。

第二，认知技能：聪明的、学习好的儿童常常受欢迎。在学校学习很差的学生往往受到同学的排斥。有人对成绩差且被同伴拒绝的四年级儿童进行密集的学业技巧训练，结果发现这种做法不仅改善了儿童的阅读及数学成绩，也改善了他们的社会地位。训练结束后，这些原本被拒绝的儿童可以被同伴的接纳了。

第三，儿童的名字：名字比较吸引人的儿童比名字不吸引人的或很特殊的儿童更受欢迎。同时，儿童有个怪名字可能会被同伴嘲笑，使他们处于不利地位。

第四，生理特征：外表具有吸引力的儿童容易受到成人和同伴的喜爱。斯塔菲耶里在6～10岁儿童面前出示瘦长型、肥胖型和健壮型的人体画像，让儿童选出他们喜爱的体格；再给他们一个形容词表，要他们选出适合每种体格的形容词；最后让儿童列出五名他认为是自己的好朋友的同学，以及三名他不太喜欢的同学。结果很清楚，儿童不仅偏爱健壮型的体格，也给予这种体格较正面的形容词，如勇敢、强壮、乐于助人，给瘦长型、肥胖型的人物不太好的形容词。在学校里，健壮型的儿童是最受欢迎的，而肥胖型儿童最不受欢迎。所以，儿童的肥胖问题不仅是健康问题，还关系到他在学校中能否良好适应。

第五，儿童的行为特征：即使儿童有漂亮的外表、聪明的头脑，如果他的行为是不恰当的，也不会成为受欢迎儿童。研究发现，不同的行为方式对儿童在同伴中的社会地位有重要影响。受欢迎的儿童比较冷静、活泼外向、友善、合作，有同情心，有许多利他行为，却很少有破坏和攻击行为。被忽略的儿童常是害羞和退缩的，不太爱说话，并不企图进入同伴团体，也很少引起他人的注意。被拒绝的儿童往往攻击性强，不爱合作且爱批评同伴团体的活动，解决社会问题的技巧很差，亲社会行为也少。

（二）小学生的友谊

儿童在与同伴的交往过程中，逐渐与一个或多个同伴形成较为亲密的关系，这种关系即是友谊。友谊是两个人之间的一种较为稳定的双向关系，是以相互信任和喜爱为基础的情感关系。纽科姆和巴格韦尔在总结了大量研究后提出，朋友关系有四个特点：

第一,朋友之间有更强烈的社会活动,在一起活动的时间更多;第二,朋友之间有更多的双向交流和亲密性;第三,朋友之间也会有冲突,但同陌生人之间的冲突相比,他们的冲突似乎更容易解决;第四,朋友之间能更好地相互帮助,他们之间的批评更有建设性,并有较好的工作表现。

友谊在促进儿童发展、帮助他们适应环境方面有积极的促进作用。儿童与朋友在一起可以学会一些社会技巧,改善自己的社会测量地位。豪斯发现,被拒绝的儿童如果有朋友在游戏团体里,他就比较容易进入游戏团体,有亲密朋友的被拒绝儿童比没有亲密朋友的被拒绝儿童有更多的社会技巧。友谊可为儿童提供安全感,使他们在面对新的挑战时勇敢一些,而且也会觉得任何压力都是可以承担的。如,有朋友陪伴的儿童更容易适应学校生活,更少受到其他儿童的欺侮和攻击,更少成为竞争关系中的"牺牲品"。同伴间强烈而亲密的关系,使儿童学会照顾、同情、交流与合作,这对儿童长大以后,建立和维持亲密的爱的感情是必不可少的。

朋友应该具有什么条件?对这个问题的答案因儿童的年龄及社会认知发展水平不同而不同。8岁以前,儿童友谊的基础主要是共同活动,认为朋友就是住在附近的同伴,而且喜欢和他们玩。8～12岁,由于儿童观点采择的能力增强,他们更能推断他人的需求、动机、意图和渴望。对这一年龄阶段的儿童来说,友谊的基础是心理相似性,朋友之间应该有共同的兴趣、特性和动机,朋友应该是忠诚、合作、友好的。有学者认为,小学阶段儿童友谊概念发展分为三个阶段:①

第一阶段:得失阶段。出现在小学二、三年级。朋友是住得较近、有好玩具、喜欢与自己一起玩以及玩自己喜欢的游戏的同伴。

第二阶段:常规阶段。出现在小学四、五年级。这一时期的价值观和准则变得重要了。朋友应该是互相支持、互相忠诚的人,还应该彼此共享一切,互助合作,彼此不打架。

第三阶段:移情阶段。开始于小学五年级。儿童开始把朋友看作是有共同兴趣、希望互相了解、互相透露个人的小秘密的人。

李淑湘等人对我国6～15岁儿童关于友谊特性的认知发展做了研究②,发现从幼儿期一直到初中三年级,儿童都把共同活动和游戏作为友谊关系存在的重要元素。对于儿童、青少年的友谊,这既是建立友谊关系的重要条件,又是友谊关系存在和发展的重要内容。它在幼儿期开始出现,并一直持续到青少年期。但在幼儿期,儿童在友谊当中获取或付出的帮助和指导还处于较低水平;到小学时期,儿童经过较长时间的同伴适应,逐渐认识到帮助和指导对友谊的重要性,表现得越来越稳定。在这点上,不但各年龄组的性别差异不显著,而且各组之间的年龄差异也不显著(只是在相互帮助和指导上,幼儿组有差异)。

在友谊特性的各维度中,共同的活动、游戏,以及相互帮助和指导,相对来说较具体和外化,是一种"行为倾向"的友谊。在小学低年级,这种友谊关系已在儿童中表现出来,并为儿童所认识。随着年龄的增长,朋友之间在一起进行共同的活动并没有减少,

---

① 张文新.儿童社会性发展[M].北京:北京师范大学出版社,1999.
② 李淑湘等.6～15岁儿童对友谊特性的认知发展[J].心理学报,1997(1):51-59.

而是一直持续着并保持相对的稳定。相对于行为倾向的友谊特性,儿童对较抽象、内化的特性认识得较晚。这体现在儿童对个人交流、互相欣赏及榜样和竞争的认识上。从学前期一直到整个小学阶段,儿童友伴之间的交流还非常少。到小学六年级才开始出现真正意义上的个人交流。在互相欣赏方面,在学前及整个小学阶段,儿童的认知发展缓慢,似乎处在一种萌芽状态,直到初中三年级才出现大的转折。青少年友伴之间表达了更多的相互喜欢的情感,以及更多的情感上的相互支持。在幼儿时期,儿童友伴之间还没有真正意义上的竞争,只有一些萌芽状态的游戏性的比赛,如跑步、唱歌等,进入小学以后,开始出现了真正意义上的竞争。随着年级的升高,儿童对友谊关系中的竞争认识也在逐渐发展,整体较缓慢。学前儿童对友谊中的冲突性质还处于一种未知觉状态,他们认为冲突和友谊不能同时存在、协调共处,有冲突即说明没有友谊。一直到小学四年级,这种认识一直处于缓慢发展状态,小学六年级至初中三年级,这种认识达到了较成熟水平,少年开始认识到友谊也可能包含着冲突,同时能够采取有效方法和策略解决冲突,减缓友谊关系中的紧张,使友谊关系得以恢复和持续发展。总之,儿童对友谊关系特性的共同活动和游戏,以及相互的帮助和指导方面认识较早,它们始终作为友谊关系的一项重要的维度。相比之下,儿童对友谊关系的其他各项维度——个人交流、相互愉悦和支持、冲突解决以及竞争和激励,认识则较晚,到小学高年级才达到较高水平。

儿童对朋友的选择有一定的性别差异。幼儿在选择玩伴时喜欢同性的伙伴。到了小学,儿童会主动地避免与异性同学互动,并表现出对同性强烈的偏爱,对异性抱负面的刻板印象。麦科比认为这种差异有两个原因:① 女孩不喜欢男孩那种强调比赛、竞争的游戏。② 女孩发现比较难对男孩产生影响。女孩在互动时,一般采用比较温和的有礼貌的建议,而男孩对这种方式常常不予理睬。此外,男孩的友谊群体常常比较大,而且更容易接受新的伙伴,朋友之间更多地竞争和控制,更喜欢户外和大场地的游戏活动。而女孩喜欢室内的游戏,群体小,而且比较排外,女孩更多地服从,更多地自我开放,向朋友倾诉自己的情感和秘密。

本章小结

小学儿童的交往对象主要是父母、教师和同伴,随着小学儿童独立性与批判性发展,他们从对父母、教师的依赖开始走向独立,从对成人权威的完全信服到开始表现出富有批判性的怀疑和思考。与此同时,具有更加平等关系的同伴交往日益在儿童生活中占据重要地位,并对儿童的发展产生重大影响。

思考训练

1. 简述父母的教养方式对小学生心理发展的影响。
2. 如何建立良好的师生关系?
3. 小学生的同伴关系表现出什么特点?
4. 举例说明如何利用同伴团体促进小学生心理发展。

第十二章 小学教师心理

 **内容提要**

小学教师作为教育教学工作的主要承担者和具体实施者,其专业发展水平和心理健康状况会对小学生的健康成长和教育教学质量的提高产生重要影响。通过本章的学习我们将了解小学教师职业角色的特点、职业角色的形成阶段,明确小学教师应具备的专业素质,了解小学教师专业成长的历程和途径,理解小学教师常见的心理健康问题并掌握维护其心理健康的方法,以提高小学教师心理健康水平。

> 小敏刚从师范院校毕业,进入一所小学教语文。入校之初,她充满热情,想着学生们稚嫩的面孔、渴望知识的眼神、亲切的家长,她下定决心要做学生们的知心姐姐,并把所学知识倾囊传授给学生,可是刚上了一周课,小敏就发现要管理好学生、完整地上完一节课真是一件不容易的事情啊!上课时总有学生说话,甚至有极个别的学生故意挑衅她这个年轻老师,课下还要处理学生之间的矛盾,与家长沟通,关键是第一周上课年级组长、学校领导还特别"关照"她这个年轻老师,经常去听课,因此,开学第一周小敏过得非常紧张。小敏发现,当老师远没有其他人说的那么轻松简单,她需要学习的还有很多……

第一节 小学教师的职业角色

教师的职业角色是在教育教学工作的实践中逐步形成和发展起来的,教师职业角色是教师自我意识的重要组成部分,只有形成明确的自我意识,教师才能不断调节、完善自己的行为,从而完成教师的社会职责。

一、教师职业角色的含义及特点

教师职业角色是指教师自身和社会(国家、学校、家长、学生等)对教师群体行为模式的一系列期望,它是由一系列角色构成的角色系统①。教师作为一种特殊的社会职业,决定着其拥有不同于其他职业的独特内涵。

首先,教师职业角色具备多样性和发展性。教师职业角色是一个"角色组合"。教师的工作并非单一、纯粹的"教书"工作,社会对教师期望的多样性、学校教育活动的多样性,尤其是教育对象需求的多样性,决定了教师心理角色的多样性。成为一名合格的教师,不仅要在课堂上传授知识、塑造学生良好品格,还要疏导学生情绪,关怀和爱护学生,组织班级活动等,这些内容之间关系紧密、相辅相成、缺一不可。随着社会发展,人们对学生素质提出更高的要求,相应地,人们对教师角色的期待和要求也在不断变化,教师角色处于动态变化的过程当中。

其次,教师职业角色的自主性和创造性。教师职业角色的自主性和创造性主要是由教育对象的特殊性和教育情景的复杂性所决定的。教育对象的多样性、发展性和变化性,使得教师的劳动不可能有固定不变的方法和模式供直接套用,教师在从事具体的教育教学活动时,可以在遵照社会总体要求的前提下,从教育目的和学生的实际出发,自主选择达到目标的方式和途径,因材施教。教师职业角色的创造性还表现在教师的教育机智上。教师要善于捕捉教育情景的细微变化,迅速机智地采取恰当的措施。教育情景往往难以控制,事先预料不到的情况随时可能发生。富有创造性的教师,常常能够巧妙地利用突发事件,创设新的情景把教育活动引向深入,化消极因素为积极因素,使教育活动更加活泼。

再次,教师职业角色的人格化特征。教师是人类灵魂的工程师,教师所从事的是培养人的活动,教师不仅要传授学生知识,还要通过自己的人格去感染学生。正如孔子所说:"其身正不令而行,其身不正虽令不从。"教师的这一角色特征,要求教师在职业活动的过程中,要特别注意自己的言谈举止和品德修养,给学生以正面的、积极的榜样,要发挥自己崇高人格在教育中的感化作用。正如洛克指出:"导师的行为千万不可违犯自己的教训,除非是存心使儿童变坏。导师自己如果任情任性,那么,教训儿童克制感情便是白费力气的;自己如果邪恶,举止无礼,则儿童的行为邪恶,举止无礼,也就无法改正。"他强调:"坏榜样比良好的规则更容易被采纳,所以他应该时时留心,不可使儿童受到不良的榜样的影响。"②

最后,教师职业角色的持久性和弥散性。俗话说:"十年树木,百年树人。"个体的成才是一个长期的过程,知识的掌握是长期积累的结果,技能技巧的形成也需要反复练习,行为习惯和思想品德的养成更非一日之功。教师劳动的成果不像其他劳动,可以立竿见影,它需要一个漫长的过程,具有一定的持久性。另外,教师劳动的效果需要很长时间才能得到检验。在每个人的不同成长阶段也能使教育效果得到某种检验,但人才成长和教育效果最终要在参加独立的社会实践后才能得到检验。而且,学生的兴趣、行为、态度和价值观等的改变很难断定是哪个教师教育的直接结果,这些都容易引发教师

---

① 吴明霞,张大均,郭成.教师职业角色组合变化及角色压力调适[J].西南师范大学学报(自然科学版),2004(03).
② 夸美纽斯.大教学论[M].傅任敢,译.北京:教育科学出版社,1999.

角色的内在冲突,即教师希望看到自己劳动成果的需要与许多劳动成果的"无形性"之间的矛盾,影响教师从工作中获得满足感。

二、小学教师的多重角色

小学教师相对于其他教育阶段的教师来说,具有一定的特殊性,这种特殊性来自小学儿童的向师性和独立性,而随着教育改革的深入发展,教师的角色已经不仅仅局限于为学生提供学习资源,教师的劳动越来越富有挑战性、动态性和创造性,这就要求教师要主动适应职业角色的变化,在不同角色之间进行有效转换,以达到教学最优化。具体来讲,当前小学教师承担的职业角色主要有以下几种:

(一)知识传授者和教学设计者

教师是知识传授者,这是教师最基本、最突出的角色,是教师职业的中心角色。这一角色是和社会文化知识的传递分不开的。教师首先自己应当是一个知识宝库,掌握了一定的传授技能,还要在传授知识的过程中把社会责任感和科学育人的使命感结合起来。为了达到有效的教学,教师还要进行教学设计,要分析教材,掌握教材的重难点,分析学生的特点,采用有效的方法进行教学,并考虑采用合适的手段评估教学目标的达成度。

(二)小学生行为规范的示范者、引导者

小学阶段儿童的模仿能力较强,成人尤其是教师在小学儿童学习和掌握社会道德规范、形成良好行为习惯的过程中发挥着重要作用。小学生希望得到教师的注意、关怀、鼓励和引导,甚至视教师的话为真理。因此,教师在其职业活动的过程中,要特别注意自己的言谈举止和品德修养,给学生以正面的、积极的榜样。教师还要从单纯传授者的角色中解放出来,主动承担起对学生的行为指导、学习指导、社会能力指导和情感指导,促进学生个性和谐发展。

(三)小学生学习的促进者、合作者

传统的课堂学习是"以知识传授为中心"的,信息交流的方式是单向的,新课改倡导学生主动参与,乐于探究,勤于思考,善于动手,课程环境发生了很大改变,教师不再是"知识的搬运工",这就要求教师调整改变教学行为和策略,转变角色,由执教者、管理者向学生学习的促进者、合作者转变,"以学生发展为中心",关注学生多方面的发展,采取合作学习、探究学习等方式,创设丰富的教学情境,激发学生的学习动机,培养学生的学习兴趣,鼓励学生将自己掌握的各种知识、实践经验带到课堂中,促进自主学习,使学生能够自己去实验、观察、探究、研讨,全身心投入到学习活动之中,愉快学习。

(四)教育教学活动的研究者、反思者

传统的课程背景下,教学活动和研究活动是彼此分离的。教师的任务只是教学,教师游离于课程决策、课程编制之外,只是教学大纲、教学计划和教科书的执行者,研究更被认为是专家们的"专利"。教师不仅鲜有从事教学研究的机会,而且即使有机会参与,也只能处在辅助的地位,配合专家、学者进行实验。这种教学与研究的脱节,对教师的发展和教学的发展是极其不利的,它不能适应新课程的要求。新课程确立了国家课程、

地方课程、校本课程三级课程管理政策,课程不再全部由国家统一制定,而是有10%~12%的课时留给了地方和学校来开发和实施,同时增设了6%~8%的综合实践活动,这从根本上扭转了教师在课程建设中的尴尬境地,赋予了教师全方位参与课程研究和开发的权利,教师不仅仅是教育教学活动的具体实施者,同时也是教育教学活动的研究者。

(五) 小学生心理健康的维护者、辅导者

当今社会在提倡素质教育的同时,也无比重视学生的心理健康,教师比以往任何时候更需要承担起学生心理保健医生的角色。小学生在身心发展过程中,难免会出现一些心理问题,维护学生的心理健康是促进学生健康成长的重要保证。当代教师要积极适应时代、社会的要求,提高自身的心理健康水平,掌握基本的心理卫生知识,在日常的教育教学活动中渗透心理健康教育,在教学和班级管理工作中,根据学生的身心特点和心理发展规律,帮助学生客观地认识自己,自觉维护学生的自尊心,鼓励学生进行自我教育和自我控制,要针对学生产生的心理挫折随时提供辅导和帮助。

课外阅读

观察下面四幅图,想一想,教师的位置发生了什么样的变化?

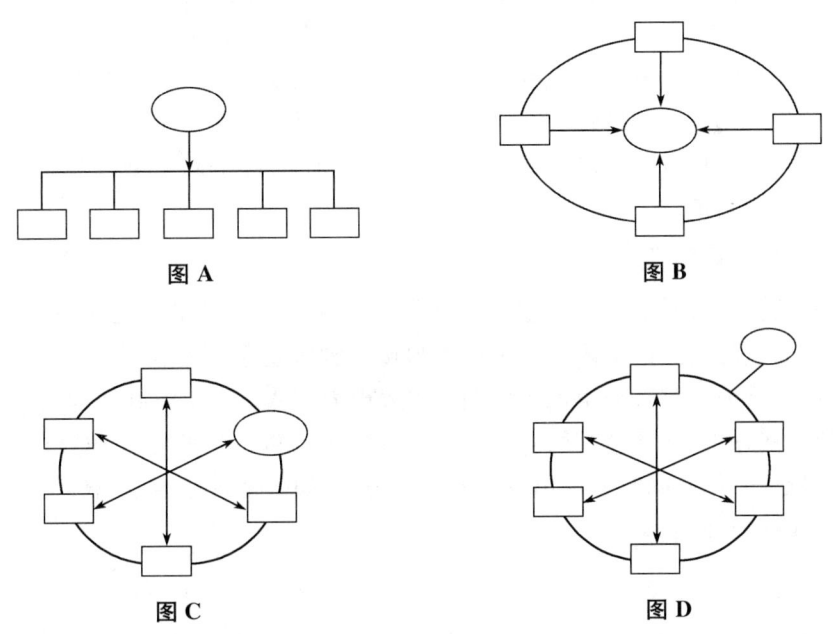

注:圆圈代表教师,方框代表学生。

对于教师位置的变化,你有什么样的感受?

提示:从图A到图D中,教师的位置一直在变,逐渐从中心走到了边缘。

图A:教师是"讲坛上的圣人",是"先学先知"之师和信息的权威拥有者,甚至是唯一的传播者,教师和学生之间是直接的传递——接受关系。而且,教师是高高在上的,学

生只能"唯师是从"。

图B:教师开始撩开"师道尊严"的面纱,走到学生中去。但教师是太阳,学生只是地球一类的行星,不停地围绕太阳转动。以教师为中心的课堂,教师是领导者,决定学什么和怎样学,学生是跟随者,离开了教师就无所适从。

图C:教师慢慢走出中心,以近乎平等的身份参与学生的讨论,作为学习的同伴共同建构知识、解决问题。教师是学生学习的促进者和支架,学生们不再以教师为中心,而是和教师一起构成学习的共同体。

图D:教师逐渐撤去支架,让学生自己形成有效的学习共同体。教师就如同教练,学生就像球员,球场上是球员们表演的地方,教练一般隐身于球场之外。以学生为中心的课堂,由学生来决定学什么和怎样学。

资料来源:刘儒德.教育心理学原理与应用[M].北京:中国人民大学出版社,2019.

三、小学教师职业角色形成的阶段

教师职业角色的形成是一个连续的过程,是一个认知、情感、行为等多种要素交织在一起的相对复杂的系统工程,其职业角色的形成需要经历以下三个阶段:

(一)角色认知阶段

角色认知是指角色扮演者对某一角色行为规范的认识和了解,知道哪些行为是正确的,哪些行为是不恰当的,表现为通过学习、观摩、训练等了解教师角色所承担的社会职责、社会价值,能够将教师的职业角色与社会上其他职业角色区别开来。角色认知是角色扮演的先决条件,一般情况下,在校师范生就已经对将来要承担的教师角色有所认识,但还停留在抽象的理性认识上,感悟不深,从教1~2年的新手型教师能够形成比较完整的教师职业角色。

(二)角色认同阶段

对教师角色的认同是一个人正式充当了这一角色、有了实践经验后才真正开始具有的。教师角色的认同指个体通过亲身体验接受教师角色所承担的社会职责,并控制和衡量自己的行为。对教师角色的认同不仅表现为在认识上了解到教师角色的行为规范、社会价值和评价,并且经常用优秀教师的标准来衡量自己的心理和言行,自觉地评价与调节自己的行为,同时表现出较强的职业情感,如热爱教育事业、热爱学生等。

(三)角色信念阶段

教师角色信念是指教师角色中的社会期望与要求转化为个体的心理需要,在教师劳动价值方面产生了坚信不疑的态度。此时,教师坚信自己对教师职业的认识是正确的,并视其为行动指南,形成了教师职业特有的自尊心和荣誉感,如坚信教师职业是崇高而光荣的职业。教师的角色信念在教师尤其是青年教师形成教育劳动自律的过程中具有重要的作用。

第二节　小学教师的专业素质

教师的专业素质是教师为完成教育教学任务所应具备的心理和行为品质的基本条件。小学教师的专业素质主要包括教师的认知特征、教师的人格特征、教师的行为特征、教学效能感、教育机智与教师威信，良好的专业素质是教师高效开展教育教学工作的基本前提。

一、小学教师的认知特征

教师的认知特征包括教师的知识结构和教学能力。

（一）教师的知识结构

教师的专业知识并不仅仅指学科知识，辛涛等人将教师的专业知识分为本体性知识、条件性知识、实践性知识和文化性知识四种[①]。

1. 教师的本体性知识

教师的本体性知识是指教师所具有的特定的学科专业知识，是教师胜任教学工作的基础性知识，其构成了教师知识结构中的主体部分。具体内容包括：教师应熟悉所授学科的基础知识及其结构，了解学科所提供的独特的认识世界的视角、工具与方法；了解基本的学科教学方法及其适用条件；了解学科教育发展史和当前发展动向；理解学科的知识是如何创造、组织的、如何同其他领域的知识整合的。这在教育教学中具有重要作用。

2. 教师的条件性知识

教师的条件性知识是指教师所具有的教育学、心理学知识，是教师顺利进行教学的重要保障。教师应了解关于教育工作的原理性知识，熟悉学生个体成长的知识，形成对教育研究的基本理解，学会先进的教育技术。也就是说，教师要掌握有关教育对象、教学过程、教学方法的知识，并能将学科知识转化为学生可以理解的知识。研究发现，有时候知识渊博的老师在向初学者讲授一个简单问题时会有困难，就是因为他们无法从初学者的角度来看待这些简单的问题。

3. 教师的实践性知识

教师的实践性知识是教师在实现有目的的教学行为中所应具备的课堂情境知识以及与之相关的知识，是教师作为知识主体与教育教学事件交互作用的认识过程及结果，是教师专业素质的外化形式。实践性知识具有明显的个体性，是教师个体在教学过程中经过不断实践经验的累积与重组的结果，它依赖于教学经验，并以个体化的语言而存在。

以上三种知识并不是简单的并列关系，而是相互作用、相互影响的。本体性知识是教学活动的实体部分，条件性知识对本体性知识的传授起到理论支撑作用，而实践性知

---

① 辛涛,申继亮,林崇德.从教师的知识结构看师范教育的改革[J].高等师范教育研究,1999(06).

识对本体性知识的传递起到实践性指导作用①。这三种知识共同构成教师专业发展系统的复杂结构,并且处于不断变化发展的动态之中。

4. 教师的文化性知识

学生的全面发展在一定程度上取决于教师文化知识的广泛性和深刻性,因此,除了上述三种知识外,还有一种知识就是教师的文化素养,或者说是教师的文化知识。每一位教师都要发挥自己的一技之长,如擅长创作的教师,可以用创造丰富学生的想象力;爱好诗词的教师,可以用诗词的魅力来启发学生;有音体美特长的教师,可以借之引导学生全面发展……一位教师除了本体性知识以外,广博的文化知识对于其取得最佳的教育效果,具有与本体性知识同等重要的意义。

(二) 教师的教学能力

教师的教学能力是以认识能力为基础,在具体的学科教学活动中表现出来的一种特殊的专业能力。良好的教学能力是优秀教师的必要条件。我国2012年颁布的《小学教师专业标准(试行)》(以下简称《专业标准》)中规定了小学教师在三大领域中应具备的13条标准,具体见表12-1。《专业标准》是国家对合格小学教师专业素质的基本要求,是小学教师实施教育教学行为的基本规范,是引领小学教师专业发展的基本准则,是小学教师培养、准入、培训、考核等工作的重要依据。

表12-1 《小学教师专业标准(试行)》②

维度	领域	基本要求
专业理念与师德	(一) 职业理解与认识	1. 贯彻党和国家教育方针政策,遵守教育法律法规。 2. 理解小学教育工作的意义,热爱小学教育事业,具有职业理想和敬业精神。 3. 认同小学教师的专业性和独特性,注重自身专业发展。 4. 具有良好职业道德修养,为人师表。 5. 具有团队合作精神,积极开展协作与交流。
	(二) 对小学生的态度与行为	6. 关爱小学生,重视小学生身心健康,将保护小学生生命安全放在首位。 7. 尊重小学生独立人格,维护小学生合法权益,平等对待每一位小学生。不讽刺、挖苦、歧视小学生,不体罚或变相体罚小学生。 8. 信任小学生,尊重个体差异,主动了解和满足有益于小学生身心发展的不同需求。 9. 积极创造条件,让小学生拥有快乐的学校生活。
	(三) 教育教学的态度与行为	10. 树立育人为本、德育为先的理念,将小学生的知识学习、能力发展与品德养成相结合,重视小学生全面发展。 11. 尊重教育规律和小学生身心发展规律,为每一个小学生提供适合的教育。 12. 引导小学生体验学习乐趣,保护小学生的求知欲和好奇心,培养小学生的广泛兴趣、动手能力和探究精神。 13. 引导小学生学会学习,养成良好学习习惯。 14. 尊重和发挥好少先队组织的教育引导作用。

---

① 屈晓兰,周正怀. 小学教育心理学[M]. 上海:华东师范大学出版社,2016.
② 中华人民共和国教育部. 教育部关于印发《幼儿园教师专业标准(试行)》《小学教师专业标准(试行)》和《中学教师专业标准(试行)》的通知(教师〔2012〕1号)[EB/OL]. (2012-09-13)[2021-5-13]. http://www.moe.gov.cn/srcsite/A10/s6991/201209/t20120913_145603.html.

(续表)

维度	领域	基本要求
	(四) 个人修养与行为	15. 富有爱心、责任心、耐心和细心。 16. 乐观向上、热情开朗、有亲和力。 17. 善于自我调节情绪,保持平和心态。 18. 勤于学习,不断进取。 19. 衣着整洁得体,语言规范健康,举止文明礼貌。
专业知识	(五) 小学生发展知识	20. 了解关于小学生生存、发展和保护的有关法律法规及政策规定。 21. 了解不同年龄及有特殊需要的小学生身心发展特点和规律,掌握保护和促进小学生身心健康发展的策略与方法。 22. 了解不同年龄小学生学习的特点,掌握小学生良好行为习惯养成的知识。 23. 了解幼小和小初衔接阶段小学生的心理特点,掌握帮助小学生顺利过渡的方法。 24. 了解对小学生进行青春期和性健康教育的知识和方法。 25. 了解小学生安全防护的知识,掌握针对小学生可能出现的各种侵犯与伤害行为的预防与应对方法。
	(六) 学科知识	26. 适应小学综合性教学的要求,了解多学科知识。 27. 掌握所教学科知识体系、基本思想与方法。 28. 了解所教学科与社会实践、少先队活动的联系,了解与其他学科的联系。
	(七) 教育教学知识	29. 掌握小学教育教学基本理论。 30. 掌握小学生品行养成的特点和规律。 31. 掌握不同年龄小学生的认知规律和教育心理学的基本原理和方法。 32. 掌握所教学科的课程标准和教学知识。
	(八) 通识性知识	33. 具有相应的自然科学和人文社会科学知识。 34. 了解中国教育基本情况。 35. 具有相应的艺术欣赏与表现知识。 36. 具有适应教育内容、教学手段和方法现代化的信息技术知识。
专业能力	(九) 教育教学设计	37. 合理制定小学生个体与集体的教育教学计划。 38. 合理利用教学资源,科学编写教学方案。 39. 合理设计主题鲜明、丰富多彩的班级和少先队活动。
	(十) 组织与实施	40. 建立良好的师生关系,帮助小学生建立良好的同伴关系。 41. 创设适宜的教学情境,根据小学生的反应及时调整教学活动。 42. 调动小学生学习积极性,结合小学生已有的知识和经验激发学习兴趣。 43. 发挥小学生主体性,灵活运用启发式、探究式、讨论式、参与式等教学方式。 44. 发挥好少先队组织生活、集体活动、信息传播等教育功能。 45. 将现代教育技术手段整合应用到教学中。 46. 较好使用口头语言、肢体语言与书面语言,使用普通话教学,规范书写钢笔字、粉笔字、毛笔字。 47. 妥善应对突发事件。 48. 鉴别小学生行为和思想动向,用科学的方法防止和有效矫正不良行为。
	(十一) 激励与评价	49. 对小学生日常表现进行观察与判断,发现和赏识每一位小学生的点滴进步。 50. 灵活使用多元评价方式,给予小学生恰当的评价和指导。 51. 引导小学生进行积极的自我评价。 52. 利用评价结果不断改进教育教学工作。

(续表)

维度	领域	基本要求
	（十二）沟通与合作	53. 使用符合小学生特点的语言进行教育教学工作。 54. 善于倾听，和蔼可亲，与小学生进行有效沟通。 55. 与同事合作交流，分享经验和资源，共同发展。 56. 与家长进行有效沟通合作，共同促进小学生发展。 57. 协助小学与社区建立合作互助的良好关系。
	（十三）反思与发展	58. 主动收集分析相关信息，不断进行反思，改进教育教学工作。 59. 针对教育教学工作中的现实需要与问题，进行探索和研究。 60. 制定专业发展规划，积极参加专业培训，不断提高自身专业素质。

二、小学教师的人格特征

教育的目标是成就人。教师从事的事业是育人，教师在学生面前不是教育思想的抽象体现者，而是活生生的个性，是其全部的人格。教师的人格特点直接影响其对教育方法、教学组织形式的选择、师生互动过程和教育结果。教师健康的人格特征有利于激发学生的学习动机，它不仅影响着学生的学业，更影响着学生的人格形成和发展，它不仅影响着学生的今天，更影响着学生的明天和未来，在教育现代化的进程中，塑造现代教师健康人格始终是一项基础性工程。

（一）小学教师的情感特征

教育工作是一种富有情感色彩的工作。教学不仅仅是一项师生知识交流的互动过程，也是一种特殊的情绪情感交流的过程。我国近代教育家夏丏尊先生曾说过："教育之没有情感，没有爱，就如同池塘没有水一样。没有水，就不成其为池塘。没有爱，就没有教育。"①对小学教师来讲尤其如此，小学教师的工作对象是活泼好动的儿童，他们时常会遇到一些自己意想不到的富有情绪色彩的事件，这就需要教师保持一种稳定的情绪，充满自信，才能冷静地处理好学生中出现的问题。在课堂教学过程中，教师要通过自身人格和魅力的展示，感染学生，调动学生学习的积极性，小学生经常会因为喜欢某位教师进而喜欢这位教师所教授的课程，所以这就要求小学教师具有积极乐观的人生态度，热爱学生，关注每一位学生的成长。

（二）小学教师的意志特征

教师的工作复杂、琐碎、艰苦，具有长期性，教育任务完成的过程就是不断克服困难的过程，学生的成长是一个漫长的过程，教师没有充沛的精力和百折不挠的坚强意志是难以胜任的。小学教师的优良的意志品质主要有：目的明确，执着追求；明辨是非，坚定果断；处事沉稳，自制力强；充沛的精力和顽强的毅力。教师要不断加强自身素质的锻炼，以主动适应教师工作的要求。

（三）小学教师的性格特征

小学教师面对的教育对象是心智尚未成熟的儿童，他们活泼、富有朝气并具有极强

---

① 杨芷英.教师职业道德[M].北京：高等教育出版社，2009.

活动力,乐于和教师亲近,强烈地渴望得到教师的认可,无论是在授课过程中,还是在课外的交流中,都要求教师具有随和、体贴、热情、开朗豁达的良好性格特点,要有愿意与小学生交往的意向、热情乐观的待人习惯,冷峻、倔强固执和不近人情是教师之大忌,会切断小学生与教师亲近的愿望,不敢与教师交流,不利于教育任务的顺利完成。

(四) 小学教师的自我意识

自我意识是人格的自我调控系统,是人格各部分整合和统一起来的核心力量,它从意识层面上支配、调节着人的行为。教师不仅仅需要了解他所面对的学生,同样也需要了解他们自己的行为,教师对自己有比较全面的、接近实际的真实看法,有助于其进行正确的自我剖析和自我调控。成熟的教师一般能在自我观察的基础上,形成自尊、自爱、自强的心理品质,自觉抵制各种不利因素的影响,激励自己,全身心投入到教书育人的活动中。

三、小学教师的行为特征

教师的教学行为是其素质的外化形式。广义的教师行为包括与教学活动有关的课内外以至校内外的教育活动;狭义的教师行为仅指教师课堂教学中外显的、可观察的行为或活动。教学是教师组织和指导学生认知、达成教学目标的师生共同活动,在这一活动中,教师的教学行为起关键的作用。一位教师教学效果的好坏,取决于其教学行为的合理与否。

林崇德、申继亮、辛涛认为教师的教学行为可以从以下五个方面来衡量[①]:① 教师的教学行为是否明确;② 教师的教学方法是否灵活、多样,调动学生学习积极性的手段是否有效;③ 教师在课堂上的所有活动是否是围绕教学的任务来进行;④ 在课堂教学中,学生是否都积极地参与到教学活动中去;⑤ 教师能否及时掌握学生的学习状况和课堂中出现的问题,并能据此调整自己的教学节奏和教学行为。如果一个教师能做到以上几点,那么他的教学行为就是非常恰当的,教学效果必然会很好。需要注意的是,教师的教学行为带有很强的情境性和个别性,不同的教师在不同的场合可能有截然不同的教学行为。因此,很难整齐划一地采用某种程序去训练教师的具体行为。要优化教师的教学行为,首先要提高教师的整体素质,单纯训练教师的教学行为,将是事倍功半,达不到预期的效果。

四、教学效能感

自我效能感一词最早由班杜拉提出,是指个体对自己是否能成功地从事某一任务的主观判断。班杜拉认为人的行为受到强化和期待的影响,而期待又可分为结果期待和效能期待,结果期待是指人们对自己某一行为可能会导致某一结果的预期,如学生认识到努力学习就会获得好的成绩;效能期待即自我效能感,如学生认为自己有能力学会知识。只有好的结果期待,个体并不一定会去从事某一行为,比如学生都知道好的成绩

---

① 林崇德,申继亮,辛涛.教师素质的构成及其培养途径[J].中国教育学刊,1996(06).

会获得好的结果,但是当学生认为自己没有能力获得好的成绩时,他也不会积极学习。因此,自我效能感会控制和调节人们的行为。

教学效能感是指教师在教学活动中对其是否能有效地完成教学工作、实现教学目标的一种主观判断。教学效能感会影响教师对教学工作的积极性、努力程度和克服困难的坚持性等。根据班杜拉的自我效能感理论,教师的教学效能感可分为一般教学效能感和个人教学效能感。一般教学效能感是指教师对教育在学生发展中的作用等问题的一般看法与判断,即教师是否相信教育能够克服社会、家庭及学生本身素质对学生发展的消极影响,有效地促进学生的发展,这与班杜拉理论中的结果期待是一致的。个人教学效能感是指教师对自己是否有能力完成教学任务和教好学生的信念,反映了教师对自己的教学效果的认识和评价,与班杜拉理论中的效能期待相一致。

关于如何提高教师的教学效能感,辛涛提出了可以从以下四个方面入手[①]:首先,以教师的角色改变为目的,向实验教师反复地强调参加教科研对教师素质提高的作用,使他们在思想上澄清对教学研究的认识,自觉地实现角色的改变;其次,以认知行为矫正技术为手段,通过向教师澄清认知行为矫正技术的原理,帮助他们发现自己对教育教学的作用和自己教学能力的不正确的认识和观念,进而促使教师更客观地认识和评价教育的价值和作用,坚定自己有能力教好学生的信心;再次,采用团体归因训练方法,组织教师一起讨论教育对儿童发展的作用,讨论教师在学生智力的增长和学习成绩提高过程中的作用,讨论教师在教学过程中遇到的困难、挫折及其克服的方法,并由心理学家对每个实验教师的具体情况做出较全面的分析,引导他们对自己教育教学中出现的问题做易控制的、不稳定的因素归因,帮助教师坚定教育对儿童发展的决定性价值,坚定自己有教育好儿童的能力,提高教师的工作积极性和责任感;最后,为教师创设观察学习的机会和环境,使他们向专家学习,向先进教师学习,学习别人的长处,学习别人的敬业精神,并督促他们自觉模仿,通过学习和模仿,端正他们的教学效能信念,提高其教学效能感。

五、教育机智与教师威信

(一)教育机智

教师的教育机智是指一种面对突发性的教育情境能够迅速而正确地做出判断,随机应变地采取恰当而有效的教育措施,以解决问题的能力。一个具有高超教育机智的教师在处理各类教育教学突发事件时应该具有如下特征[②]:

1. 观察敏锐

敏锐的观察力是教师发挥教学机智的基础。没有教师敏锐的观察力,也就谈不上教师巧妙的教育机智。教师要善于捕捉教育情境的细微变化,机敏地运用自己的经验和智慧,对变化做出判断。在这方面,我国古代的大教育家孔子就有很精彩的事例。据史载,孔子厄于陈蔡,将救命粮交给颜回"炊之",子贡向孔子打小报告,说颜回偷食,孔

[①] 辛涛. 论教师的教学效能感[J]. 应用心理学,1996(02).
[②] 徐伟,王德清. 新课改背景下教师教育机智探析[J]. 教育探索,2007(06).

子却坚持"吾信回",并对颜回作了精辟的评价。孔子不误判,这很大程度上就在于孔子敏锐的观察力。他平常能对学生"视其所以,观其所由,察其所安"(《论语》),所以孔子在教学中才会做到"知其心,然后能救其失也"(《学记》)。

2. 意志果断

教育教学中的突发事件都是教师事先无法预料得到的,由于来得突然,出乎意料,留给教师思考的时间不可能很多,如果在这时犹豫不决,优柔寡断,很可能错失教育教学的良机,使教育教学效果大打折扣。教育家贝尔说过:"教师决不可忘记,对于种种冲突只要能在一种健康气氛中加以解决,那么冲突也会具有教育价值。"因此,突发事件往往看似坏事,实则是好事,就看教师这个"艺术家"怎么来处理。当然,在处理时就要求教师迅速做出判断,然后采取最佳的方法解决,不能拖泥带水,做到干净利落。

3. 方法个性化

巴班斯基曾经指出:"教育劳动的一个典型特点是它不允许有千篇一律的现象。"突发事件的处理方式,是教师运用教育机智在较短时间内采取的有效的教育教学措施,它完全得益于教师深厚的教育经验和丰富的教育实践,是瞬间"灵感""顿悟"而获得的一种方法,因此它往往都有别于常规,因人而异,带有强烈的个性化特点,即体现出不同教师的不同教学风格。

(二) 教师威信

1. 教师威信的定义

教师威信对于教师的日常工作开展重要性不言而喻,亲其师方能信其道。教师的威信是指教师所具有的一种使学生感到尊敬而信服,并对学生的心理和行动施加影响而产生积极效果的精神感召力量。这种力量是教师在履行教育职责过程中逐渐形成的,是教师成功扮演教育者角色、顺利完成教育使命的重要条件。

教师威信具有内在性、持久性、敏感性和实践性的特点。教师威信的内在性在于教师对学生的感召力和影响力是内在的,教师本身的条件如人格、品德等对教师威信的形成起着决定性作用。若不理解学生的心理特点,不尊重学生,单纯地依靠自己手中的权力来压服学生,或夸夸其谈、自吹自擂、虚张声势都是无法形成威信的。持久性是指教师威信一旦形成,就会对学生产生长期的影响,即使离开校园,教师的思维习惯、言行举止、思想情操也会对学生产生深远甚至终生影响。敏感性是指教师威信建立不易,保持就更难,这种脆弱性和敏感性要求教师要注意自己的一言一行,时刻维护和发展自己的威信。有的教师试图通过对学生施加小恩小惠,允诺当班干部、评优等来增加自己的威信,这种做法是很容易适得其反的,只有师生之间真正保持友好的、沟通的、相互信任的关系,教师威信才能长久存在。实践性是指教师威信是在长期的教育教学实践中建立起来的。有的教师认为无神秘感就无威信可言,殊不知,学生并不喜欢远距离的教师,与学生保持距离,教师就无法获得有效的教学反馈,不利于自我提高,更不利于教师威信的建立。

2. 教师威信的形成

教师威信是由"自然威信"向"自觉威信"发展的一个过程。自然威信是教师职业本身所带来的一种不自觉的威信,是在师生交往的初期学生对教师自发产生的信任和尊敬,它是建立在教师角色所赋予的权威和影响力之上的。"自觉威信"是一种由信而服的威信,是教师运用自己的品格、学识和智慧赢得学生发自内心的尊敬和爱戴①。教师应该在"自然威信"的基础上,通过下面的几种途径建立起"自觉威信"。

(1) 有仁爱之心,建立理性师爱观

爱是教育的灵魂所在,只有充满爱和信任的教育,才会显示出无与伦比的力量,才能强烈地震撼学生的心灵,让学生对教师产生认同,愿意接受教师的教诲。在此基础上产生的师爱应当是宽严有度的,要言之有情、严慈相济,理性的师爱要求教师应当从内心升华出自己的爱,了解、尊重、指引并严格要求学生,只有懂得如何去爱学生的教师,才会在学生中建立威信。

(2) 培养优良的道德品质

优良的道德品质是教师获得威信的基本条件,优良的道德品质能使学生产生敬重感,并形成一种感染力和影响力。尤其是小学生,在他们眼里,教师就是"权威",他们会模仿教师的一言一行,因此,教师在日常生活和工作中要处处加强道德修养,热爱教育教学工作,"言必行,行必果",勇于坚持真理,承担责任,作风民主,才能做学生信服的教师,成为学生的榜样。

(3) 更新知识结构,建立扎实的学识

渊博的知识是教师威信的不竭源泉。教师的主要任务是促进学生的生命成长及精神世界的丰富,这就要求教师有丰富的知识准备,有对知识进行开发、转换和整合的能力。现代社会发展日新月异,新事物层出不穷,学生的思想也更加活跃,知识来源范围不断扩大,他们对教师素质的要求也越来越高。这就需要小学教师不断更新知识结构,建立扎实的学识。

(4) 在实践中提升教学技能

教育工作是十分复杂的社会实践活动,教师除了要具备扎实的学识外,还要有较高的教学艺术和教学技巧让学生体会到课堂的生机与活力,教师的授课水平越高,学生的学习动力就会越强,教师就越容易树立威信。教师可通过撰写反思日记、进行教学观摩、参加教育科研、听取学生意见等方法不断反思自己的教学实践,将新理念与教学实践相融合,运用现代化教学技术提升课堂教学效能。

第三节　小学教师的专业成长与心理健康

小学教师是履行小学教育工作职责的专业人员,需要经过严格的培养与培训,具有良好的职业道德,掌握系统的专业知识和专业技能。《国家中长期教育改革和发展规划纲要(2010—2020 年)》指出:"教育大计,教师为本。有好的教师,才有好的教育。"小学教师作为专业人员,如何提高其专业发展水平是其职业生涯的重要任务,也是教育质量提升的重要一环。

---

① 李新旺.教育心理学[M].北京:科学出版社,2011.

一、小学教师的专业成长

(一) 教师专业成长的含义

教师专业成长是指教师在整个工作生涯中,不断使自己的观念、情感、知识、技能等专业素质向更为符合教育教学的规范、标准、要求迫近和追求成熟的过程,是教师由非专业人员成为专业人员的过程。教师专业成长是职业发展的需要,也是适应课程改革要求的必然选择。教师专业发展可表现在观念、知识、能力、专业态度和动机、自我专业发展需要和意识等不同侧面。

(二) 小学教师专业成长的历程

从一名新教师成长为专家教师有一个过程,教师在不同的成长阶段所关注的问题不同,福勒等(Fuller & Case,1969)根据教师的需要和不同时期所关注的焦点问题,把教师的成长划分为三个阶段[①]:

1. 关注生存阶段

处于这一阶段的一般是新手型教师,他们非常关注自己的生存适应性,最担心的问题是:"学生喜欢我吗?""同事们如何看我?""领导是否觉得我干得不错?"等。因而有些新手教师可能会把大量的时间都花在如何与学生搞好个人关系上,有些新手教师则可能想方设法控制学生,这个阶段,教师总想成为一个好的课堂管理者。

2. 关注情境阶段

当教师感到自己完全能够适应时,便把关注的焦点投向了提高学生的成绩即进入了关注情境阶段。在此阶段教师关心的是如何教好每一堂课的内容,一般总是关心诸如班级的大小、时间的压力和备课材料是否充分等与教学情境有关的问题。传统教学评价也集中关注这一阶段,一般来说,老教师比新教师更关注此阶段。

3. 关注学生阶段

当教师顺利地适应了前两个阶段后,成长的下一个目标便是关注学生。教师将考虑学生的个别差异,认识到不同发展水平的学生有不同的需要,某些教学材料和方式不一定适合所有学生。能否自觉关注学生是衡量一个教师是否成长成熟的重要标志之一。

(三) 小学教师专业成长的基本途径

1. 观摩和分析

对优秀教师的教学活动进行观摩和分析是现实中最常用的一种方法。课堂教学观摩可分为组织化观摩和非组织化观摩。组织化观摩是有计划、有目的的观摩,一般在观摩之前要求制订较详细的观察计划,确定要观察的主要对象、角度以及观察的大致程序,并对观察的结果进行讨论分析。非组织化的观摩则没有以上特点。非组织化观摩要求观摩者有相当完备的理论知识和洞察力。一般来讲,为提高新教师或教学经验欠缺的年轻教师的教学水平,可采用组织化观摩。如案例教学就是通过对含有问题的、具

---

① 刘儒德. 教育心理学原理与应用[M]. 北京:中国人民大学出版社,2019.

体真实的教育情境的描述,引导学习者对其进行讨论的一种教学方法。

2. 对教学经验进行反思

所谓教师自我实践反思,是指教师在教育教学实践中,批判地考察自我的主体行为表现及其行为依据,通过回顾、诊断、自我监控等方式,或给予肯定、支持与强化,或给予否定、思索与修正,从而不断提高其教学效能的过程。美国心理学家波斯纳提出"教师成长＝经验＋反思"的公式。我国心理学家林崇德也提出"优秀教师＝教学过程＋反思"的公式。反思能促进教师的自我觉察,有助于教师向专家型发展。

基于专业成长的教师反思可分为自我指向反思和任务指向反思,自我指向反思是对自我进行反思,如反思自己的教学观念、教学方法等,任务指向的反思是对自身的教学目标、教学任务、教学策略的使用等因素进行反思。

布鲁巴奇等人(Brubacher, Case, & Reagan, 1994)提出了四种反思的方法①：① 反思日记。在一天教学工作结束后,要求教师写下自己的经验,并与其指导教师共同分析。② 详细描述。教师相互观摩彼此的课,并描述他们所观察到的结果,随后与其他教师相互交流。③ 交流讨论。来自不同学校的教师聚集在一起,提出课堂上发生的问题,讨论解决的办法,最后形成的解决办法为所有参加的教师及其所在学校的教师所共享。④ 行动研究。教师对他们在课堂上所遇到的问题进行调查研究。

3. 微格教学

微格教学指以少数的学生为对象,在较短的时间内(5～20分钟),尝试做小型的课堂教学,可以把这种教学过程摄制成录像,课后再进行分析。微格教学有两个特点：一是借助现代教育媒体中的摄录设备,记录他人的教学活动,然后录放、观摩、评价、修改、提高。二是活动规模小,人数少,时间短,故称微格。它的最大优点是信息反馈及时、准确,效果显著。微格教学是以教育学、心理学原理为基础,以现代视听教育媒体为手段,以反馈理论和现代教育测评理论为依据,以训练教学技能为目的,符合人的认知规律。

4. 专门化的教学策略训练

为了促进教师的专业成长,可以对教师进行专门化训练。有人曾将某些"有效的教学策略"教给教师,其中的关键程序有：① 每天进行回顾；② 有意义地呈现材料；③ 有效地指导课堂作业；④ 布置家庭作业；⑤ 每周、每月都进行回顾。②

5. 进行自我教育

教师专业成长问题,归根结底是教师的职业发展动机和自我专业追求问题。影响小学教师专业成长的因素有很多,其中最根本的因素源于教师自身。"为未知而教,为未来而学",当今社会的快速发展要求教师具有终身学习的理念,能及时接受新知识、新生事物,不断提高自己的专业能力、适应社会发展、满足学生需求,教师如果不能从专业化成长的角度来正确认识自我、反思自我,进行自我教育,那么任何其他的发展目标都

---

① BRUBACHER J W, CASE C W, REAGAN T G. Becoming a reflective educator. Thousand Oaks, CA: Corwin, 1994.

② GAGNÉ E, YEKOVICH C W, YEKOVICH F R. The Coganitive psychology of school learning (2nd ed.). New York, NY: Harper Collins, 1993.

会与时代对教师的要求背道而驰。因此,教师的专业成长应该与自我教育结合起来,成为教师自身生存的一种常态化方式。

二、小学教师的心理健康问题

(一) 心理健康的定义

健康,不仅仅指身体上的健康,而是生理健康、心理健康和社会适应的完美状态。其中,心理健康是指一种协调、适应而积极的心理状态,第三届国际心理卫生大会把心理健康界定为:"所谓心理健康是指在身体、智能以及情感上与他人的心理健康不相矛盾的范围内,将个人心境发展成最佳状态。"教师是小学生心目中的"重要他人",小学教师的心理健康水平会影响课堂教学效果,影响学生的心理健康和人格健全发展,影响师生关系的和谐,因此,很多学者探讨了教师心理健康的标准。

(二) 教师心理健康标准

作为教师心理健康的主要指标,既要符合一般人心理健康的要求,又要体现教师职业的特殊性。总结学者们对教师心理健康标准的探讨,发现被学界比较认可的有以下几条:

1. 认同教师角色,悦纳教师职业

认同教师职业,悦纳自己的教师身份,愿意从事教师工作并对其充满信心和情感,爱岗敬业,自觉抵制社会上的各种诱惑和消极影响,对教师角色的自我认同是教师心理健康最基本的标准之一。

2. 和谐的教育人际关系

教师的人际关系主要表现在教师与学生、教师与学校领导、教师与学生家长的人际关系以及教师之间的人际关系。教师的工作性质和特点决定了教师不仅要有和谐的人际关系,而且还要善于与人沟通,具有较强的亲和力和人际吸引力。良好的人际关系在师生互动中表现为师生关系融洽,教师能建立自己的威信,善于领导学生,能够理解并乐于帮助学生。能否搞好教育人际关系,关键在教师本人的心理水平和处理各种教育人际关系的心理素质。

3. 稳定而积极的教育心境

在教育活动和日常生活中能真实地感受情绪并恰如其分地控制情绪,具有稳定而积极的教育心境对教师来讲尤为重要。具体表现为:① 保持乐观和积极的心态;② 不将不愉快的情绪带入课堂,不迁怒于学生;③ 能冷静地处理课堂情境中的不良事件;④ 克制偏爱情绪,一视同仁地对待学生;⑤ 不将工作中的不良情绪带入家庭。教师的教育心境是否稳定、乐观、积极,将影响教师的整个心理状态。

4. 良好的适应能力和改造能力

对于教师来说,对教育环境的适应与改造,是教师正确处理与教育环境关系的两个重要方面,包括对不良环境的改造和对良好环境的适应。心理健康的教师能够对现实环境有正确的感知,能平衡自我与现实、理想与现实的关系,社会适应良好。在教育活动中主要表现为:① 能根据自身的实际情况确定工作目标和个人抱负;② 具有较高的个人教育效能感;③ 能在教学活动中进行自我监控,并据此调整自己的教育观念,完善自己的知识结构,做出更适当的教学行为;④ 能通过他人认识自己,学生、同事对自己的评价与自我评价较为一致;⑤ 具有自我控制、自我调适的能力。在不良的教育环境面前,能够充分发挥主观能动性,凭借自己健康的心理状态,对环境进行积极的改造。

5. 优良的个性品质

优良的个性品质是心理健康的重要标志,具有崇高的教育理想,坚定的教育信念、广博的兴趣以及真诚、正直、平等、公正、耐心等优良性格的教师,会形成一种强大的人格魅力,令学生崇拜甚至效仿,对学生产生长期的影响。

(三)小学教师常见的心理健康问题

小学教师常见的心理健康问题归纳起来主要有如下几种:

1. 职业行为问题

与其他职业比较起来,小学教师的接触面相对较窄,其服务对象又是心智未成熟的小学生,教育的不断变革和社会的快速发展对小学教师这个行业也产生了很大的冲击,导致小学教师职业行为问题的出现。具体表现为:① 理想与现实的差异导致不喜欢教育行业,把从教作为满足生存需要的一种方式;② 逐渐失去对学生的爱心和耐心,不愿意与学生打交道,不再关心学生的进步;③ 学科知识不足,但也不愿意去提高自己;④ 对学生和家长的期望降低,认为学生是"孺子不可教也",家长也不懂得如何教育孩子和配合教师,从而放弃努力;⑤ 自我效能感较差,对教学失去热情,甚至开始厌恶教育工作,试图离开教育行业。

2. 人际关系问题

良好的人际关系是个体心理健康和生活幸福的重要条件之一,一些教师不善于处理复杂的人际关系,不能与学生、同事、领导和谐相处,导致人际关系问题的出现。主要表现在:对交往的重要性认识不清,很少与人交往和沟通;缺乏必要的交往技能和手段,交往容易受阻,进而产生交往退缩行为;不良的个性特征如自负、过度自卑、认知偏差等阻碍了正常的人际交往。

3. 身心疾病

具体表现为性情急躁、情绪不稳、精神不振、冷漠、自卑,有的还出现思维不灵活、反应迟钝、记忆力衰退等心理机能的失调。严重者表现出抑郁或焦虑,出现烦躁不安、悲观厌世等状况。这些心理行为问题往往伴有入睡困难或易醒、食欲不振、腰部酸痛、心跳加速、呼吸异常、头痛、恶心等身体上的症状。

4. 职业倦怠

在小学教师的心理健康问题中最典型的是职业倦怠问题。小学教师由于工作性质的长期性、复杂性,加之具体的教育教学实践中面临的职业压力、管理体制不当及个体心理因素的影响,从而产生职业倦怠。

职业倦怠是一种与职业有关的综合症状,是教师不能顺利应对工作压力时的一种极端反应,是教师在长期压力体验下产生的情感、态度和行为的衰竭状态,具体表现为情绪衰竭、人格解体和个人成就感低三个方面。小学教师情绪衰竭表现为教师情绪处于极度疲劳状态,丧失工作热情,工作投入和参与减少,课堂准备不充分,教学品质低劣，教师的积极性、创造性降低。人格解体表现为教师逃避社会交往，人际关系空前下降，表现出对社会及他人的冷淡，不愿意与学生交往，以消极、否定或麻木不仁的态度对待同事和学生，致使同事关系和师生关系恶化。个人成就感低表现为教师自我评价的价值倾向降低，自我效能感下降，并倾向于自我贬损。与其他老师相比较，患有职业倦怠的老师，在认识水平、业务能力、知识结构等方面受到一定的限制。同时，又面临职称晋升、劳动报酬提升等方面的压力，使其看不起自己的工作，产生教师职业的倦怠，对其他职业产生盲目的认同感。职业倦怠会对教师的工作和生活产生一系列的消极影响。

（四）小学教师心理健康的维护

教师心理健康的维护事关国家教育质量的发展，需要引起全社会的关注，教师心理健康的维护不仅需要教师本人的积极努力，同时也需要社会尤其是教育行政主管部门、学校的协同支持。

1. 教师要有良好的体魄和基本的心理自助能力

第一，健康的体魄是基础，因为健康的心理寓于健康的体魄，一个日日生病的人是很难有开朗、稳定的心境的。第二，教师要培养正确的压力观，勇敢面对压力，充分利用现有条件应对压力。第三，要改善自我观念，正确认识自己，形成积极的自我评价，建立积极的思维方式。第四，要学会正确应对挫折的方法，如情绪调控、改变行为、升华、代偿、换位思考、自我对话等，达到自我调适。第五，采取科学有效的工作方式，学会休闲和放松。

2. 学校要优化教师心理健康的环境

学校是教师最经常、最直接的工作场所，学校的很多因素直接影响教师的心理健康水平，因此，要切实有效地改善教师的心理环境。如，强化尊师重教的氛围，学校行政领导要尊重教师，服务于教师；制定公平的奖惩制度，完善教师进修制度；健全教师心理健康的校内保障系统；关心教师疾苦，尽可能帮助教师解决工作、生活中的困难；开展丰富多彩的活动，鼓励教师多参与有益身心的活动，为教师创设一个温馨、舒适、和谐的工作环境。

3. 教育行政部门应维护教师的合法权益

教育行政部门应通过各种政策的制定提高教师的社会地位、福利待遇，维护教师的合法权益，形成尊师重教的良好风气；加强师范教育，培养身心健康的教师；提高行政人员的素质，使其真正认识并重视教师在教育中的重要作用，以自己的实际行动率先尊师。

4. 社会方面要营造良好的社会支持环境

对教师的角色期待要合理，在舆论上减少对教师的过分苛刻的要求，努力提高教师的社会地位，消除教师的心理失衡感，让教师体验到被尊重、被关爱，工作有价值，才会产生职业认同并建立职业自豪感；在社区建立必要的社会支持系统，广设幼儿园，以解决教师的后顾之忧。

本章小结

　　本章按照小学教师的职业角色、专业素质、专业成长与心理健康三条主线展开,教师职业角色涉及职业角色的特点和职业角色的形成,小学教师专业素质包括认知特征、人格特征、行为特征、教学效能感、教育机智和教师威信,教师专业成长涉及专业成长的历程和基本途径,教师心理健康问题主要有职业行为问题、人际关系问题、身心疾病和职业倦怠等,要关注教师的心理健康及其维护。

 思考训练

1. 如何理解教师的职业角色?
2. 请列举学生喜欢的小学教师的特征。
3. 当代小学教师应该具备的教育能力有哪些?
4. 分析一位最受你尊敬的教师的威信是如何建立起来的。
5. 什么是教师专业成长?其成长途径有哪些?
6. 小学教师常见的心理健康问题有哪些?
7. 结合实际分析教师如何维护自身的心理健康。

参考文献

[1] B. M. 纽曼. 发展心理学[M]. 白学军,等译. 西安:陕西师范大学出版社,2005.
[2] P. H. 墨森. 儿童发展与个性[M]. 廖小春,等译. 上海:上海教育出版社,1990.
[3] 蔡笑. 心理学[M]. 北京:高等教育出版社,2003.
[4] 车文博. 西方心理学史[M]. 长沙:湖南教育出版社,2017.
[5] 陈录生,马剑侠. 新编心理学[M]. 北京:北京师范大学出版社,2002.
[6] 范丹红. 心理学(小学)[M]. 北京:北京大学出版社,2018.
[7] 方富熹,方格. 儿童发展心理学[M]. 北京:人民教育出版社,2005.
[8] 冯喜珍,陈红香. 心理学[M]. 太原:山西教育出版社,2012.
[9] 高文,徐斌艳,吴刚. 建构主义教育研究[M]. 北京:教育科学出版社,2008.
[10] 勾训,黄胜. 心理学[M]. 成都:西南交通大学出版社,2018.
[11] 郭黎岩. 教育心理学[M]. 沈阳:辽宁大学出版社,2009.
[12] 胡志海. 小学生心理学[M]. 合肥:合肥工业大学出版社,2011.07.
[13] 黄菊山,张亚军,傅亚卓. 教育心理学[M]. 北京:首都师范大学出版社,2019.
[14] 黄希庭. 心理学导论[M]. 北京:人民教育出版社,2006.
[15] 荆其诚. 简明心理学百科全书[M]. 长沙:湖南教育出版社,1991.
[16] 李红. 幼儿心理学[M]. 北京:人民教育出版社,2007.
[17] 李宁萍. 小学心理学[M]. 银川:宁夏人民教育出版社,2015.
[18] 李晓东,赵群. 教育心理学[M]. 北京:北京大学出版社,2020.
[19] 李新旺. 教育心理学[M]. 北京:科学出版社,2011.
[20] 李迎春. 心理学[M]. 北京:北京希望电子出版社,2014.
[21] 林崇德. 发展心理学(第三版)[M]. 北京:人民教育出版社,2018.
[22] 林崇德. 心理发展与教育的关系[J]. 世界教育信息,2007(05):1.
[23] 凌培炎,丁秀峰. 心理学[M]. 开封:河南大学出版社,1989.
[24] 刘爱伦. 思维心理学[M]. 上海:上海教育出版社,2002.
[25] 刘桂春,王双全,赵晓英. 新编心理学教程[M]. 北京:北京邮电大学出版社,2014.
[26] 刘儒德. 教育心理学原理与应用[M]. 北京:中国人民大学出版社,2019.
[27] 刘万伦. 学前儿童发展心理学[M]. 上海:复旦大学出版社,2014.
[28] 刘晓明. 心理学[M]. 武汉:华中师范大学出版社,2017.
[29] 罗萍,殷永松,曹杏田. 心理学[M]. 天津:南开大学出版社,2014.
[30] 莫雷. 教育心理学[M]. 北京:教育科学出版社,2007.

[31] 彭聃龄.普通心理学[M].北京:北京师范大学出版社,2019.

[32] 屈晓兰,周正怀.小学教育心理学[M].上海:华东师范大学出版社,2016.

[33] 邵志芳.思维心理学[M].上海:华东师范大学出版社,2001.

[34] 童世斌,张庆林.元认知训练对提高中学生解答数学应用题能力的实验研究[J].心理发展与教育,2004(2):62—68.

[35] 汪安圣.思维心理学[M].上海:华东师范大学出版社,1992.

[36] 王丽.教育心理学:基本理论与综合知识[M].北京:北京师范大学出版社,2019.

[37] 王甦,汪安圣.认知心理学[M].北京:北京大学出版社,1992.

[38] 王振宇.心理学教程[M].北京:人民教育出版社,1998.

[39] 杨凤云.心理学导论[M].北京:北京大学出版社,2016.

[40] 杨芷英.教师职业道德[M].北京:高等教育出版社,2009.

[41] 杨治良.实验心理学[M].杭州:浙江教育出版社,1998.

[42] 张丽萍,王运彩.心理学教程[M].北京:北京师范大学出版社,2011.

[43] 朱智贤.中国儿童青少年心理发展与教育[M].北京:中国卓越出版公司,1990.

[44] 朱智贤.有关儿童心理年龄特征的几个问题[J].北京师范大学学报(社会科学),1962(01):3-12.